普通高等教育 电气工程/自动化 系列规划教材

可编程序控制器实用技术

第 3 版

王兆义　程志华　编

U0240535

机械工业出版社

本书从工程应用出发，结合教学需要，以小型 PLC 为蓝本，以在国内应用量大面广的三菱电机公司下系列为主线，内容全面转向 FX_3、iQ-FX_5 机型。本书介绍了三菱小型 $PLCFX_{3U}$ 和西门子小型 PLC S7-200 SMART 的工作原理、系统配置、指令系统及编程、通信网络及系统设计方法。书中给出了大量工程应用实例，每章后面附有习题及思考题，书末给出了两种机型的实验指导。

本书语言简练，通俗易懂，书中有许多编程实例，可作为高等院校自动化、电气工程及其自动化、机械设计制造及其自动化机械电子工程等专业的教学用书，亦适合工程技术人员使用。

图书在版编目（CIP）数据

可编程序控制器实用技术/王兆义，程志华编. —3 版. —北京：机械工业出版社，2018.12

普通高等教育电气工程自动化系列规划教材

ISBN 978-7-111-61439-5

Ⅰ.①可… Ⅱ.①王… ②程… Ⅲ.①可编程序控制器-高等学校-教材 Ⅳ.①TM571.61

中国版本图书馆 CIP 数据核字（2018）第 267314 号

机械工业出版社（北京市百万庄大街 22 号　邮政编码 100037）
策划编辑：王　康　责任编辑：王　康　王小东
责任校对：王　延　封面设计：鞠　杨
责任印制：张　博
唐山三艺印务有限公司印刷
2019 年 2 月第 3 版第 1 次印刷
184mm×260mm · 19.75 印张 · 484 千字
标准书号：ISBN 978-7-111-61439-5
定价：49.80 元

前言

本书自1996年出版发行以来，深受广大读者关注，已连续印刷几十次。

可编程序控制器的应用十分广泛，伴随着半导体、计算机及自动化技术的不断发展，新型的自动化控制器件不断出现。在小型PLC方面，三菱电机的FX$_2$系列已于2013年停产，新推出的FX$_3$系列第三代微型可编程序控制器大幅提高了软硬件指标，便利的环境、灵活的扩展和系列的兼容获得了较大的市场份额；另外，作为Q系列机型的向下延伸，2015年推出的MELSEC iQ-F系列PLC，以基本性能的提升、与驱动产品的连接、软件环境的改善为亮点。

本书的特点是以小型PLC为蓝本，以在国内应用量大面广的三菱电机公司F系列为主线，内容全面转向FX$_3$、iQ-FX$_5$机型。

本书更新了三菱PLC的工程软件（GX Developer，GX Works3，GT Works3），新增了PLC的人机交互设备（触摸屏）、常用电机控制设备（变频器）的介绍，并精简了部分篇幅。本书对有关西门子S7-200的内容也做了更新（S7-200 SMART）。

可编程序控制器（PLC）是以计算机技术为核心的通用可编程序自动控制装置，在工业控制中发挥着非常重要的作用。但是，由于传统的控制电器（按钮、各种开关、继电器、接触器等）、控制线路不可能被完全替代，故本书第一篇为PLC的学习奠定了必要的基础。

本书的第二篇（第二~八章）对三菱小型FX系列PLC的基本组成、配置及原理，基本指令、步进指令、功能指令与编程，编程软件、特殊功能模块、触摸屏与变频器，以及PLC控制系统的应用设计等内容进行了详细介绍。第三篇（第九~十一章）以西门子公司小型PLC S7-200 SMART为目标机型，对S7-200 SMART的系统配置、指令系统、STEP 7-Micro/WIN SMART编程软件等内容进行了详细说明。书末附有四个附录，分别给出了两类PLC的实验指导、FX$_{3U}$系列PLC的特殊软元件及FX系列PLC的功能指令汇总表。

本书可作为高等学校自动化、电气工程及其自动化、机械设计制造及其自动化、机械电子工程等有关专业的教材，也可作为高职高专、电大、职大相近专业的教学用书及PLC用户的培训教材，对广大的工程技术人员也是一本更新知识结构的参考读物。

本书的编写得到了上海大学自动化系的大力支持，得到了三菱电机自动化（上海）有限公司的鼎力帮助，一并在此表示衷心的感谢。

本书由王兆义、程志华编写，王兆义教授统稿，付健参加了部分内容的整理工作。

因作者水平有限，书中难免有错误之处，恳请读者批评指正。

编　者

目录

前　言

第一篇　电器控制

第一章　电器控制基础 ·· 2
　第一节　控制电器概述 ·· 2
　第二节　电器控制线路 ·· 9
　习题及思考题 ··· 13

第二篇　三菱可编程序控制器

第二章　可编程序控制器的组成及原理 ························· 16
　第一节　可编程序控制器概述 ·· 16
　第二节　可编程序控制器的基本结构和工作原理 ··············· 20
　第三节　三菱小型可编程序控制器 ·································· 27
　第四节　FX$_{5U}$（iQ）系列可编程序控制器 ···················· 35
　习题及思考题 ··· 41

第三章　FX 系列 PLC 的基本指令、步进指令及编程 ········· 42
　第一节　基本指令 ·· 42
　第二节　基本指令的编程应用 ·· 49
　第三节　步进指令及状态编程法 ····································· 55
　习题及思考题 ··· 63

第四章　FX$_{3U}$系列 PLC 的功能指令 ························ 66
　第一节　功能指令的基本格式 ·· 66
　第二节　FX$_{3U}$的功能指令 ·· 68
　习题及思考题 ·· 138

第五章　三菱 FA 工程软件 ···································· 139
　第一节　编程软件 GX Developer ··································· 139
　第二节　GX Works3 ·· 146
　第三节　触摸屏设计软件 GT Works3 ······························ 152
　习题及思考题 ·· 154

第六章　三菱 PLC 的特殊功能模块和通信网络 ··············· 155
　第一节　特殊功能模块和特殊适配器 ································ 155
　第二节　通信与网络 ·· 167
　习题及思考题 ·· 174

第七章　三菱触摸屏与变频器 ………………………………………………… 175

第一节　三菱触摸屏 ……………………………………………………………… 175

第二节　三菱变频器 ……………………………………………………………… 178

第三节　应用设计 ………………………………………………………………… 188

习题及思考题 ……………………………………………………………………… 191

第八章　三菱PLC控制系统的应用设计 ……………………………………… 192

第一节　可编程序控制器的系统设计 …………………………………………… 192

第二节　PLC典型环节的编程方法 ……………………………………………… 194

第三节　应用实例 ………………………………………………………………… 201

习题及思考题 ……………………………………………………………………… 214

第三篇　西门子可编程序控制器

第九章　S7-200 SMART概述 ……………………………………………………… 216

第一节　S7-200 SMART硬件系统组成 ………………………………………… 216

第二节　S7-200 SMART的数据类型及寻址方式 ……………………………… 221

第三节　S7-200 SMART的编程语言和程序结构 ……………………………… 225

习题及思考题 ……………………………………………………………………… 226

第十章　S7-200 SMART的指令系统 …………………………………………… 227

第一节　S7-200 SMART的基本指令及编程 …………………………………… 227

第二节　S7-200 SMART的功能指令及编程 …………………………………… 247

习题及思考题 ……………………………………………………………………… 283

第十一章　STEP7-Micro/WIN SMART编程软件 …………………………… 285

第一节　编程软件的功能简介 …………………………………………………… 285

第二节　编程软件的使用说明 …………………………………………………… 290

第三节　程序的监控和调试 ……………………………………………………… 294

习题及思考题 ……………………………………………………………………… 298

附录 …………………………………………………………………………………… 299

附录A　FX系列PLC实验指导 ………………………………………………… 299

附录B　S7-200 SMART系列PLC实验指导 ………………………………… 299

附录C　FX$_{3U}$系列PLC的特殊软元件 ……………………………………… 299

附录D　FX系列PLC功能指令汇总表 ………………………………………… 304

参考文献 ……………………………………………………………………………… 308

第一篇

电器控制

第一章

电器控制基础

随着自动化技术的不断发展，新型自动化控制器件在工业控制中发挥着越来越重要的作用。然而，在目前的工业生产现场，许多传统的控制电器，如按钮、各种开关、继电器、接触器等，仍然在继续使用，而且不可能完全被替代。

第一节　控制电器概述

控制电器是一种能根据外界信号要求，手动或自动地接通或断开电路，断续或连续地改变电路参数，以实现电路或非电对象的切换、控制、保护、检测、变换和调节所使用的电气设备。也就是说，控制电器是一种控制电的工具。

一、控制电器的分类

控制电器可以视为一种具有二值的逻辑元件，即开关电器。这些器件在输入条件的控制下，无论是自动的还是非自动的，其输出或者使电路完全导通（记作 ON），或者使电路完全断开（记作 OFF）。控制电器的品种规格繁多，按工作电压、用途和工作原理不同可进行如下分类。

1. 按工作电压等级分类

（1）低压电器　工作电压在交流 1000V 或直流 1500V 以下的电器（如继电器、接触器、刀开关、熔断器、起动器等）。

（2）高压电器　工作电压高于交流 1000V 或直流 1500V 以上的电器。

2. 按用途分类

（1）控制电器　各种控制电路和控制系统的电器（如接触器、控制继电器、起动器等）。

（2）主令电器　用于自动控制系统中发送控制指令的电器（如控制按钮、主令开关、行程开关、转换开关等）。

（3）保护电器　用于保护电设备的电器（如熔断器、热继电器、避雷器等）。

（4）执行电器　用于完成某种动作或传动功能的电器（如电磁铁、电磁阀等）。

3. 按工作原理分类

（1）电磁式电器　依电磁感应原理工作的电器（如交直流接触器、电磁式继电器等）。

（2）非电量控制电器　电器的工作是靠外力或某种非电物理量的变化而动作的电器（如刀开关、行程开关、按钮、速度继电器、压力继电器、温度继电器等）。

二、控制电器的主要技术参数

（1）额定电压　在规定条件下，电器可长期正常工作的电压值（对于电磁式电器、触点和励磁线圈都有各自的额定值）。

（2）额定电流　在规定条件下，电器可长期正常工作的电流值（当条件改变时，同一电器可对应不同的额定值）。

（3）操作频率及通电持续率　开关电器每小时可实现的最高操作循环次数称操作频率。通电持续率是电器工作于断续周期工作制时有载时间与工作周期之比，通常以百分数表示。

（4）机械寿命和电气寿命　机械寿命指机械开关电器在需要修理或更换机械零件前所能承受的无载操作次数。电气寿命指在正常工作条件下，机械开关电器无需修理或更换零件的负载操作次数。

三、常用典型控制电器

1. 开关电器

常用的开关电器有刀开关、断路器等，它们广泛应用于配电线路作电源的隔离、保护与控制。

（1）刀开关　刀开关是一种手动电器，安装时手柄要向上，不得倒装或平装，避免由于重力下落而引起的误动作合闸。接线时上端头为电源入端，下端头为负载接线端。刀开关的符号如图1-1所示。

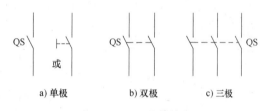

a) 单极　　　b) 双极　　　c) 三极

图 1-1　刀开关的符号

（2）断路器　俗称自动开关，常用于低压配电电路的不频繁通断控制。在电路发生短路、过载或欠电压一类故障时，能自动分断故障电路，起保护作用。

断路器的种类很多，图1-2为一种断路器的原理与符号，依靠手动或电动合闸，触头闭

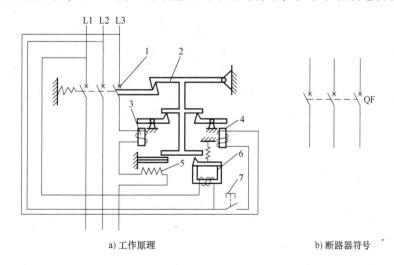

a) 工作原理　　　　　　　　　b) 断路器符号

图 1-2　断路器工作原理与符号图

1—主触头　2—自由脱扣机构　3—过电流脱扣器　4—分励脱扣器　5—热脱扣器　6—欠电压脱扣器　7—按钮

合后，脱扣机构将触头锁在合闸位置上；当电路发生故障时，通过各自的脱扣器使脱扣机构动作，自动跳闸实现保护作用。

2. 熔断器

熔断器是一种利用熔丝溶化而切断电路的保护电器。熔断器如图1-3所示。依据熔断材料的安秒特性（熔断时间与熔断电流的关系），当电路发生短路或过载时，产生的热量达到溶体的熔点时，熔体熔断切断电路，达到保护目的。

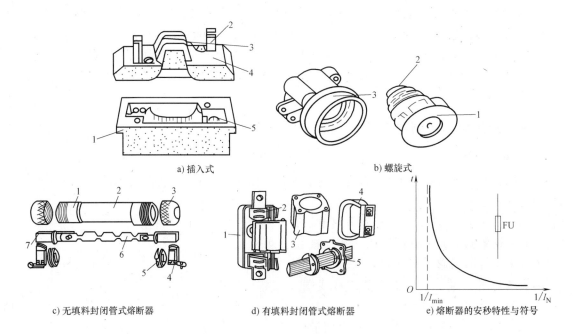

a) 插入式   b) 螺旋式

c) 无填料封闭管式熔断器   d) 有填料封闭管式熔断器   e) 熔断器的安秒特性与符号

图 1-3　熔断器

a)　1—瓷底座　2—动触头　3—熔体　4—瓷插件　5—静触头
b)　1—瓷帽　2—熔体　3—底座
c)　1—钢圈　2—熔断管　3—管帽　4—插座　5—特殊垫圈　6—熔体　7—熔片
d)　1—瓷底座　2—弹簧片　3—熔管　4—绝缘手柄　5—熔体

熔断器的额定电流与负载大小及负载性质有关。对于电阻性负载，额定电流应略大于或等于工作电流；对于容性负载，额定电流应大于电容器额定电流的1.6倍。

3. 主令电器

在自动控制系统中专用于发布控制指令的电器叫主令电器。

（1）控制按钮　控制按钮是用人力操作，并具有储能复位的开关电器。控制按钮的结构与符号如图1-4所示。

（2）位置开关　位置开关用于实现顺序控制、定位控制和位置状态的检测。可分为行程开关和光电开关等。

行程开关是利用机械运动部件的碰撞发出控制指令，如图1-5和图1-6所示。当用于位置保护时，也叫限位开关。

接近开关又称无触点行程开关，是一种通过感应元件以非接触方式进行控制的位置开关。接近开关的主要技术参数有工作电压、电流、动作距离等。

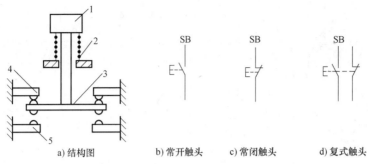

a) 结构图　　b) 常开触头　　c) 常闭触头　　d) 复式触头

图 1-4　控制按钮的结构与符号

1—按钮帽　2—复位弹簧　3—动触头　4— 常闭静触头　5—常开静触头

光电开关是光电传感器的俗称，是一种无触点、以非接触方式进行控制的开关器件。既可替代有触点的行程开关完成行程控制和限位保护，也可用于计数、测速、检测等。

接触式开关结构简单、便于维护。非接触开关寿命长、稳定可靠、重复精度高。

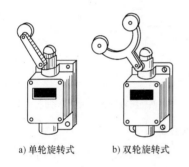

a) 单轮旋转式　　b) 双轮旋转式

图 1-5　LX19 系列行程开关

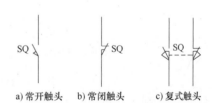

a) 常开触头　b) 常闭触头　c) 复式触头

图 1-6　行程开关的符号

（3）组合开关　组合开关是一种多档位、控制多回路的开关器件。由于转换电路多，用途广泛，又称为万能转换开关，图 1-7 给出了一个示例。

4. 凸轮

凸轮是较为频繁切换的复杂多回路开关控制电器。作为一种大型手动或自动控制电器，可设计某种顺序规律，发出开关指令来直接操作与控制对象（应用凸轮控制器控制的电动机，控制电路简单、维修方便），如图 1-8 所示。

5. 接触器

接触器是一种用来频繁地接通和分断交直流主回路和大容量控制电路的电器。接触器主要由电磁机构、触头系统、灭弧装置等部件组成，图 1-9 所示为接触器结构原理示意图。

由于应用场合不同，接触器分为交流接触器和直流接触器。

交流接触器的线圈通以交流电，主触头接通、分断交流主电路；交流接触器的灭弧装置通常采用灭弧罩和灭弧栅；为降低交流接触器铁心在交流磁场中产生的涡流，通常采用硅钢片叠成；交流接触器既有阻抗，还有感抗，励磁线圈在交流电路中感抗占主要部分。

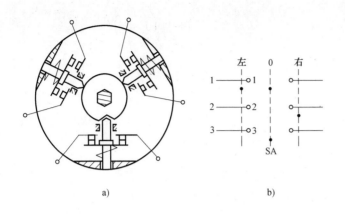

SA通断表			
触点	位置		
	左	中	右
1	+	+	−
2	−	−	+
3	−	+	−

a)　　　　　　　　b)

图 1-7　万能转换开关结构原理及符号

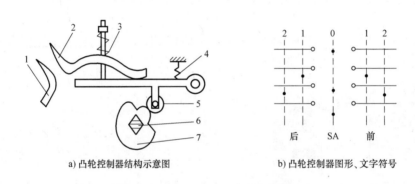

a) 凸轮控制器结构示意图　　　　　b) 凸轮控制器图形、文字符号

图 1-8　凸轮控制器结构原理及符号

1—静触头　2—动触头　3—触头弹簧　4—复位弹簧　5—滚子　6—绝缘方轴　7—凸轮

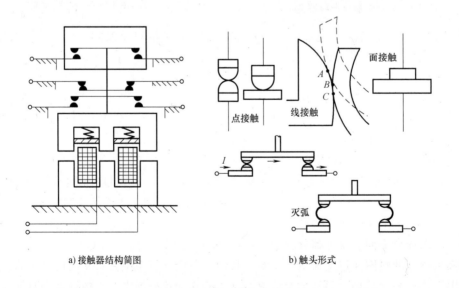

a) 接触器结构简图　　　　　　b) 触头形式

图 1-9　接触器结构原理

直流接触器的励磁线圈通以直流电流，主触头接通、切断直流主电路。直流接触器灭弧较难，一般采用灭弧能力较强的磁吹灭弧装置。直流接触器的铁心不存在涡流问题，铁心可以用整块的电工纯铁等软磁性材料制成；直流接触器只有阻抗，故线圈直流电阻较大。

接触器的图形符号如图1-10所示，文字符号为KM。

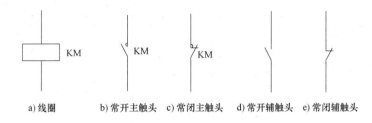

a) 线圈　　　b) 常开主触头　c) 常闭主触头　d) 常开辅触头　e) 常闭辅触头

图 1-10　接触器

常用的国产交流接触器有CJ系列（表述见表1-1），直流接触器有CZ系列。

表 1-1　国产常用系列交流接触器主要技术参数

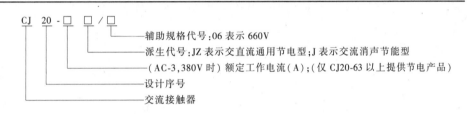

型号	额定绝缘电压/V	额定电流/A	线圈功率（VA）起动/保持	辅助触头		
				数量	额定电压	额定电流
CJ20-10		10	65/9	开2闭2		交 0.26/0.45；直 0.14/0.27
CJ20-100		125	570/61			交 0.8/1.4；直 0.27/0.6
CJ20-250	690	315	1710/152	开 4/3/2 闭 2/3/4	交 380/220 直 20/110	交 1.3/2.3 直 0.27/0.6
CJ20-400		400	1710/250			
CJ20-630		630	3578/912			

6. 继电器

继电器是根据外界输入信号（电量或非电量）的变化来接通或断开被控电路，以实现控制和保护作用的自动控制电器。继电器的种类很多，按输入信号性质分为：电压继电器、电流继电器、时间继电器、温度继电器、速度继电器、压力继电器等。按工作原理分为：电磁式继电器、感应式继电器、电动式继电器、热继电器、电子式继电器等。

（1）电磁式继电器　电磁式继电器的结构及工作原理与接触器类似。主要区别在于：继电器可对多种输入量的变化做出反应，而接触器只有在一定的电压信号下动作；继电器是用于切换小电流的控制电路和保护电路，而接触器是用来控制大电流电路的。电磁式继电器的符号如图1-11所示。

电压继电器是根据输入电压大小而动作的继电器。电压继电器具有线圈匝数多、导线

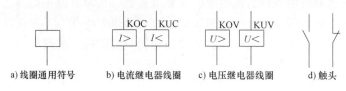

a) 线圈通用符号　　b) 电流继电器线圈　　c) 电压继电器线圈　　d) 触头

图 1-11　电磁式继电器

细、阻抗大的特点。工作时并入电路中，因此用于反映电路中电压的变化。

电流继电器的线圈被做成阻抗小、导线粗、匝数少的电流线圈，串接在被测电路中，是根据输入（线圈）电流大小而动作的继电器。按用途还可分为过电流继电器和欠电流继电器。

中间继电器实质上是一种电压继电器，具有触头对数多、触头容量较大的特点，其作用是将一个输入信号变成多个输出信号或将信号放大（即增大触头容量），起到信号的中继作用。

（2）时间继电器　时间继电器是一种定时器件，是利用电磁、机械动作和电子电路实现触头延时接通或延时断开的自动控制电器。按延时原理可分为电磁式、空气阻尼式、同步电动机式和电子式。按延时方式有通电延时型和断电延时型。图 1-12 为时间继电器符号表述。

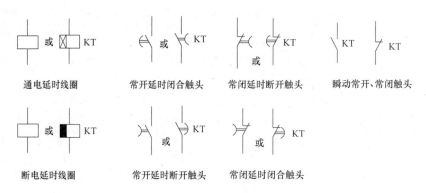

通电延时线圈　　常开延时闭合触头　　常闭延时断开触头　　瞬动常开、常闭触头

断电延时线圈　　常开延时断开触头　　常闭延时闭合触头

图 1-12　时间继电器

（3）热继电器　热继电器是利用电流的热效应原理对连续运行的电动机进行过载及断相保护，以防止电动机过热而烧毁的保护电器。热继电器的整定电流是指热元件能够长期通过而不致引起热继电器动作的电流值。热元件的额定电流是热元件整定电流调节范围的最大值。图 1-13 所示为热继电器的符号。

a) 热元件　　b) 常闭触头

图 1-13　热继电器

（4）固态继电器　固态继电器是一种新型无触头继电器，它能够实现强、弱电的良好隔离，其输出信号又能够直接驱动强电电路的执行元件，与有触头的继电器相比具有开关频率高、使用寿命长、工作可靠等突出特点。

图 1-14 所示固态继电器是四端器件，有两个输入端，两个输出端，中间采用光电器件，实现了输入与输出之间的电气隔离。

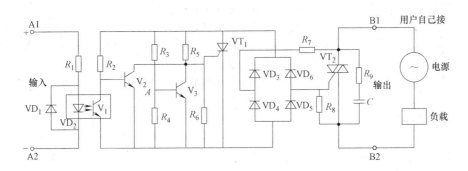

图 1-14　固态继电器

第二节　电器控制线路

由按钮、接触器、继电器等低压电器组成的电器控制线路，具有线路简单、便于掌握、维修方便等许多优点，在老式生产机械的电气控制领域中，仍然获得广泛应用（图 1-15 是传统控制电器构成的排水控制系统）。

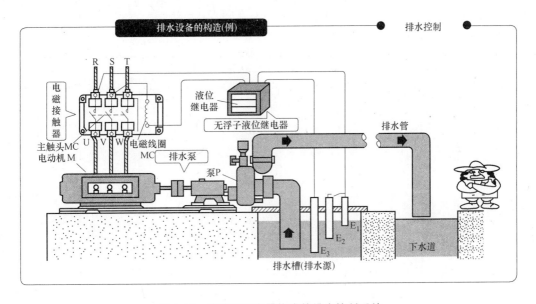

图 1-15　传统控制电器构成的排水控制系统

一、电器控制线路图的类型及有关规定

电器控制线路图一般有三种：电气原理控制线路图、电器布置图、电器安装接线图。绘制电气控制原理图的国家标准有：GB/T 4728《电气图常用图形符号》，GB 5226《机床电气设计标准》，GB 5094《电气技术中的项目代号》。上节介绍的相关元器件其图形符号和文字符号（见表 1-2）都选自国家相关标准。

绘制电器控制电路图应遵循简明易懂原则（见图 1-16）。

表1-2 常用基本文字符号

元器件种类	元器件	文字符号		元器件种类	元器件	文字符号	
		字母	双字母			字母	双字母
电容		C		控制电路开关	控制开关	S	SA
保护器件	熔断器	F	FU		按钮		SB
	过电流继电器		FA		限位开关		SQ
	过电压继电器		FV	电阻	电位器	R	RP
	热继电器		FR		压敏电阻		RV
发电机	同步发电机	G	GS	变压器	电流互感器	T	TA
	异步发电机		GA		电压互感器		TV
信号器件	指示灯	H	HL		电力变送器		TC
接触器继电器	接触器	K	KM	电子器件	二极管	V	VD
	时间继电器		KT		晶体管		VT
	中间继电器		KA		电子管		VE
	速度继电器		KS	执行器件	电磁铁	Y	TA
	电压继电器		KV		电磁阀		TU
	电流继电器		KI	电力电路开关	断路器	Q	QF
电抗器		L			保护开关		QM
电动机		M			隔离开关		QS

电源开关	主电动机	冷却泵电动机	控制变压器	主电动机控制	冷却泵电动机控制	照明灯

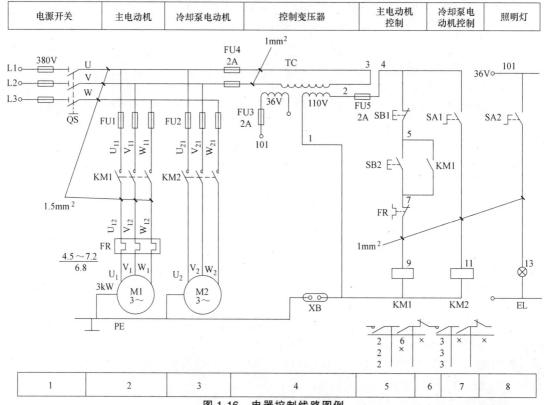

1	2	3	4	5	6	7	8

图1-16 电器控制线路图例

1）电路图分主电路和控制电路两部分。主电路是从电源到电动机的大电流电路，控制电路中流过的电流较小，连接导线应注明导线规格。

2）线路图中，同一电器原件的各部件根据需要可以不画在一起，但文字符号要相同。所有电器的触头都应按没有通电和没有外力作用时的初始开闭状态绘制。

3）无论主电路还是控制电路，各元器件一般按动作顺序从上到下、从左到右排列，可水平布置也可垂直布置。在电路中，有直接电联系的交叉导线连接点用黑圆点表示。

二、常见控制线路

在对将电能转换为直线运动或旋转运动的电器进行控制时，最为常见的控制对象为电动机。

1. 三相笼型异步电机全压起动控制线路

三相笼型异步电动机全压起动控制线路由刀开关QS、熔断器 FU1、接触器 KM 的主触头、热继电器 FR与电动机 M 组成主电路。由起动按钮 SB2、停止按钮SB1、接触器 KM 的线圈及其常开辅助触点、热继电器FR 的常闭触头和熔断器 FU2 构成控制电路（见图 1-17）。

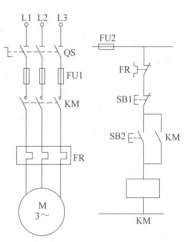

图 1-17　单向全压起动控制线路

起动时：合上 QS，按下 SB2，交流接触器 KM 的吸引线圈通电，接触器主触头闭合，电动机得电直接起动运转；同时，与 SB2 并联的常开辅助触点 KM 闭合，构成"自锁"。

停止时：按下停止按钮 SB1，接触器 KM 的吸引线圈失电，KM 已闭合的常开主触头断开，切断电源，电动机停转。

图 1-18 是工作滑台电动机的往返行程控制线路，电动机的正反转控制通过改变电动机接通电源的相序（L1，L2，L3——L3，L2，L1），由 KM1、KM2 接触器主触点实现。

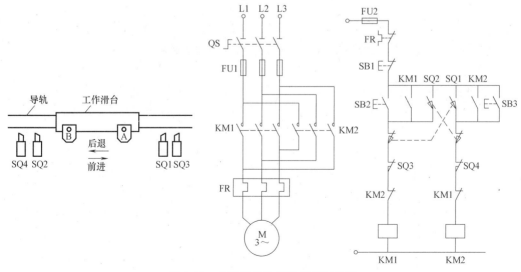

图 1-18　电动机的往返行程控制线路

电动机全电压起动时电流较大，对电网或变压器冲击较大，故采用此种起动方式的电动机功率不能太大（小于10kW）。对于大功率电动机，为降低起动电流，可以采用减压起动方式或软起动设备。

2. 三相笼型异步电机减压起动控制线路

减压起动方式主要有：定子串电阻、星形—三角形换接、自耦变压器等。起动时降低加在电动机定子绕组上的电压，起动后再将电压恢复到额定值，在正常电压下运行。

图1-19是星形—三角形减压起动控制线路，电动机的三相绕组引出6个端头，起动时，定子绕组首先接成星形，待转速上升到接近额定转速时，再将定子绕组的接线由星形接成三角形，电动机进入全电压正常运行状态（整个过程的切换由KM1、KM2、KM3的主触头组合实现）。星形—三角形换接减压起动时，定子绕组星形状态下的起动电压是三角形联结直接起动电压的$1/\sqrt{3}$，起动转矩是三角形联结直接起动转矩的$1/3$，起动电流是三角形联结直接起动电流的$1/3$。

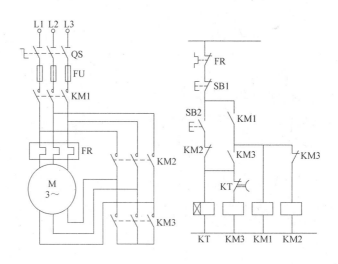

图1-19　星形—三角形减压起动控制线路

3. 三相异步电机的制动控制电路

常见的电气制动有反接制动和能耗制动。反接制动有两种：一种是在负载转矩作用下，使电动机反转但电磁转矩方向为正的倒拉反接制动，如起重机下放重物。另一种是电源反接制动，即改变电动机电源的相序，使定子绕组产生反向的旋转磁场，产生制动转矩，使电动机转子迅速降速。为防止转子降速后反向起动，当电动机转速接近于零时应迅速切断电源（图1-20为电动机单向反接制动控制电路）。

由于反接制动转子与突然反向的旋转磁场的相对速度接近2倍，定子绕组中流过的反接制动电流相当于全电压直接起动时电流的2倍，故制动时通常在电动机主电路中串接反接制动电阻，限制电流保护电动机。反接制动的特点是制动迅速、效果好，但冲击大，通常适用于10kW以下的电动机。

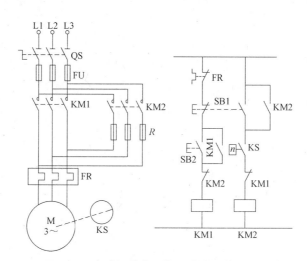

图 1-20　电动机单向反接制动控制电路

习题及思考题

1-1　常用的典型控制电器有哪几种？

1-2　交流电磁线圈误接入直流电源，直流电磁线圈误接入交流电源，会发生什么问题？为什么？

1-3　从接触器的结构上，如何区分是交流接触器还是直流接触器？

1-4　在电器控制电路图中，QS、FU、KM、KA、KT、SB 分别是什么电器元件的文字符号？

1-5　画出带有热继电器过载保护的笼型异步电动机正常运转控制电路。

1-6　画出异步电动机星形—三角形起动控制电路。

1-7　试画出具有双重互锁的异步电动机正反转控制电路。

第二篇

三菱可编程序控制器

第二章

可编程序控制器的组成及原理

第一节　可编程序控制器概述

一、可编程序控制器的产生

可编程序控制器（Programmable Controller）是计算机家族中的一员，是为工业控制应用而设计的。早期的可编程序控制器称作可编程序逻辑控制器（Programmable Logic Controller，PLC），用以替代继电器实现逻辑控制。随着技术的发展，可编程序控制器的功能已大大超过了逻辑控制的范围，人们曾把这种装置称作可编程序控制器 PC（国标简称可编程序控制器为 PC 系统）。为了避免与目前应用十分广泛的个人计算机（Personal Computer）的简称 PC 相混淆，目前仍将可编程序控制器称为 PLC。

PLC 产生于 20 世纪 60 年代末。提出 PLC 概念的是美国通用汽车公司。当时汽车生产流水线的自动控制系统基本上都是由继电器控制装置构成的，汽车的每一次改型都直接导致继电器控制装置的重新设计和安装。随着生产的发展，汽车型号更新的周期越来越短，这样的继电器控制装置就需要经常地重新设计和安装，既费时、费工，又费料。为了改变这一现状，美国通用汽车公司在 1969 年公开招标，要求用新的控制装置取代继电器控制装置，并提出如下十项招标指标：

1）编程简单，可在现场修改程序。

2）维修方便，采用模块化结构。

3）可靠性高于继电器控制装置。

4）体积小于继电器控制装置。

5）可将数据直接送入计算机。

6）成本可与继电器控制装置竞争。

7）可直接用 115V 交流输入（美国市电为 115V）。

8）输出为交流 115V、2A 以上，能直接驱动电磁阀、接触器等。

9）控制装置扩展时很方便。

10）用户程序存储器容量至少能扩展到 4KB。

1969 年末，美国数字设备公司（DEC）研制出世界上第一台 PLC，在美国通用汽车自动装配线上试用，并获得了成功。这种新型的智能化工业控制装置很快在美国其他工业控制领域得到推广应用，至 1971 年，已成功地将 PLC 应用于食品、饮料、冶金、造纸等行业。

PLC 的出现，受到了世界各国工业控制界的高度重视。1971 年日本从美国引进了这项新技术，很快研制出了日本第一台 PLC。三菱电机于 1977 年开始销售通用机，1980 年的 K 系列、1981 年的 F 系列满足了 FA 领域众多客户的期待，奠定了三菱电机目前在可编程序控制器领域的领先地位。1973 年西欧国家也研制出了它们的第一台 PLC。我国的 PLC 研制始于 1974 年，于 1977 年开始于工业应用。

随着半导体技术，尤其是微处理器和微型计算机技术的发展，20 世纪 70 年代中期，PLC 已广泛地使用微处理器作为中央处理器，输入输出模块和外围电路也都采用中、大规模甚至超大规模集成电路，这时的 PLC 已不再是仅有逻辑（Logic）判断功能，还同时具有数据处理、PID 调节和数据通信功能。

早期的 PLC 的主要用途是逻辑控制，而现代的 PLC 不仅能用于逻辑控制，而且也能用于定时控制、计数控制、过程控制、运动控制、数据控制、通信联网和显示打印等工业现场。

可编程序控制器对用户来说，是一种无触点的智能控制器，也就是说，PLC 是一台工业控制计算机，改变程序即可改变生产工艺，因此可在初步设计阶段选用 PLC；对 PLC 的制造商来说，PLC 是通用控制器，适合批量生产。

国际电工委员会（IEC）1987 年颁布的可编程序控制器标准草案中对可编程序控制器做了如下的定义：可编程序控制器是一种数字运算操作的电子系统，专为在工业环境下应用而设计。它采用了可编程序的存储器，用于其内部存储程序，执行逻辑运算、顺序控制、定时、计数和算术运算等面向用户的指令，并通过数字和模拟式的输入和输出，控制各种类型的机械或生产过程。可编程序控制器及其有关外围设备，都按易于与工业控制系统联成一个整体，易于扩充其功能的原则设计。

二、可编程序控制器的特点

PLC 是面向用户的工业控制计算机，具有许多明显的优点。

1. 高可靠性

1）PLC 所有的输入输出接口电路均采用光电隔离，使工业现场的外部电路与 PLC 内部电路之间电气上隔离。

2）PLC 各输入端均采用 R-C 滤波器，其滤波时间常数一般为 10～20ms。

3）PLC 各模块均采用屏蔽措施，以防止辐射干扰。

4）PLC 采用了性能优良的开关电源。

5）PLC 所采用的器件都进行严格的筛选和老化。

6）PLC 有良好的自诊断功能，一旦电源或其他软、硬件发生异常情况，CPU 立即采用有效措施，以防止故障扩大。

7）大型 PLC 还可以采用由双 CPU 构成的冗余系统或由 3CPU 构成的表决系统，使系统的可靠性进一步提高。

2. 丰富的输入输出接口模块

PLC 针对不同的工业现场信号，有丰富的模块供用户选用。

1）交流或直流。

2）数字量或模拟量。

3）电压或电流。

4）脉冲或电位。

5）强电或弱电等。

PLC 相应的输入输出模块与工业现场的多种器件或设备相连接。与输入模块相连的器件有按钮、行程开关、接近开关、光电开关、压力开关等；与输出模块相连的设备有电磁阀、接触器、小电动机、指示灯等。

为了提高 PLC 的功能，它还有多种人机对话的接口模块；为了组成工业局部网络，PLC 还有多种通信联网的通信模块。

3. 采用模块化结构

除了箱体式的小型 PLC 以外，目前绝大多数 PLC 均采用模块化结构。PLC 的各个部件，像 CPU、电源、输入输出等都采用模块化设计，由机架和电缆将各模块连接起来，系统的规模和功能可根据用户的需要自行组合。

4. 编程简单

PLC 的编程大多数采用类似于继电器控制线路的梯形图格式，形象直观，易学易懂。电气工程师和具有一定知识的电工、工艺人员都可以在短期内学会，使用起来得心应手。计算机技术和传统的继电器控制技术之间的隔阂在 PLC 上完全不存在。

5. 安装简单，维护方便

PLC 可在各种工业环境下直接运行，不需要专门的机房。使用时只需将现场的各种设备和器件与 PLC 的输出输入接口相连接，即可组成系统并能运行。PLC 的各模块上均有运行和故障指示灯，便于用户了解运行情况和查找故障。由于 PLC 采用模块化结构，一旦某模块发生故障，用户可以通过更换模块的方法，使系统迅速恢复运行。

三、可编程序控制器的分类

1）PLC 按容量（输入/输出点数）和功能可分为小型、中型和大型三类。

小型 PLC（≤256 点）的功能一般以开关量控制为主（有的集成了模拟量模块），它们的输入/输出点数适合于接触器、继电器控制的场合，能直接驱动电磁阀等执行元件。这类装置具有上百个内部辅助继电器，具有计时、计数、寄存器等功能。这类 PLC 的特点是价格低廉、体积小巧，适合于控制单台设备，开发机电一体化产品。

中型 PLC（256～2048 点）不仅具有开关量、模拟量（多路 A-D、D-A 转换器）的控制功能，还具有较强的数字计算能力。中型机的指令比小型机丰富，具有比例、积分、微分调节，整数/浮点运算，二进制/BCD 转换等功能模块固化程序供用户使用。中型机适用于有温度控制和开关动作要求复杂的机械以及连续生产过程控制场合。

大型 PLC（≥2048 点）已经与工业控制计算机相近，它具有计算、控制和调节的功能，具有网络结构和通信联网能力。这类机型的监控系统能够表示过程的动态流程、各种记录曲线、PID 调节参数选择等；这类系统还可以和其他型号的控制器互连，和上位机相连，组成一个集中分散的生产过程和产品质量控制系统。大型机适用于设备自动化控制、过程自动化控制和过程监控等网络系统。

2）PLC 按硬件结构大致可分为整体式、插件式和叠装式三类。

小型机 PLC 通常采用整体式结构（见图 2-1a）。它的中央处理单元、存储器、输入/输出接口和电源都装在一个金属或塑料机壳中，结构非常紧凑。机箱的上、下两侧分别安装输入、输出接线端子及电源进线，并有相应的发光二极管显示输入/输出状态。面板上留有编程器插座、EPROM 插座、扩展单元的接口插座等。基本单元和扩展单元之间用扁平电缆连接。

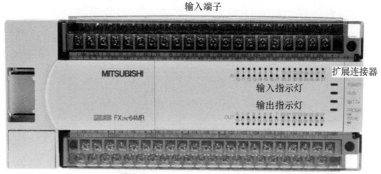

a) 整体式

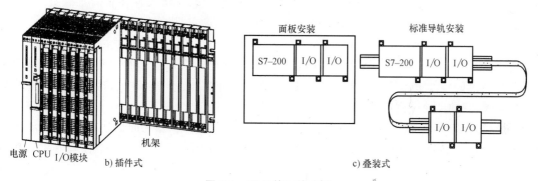

b) 插件式

c) 叠装式

图 2-1 PLC 的硬件结构

整体式 PLC 可配备许多专用的特殊功能单元（如位置控制单元、数据输入单元等）实现 PLC 的功能扩展。

大中型 PLC 为了扩展方便，大多采用插件式结构（见图 2-1b）。这种 PLC 由框架和模块组成，框架上有电源和开关，对整个系统供电。模块插在模块插座上，而后者焊在框架中的总线连接板上。

叠装式结构（见图 2-1c）吸收了整体式和插件式 PLC 的优点。它的基本单元、扩展单元的模块宽、高相等，但长度不同。它们不采用基板，仅用扁平电缆连接。紧密拼装后组成一个整齐的长方体，输入、输出点数的配置也相当灵活。

四、可编程序控制器的发展方向

1. 方便灵活和小型化

工业上大多数的单机自动控制只需要监测参数和控制有限的动作，不需要使用大型、强功能的 PLC。为了满足这一需要，PLC 生产厂家几乎都开发了结构简单、使用方便灵活的小型机，这是 20 世纪 80 年代以来发展最快的一类产品，小型机几乎占了 PLC 市场的 1/4。目前，就应用范围和数量而言，小型机的应用还远未达到饱和，还有着更大、更广的应用市场。

2. 大容量和强功能化

大容量 PLC 输入/输出点数通常在 2048 点以上，有的甚至达到 5000～10000 点。这类产品可以满足钢铁工业、化学工业等大型企业的生产过程自动控制的需要。这类产品大部分采用有高速运算能力的片位式微处理器或强功能的 16 位、32 位微处理器，而且常常采用多 CPU 结构，用不同的 CPU 分别处理不同的控制任务以提高整机处理速度和增加各种功能。

大型 PLC 一般具有较强的科学计算、数据处理能力和数据通信及联网能力，有很高的运行速度，并且有大量不同功能的智能模块供选用，能方便地与计算机及别的控制器连成控制、管理网络。大型 PLC 所配用的用户存储器容量都在 16KB 以上，有的已达到几百 KB。在总体上，大型 PLC 的功能正在向通用计算机靠近。

3. 机电一体化

可编程序控制器在机械行业得到了广泛应用，开发大量与机电技术相结合的产品和设备是 PLC 发展的重要方向。

机电一体化技术是机械、电子、信息技术的融合，它的产品通常由机械本体、微电子装置、传感器、执行机构等组成。机械本体和微电子装置是机电一体化的基本构成要素。

为了适应机电一体化产品的需要，PLC 应该增强功能，增大存储量和加快处理速度，并且进一步缩小体积，加强坚固性和密封性，进一步提高可靠性及易维护性。

4. 通信和网络标准化

随着生产技术的发展，必然会使 PLC 从单机自动化向全厂生产自动化过渡。这就要求各个 PLC 之间以及 PLC 与计算机或其他控制设备之间能迅速、准确、及时地互通信息，以便能步调一致地进行控制和管理。

20 世纪 80 年代初，美国通用汽车公司倡议采用制造自动化通信协议标准（MAP）。MAP 作为一种高效能、低价格的通信标准，在生产自动化、管理自动化中已确立了自己的地位。目前的通信和网络标准化都得到了进一步发展。

5. 软件国际标准化

IEC 61131-3 是为统一各自 PLC 编程语言而建立的国际标准，北美及欧洲约 50% 以上客户要求采用这一标准。

第二节 可编程序控制器的基本结构和工作原理

一、可编程序控制器的基本结构

PLC 主要用于替代传统的由继电器接触器构成的控制装置，是建立在继电器控制及计算机控制技术基础之上的、一种专门用于工业控制的微型计算机。因此，主要由电气工程师和计算机工程师参与的 PLC 描述定义均沿用了两

图 2-2 PLC 的结构框图

者领域的术语，其 CPU 采用从左到右，从上到下逐行扫描用户程序的方式运行，其硬件结

构与微型计算机基本相同（见图 2-2）。

1. 中央处理器（PLC 的核心）

中央处理器按其结构可分为通用 CPU、单片 CPU 和位片式级联 CPU。8 位的 CPU 有 8080/8085/6800/Z80/51…，16 位/32 位的有 8098CPU（三菱 FX2 系列）及奔腾 CPU（S7-400）。位片式级联结构的 CPU 通常由 4 位一片组成，片片相连可组合成任意长度 CPU。

为提高系统可靠性，某些 PLC 还采用双 CPU 的冗余结构或三 CPU 的表决结构，即使某个 CPU 发生故障，整个系统仍能正常运行。

2. 存储器（PLC 的关键）

基于 CPU 的不同，PLC 的最大寻址空间也各不相同，通常可分成三个区域：存放系统程序的存储器区、系统 RAM 存储区（包括 I/O 映像区和系统软元件等）和用户程序存储区。

（1）系统程序的存储器区　系统程序存储区存放着相当于计算机操作系统的系统程序。它包括监控程序、管理程序、功能子程序、命令解释程序、系统诊断子程序等。系统程序也叫系统软件，由 PLC 制造商将其固化在 EPROM 中，用户不能直接存取，它和硬件一起决定了该 PLC 的性能。

（2）系统 RAM 存储区（I/O 映像区和系统软元件存储区）

1）I/O 映像区。PLC 运行后，只是在输入采样阶段才依次读入各输入点的状态和数据，在输出刷新阶段才将输出点的状态和数据送至相应的被控设备。所以，需要一定数量的存储单元（RAM）来存放 I/O 的状态和数据，这些单元称作 I/O 映像区。

一个开关量 I/O 占用存储单元中的一个位（bit），一个模拟量 I/O 占用存储单元中的一个字（Byte）。因此，整个 I/O 映像区可看作由两部分组成，即开关量 I/O 映像区和模拟量的 I/O 映像区。

开关量 I/O 映像区的存储单元位（bit）数，决定了 PLC 的最大开关量 I/O 点数，也就是说，开关量 I/O 映像区中存储单元的总位数就等于 PLC 开关量 I/O 点数的总和。连接到 PLC 开关量输入端的每个开关量输入，在 I/O 映像区都有一个确定的位与之相对应。在输入采样阶段，若该开关量输入端连接处于"断开"状态，则 I/O 映像区中相对应的位被置"0"，这时梯形图中地址为该开关量输入的常开触点为"断开"，常闭触点为"闭合"；如果该开关量输入端连接处于"闭合"状态，则 I/O 映像区中相对应的位被置"1"，梯形图中地址为该开关量输入的常开触点为"闭合"，常闭触点为"断开"。

模拟量 I/O 映像区中的存储单元用来存放模拟量 I/O。由于每个模拟量占用一个字（Byte），而每个 PLC 规定了其允许的最大模拟量 I/O 点数，因此模拟量 I/O 映像区中存储单元的总数就等于模拟量 I/O 点数的和。例如，具有模拟量 I/O 各 8 点的 PLC，其相对应的存储单元在模拟量 I/O 映像区内由 16 个 16 位（bit）存储单元组成。

2）系统软元件存储区。系统 RAM 存储区还包括 PLC 内部的各类软元件（逻辑线圈、数据寄存器、定时器、计数器等）存储区。该存储区又分为失电保持的存储区和无失电保持的存储区，前者在 PLC 断电时，由内部的锂电池供电，数据不会丢失；后者当 PLC 断电时，数据被清零。

逻辑线圈：逻辑线圈占用系统 RAM 存储区中的一个位（bit），所不同的是逻辑线圈不能直接驱动负载，它只供用户在编制用户程序中使用。逻辑线圈的作用类似于电器控制线路中的继电器，而输出线圈的作用类似于继电器控制线路中的接触器。当 PLC 投入运行后，若逻辑运算的结果使该逻辑线圈断开，则存储单元中与其相对应的位被置位"0"，用户程序中地址为该逻辑线圈的常开触点均"断开"，常闭触点均"闭合"；如果逻辑运算的结果使该逻辑线圈接通，则存储单元中与其相对应的位被置位"1"，用户程序中地址为该逻辑线圈的常开触点均"闭合"，其常闭触点均"断开"。

数据寄存器：与模拟量 I/O 一样，每个数据寄存器占用系统 RAM 存储区中的一个存储单元（Byte）。此外，不同的 PLC 还提供数量不等的特殊数据寄存器，这些特殊数据寄存器内的数据都具有特定的含义。

定时器：PLC 内部定时器一般由软件构成，它们占用系统 RAM 存储区中的一部分。通常一个定时器占用两个字（Byte）的存储单元，一个存储单元用于存放计时设定值，另一个存放当前计时值；另外每个定时器还占用 3 个位（bit），分别用于复位位、计时位、状态位。

计数器：PLC 内部计数器一般也由软件构成，它们占用存储区的情况基本与定时器相同，通常占用两个字（Byte）的存储单元和，所不同的是计数器还占用两个位（bit），其中一个为计数位，用于存放上次扫描周期中该计数器计数控制线路的逻辑运算结果的状态，另一个计数位用于存放本次扫描周期中该计数器计数控制线路的逻辑运算结果的状态。

（3）用户程序存储区　用户程序存储区用于存放用户编制的用户程序。不同类型的 PLC，其存储容量各不相同，某些 PLC 的存储器可根据需要扩展。一般说来，小型 PLC 的存储容量小，中大型 PLC 的存储容量大。三菱公司的 FX_2 系列内存容量为 8KB，FX_3/FX_5（iQ）系列内存容量可达 64KB；西门子 S7-200 SMART 经济型系列内存容量可达 30KB。

3. 输入输出接口（PLC 的多样化接口）

实际生产过程中的信号电平是多种多样的，被控对象所需的电平也是千差万别的，而 PLC 的 CPU 所处理的信号只能是标准电平。输入/输出接口电路是 PLC 与现场外设之间的连接部件，实现电气上隔离和传递信息信号电平转换的功能。PLC 制造商会为用户提供多种接口类型的 PLC 及扩展模块。

（1）输入接口电路　输入接口往往是各种开关量的（光电、压力、行程…）按钮、触点和模拟量输入信号的传感器（电位器、热电偶…）等。PLC 输入电路中有光电隔离、RC 滤波器，以消除输入抖动和外部噪声干扰。

各种 PLC 的输入电路结构大致相同，通常有直流（0～12～24V）输入，交流（100～120V、200～240V）输入和交直流输入。图 2-3 为常见的开关量输入接线示意图。

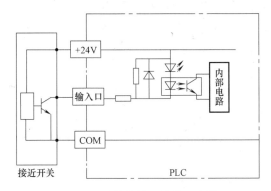

图 2-3　开关量输入接线示意图

（2）输出接口电路　PLC 的输出接口往往是与被控对象相连接，有电磁阀、接触器、指示灯、小型电动机等。

PLC 的输出通常有三种形式（见图 2-4）：继电器输出型 PLC 最为常用，当 CPU 有输出时，接通输出电路中的继电器线圈，继电器的触点闭合，通过该触点控制外部负载电路的负载。很显然，继电器输出型 PLC 是利用继电器的触点和线圈将 PLC 的内部电路与外部负载电路进行了电气隔离；晶体管输出型 PLC 是通过光耦驱动晶体管导通/截止以控制外部负载电路，光耦器件实现了内外电路的电气隔离；双向晶闸管输出型采用光耦隔离及光耦触发双向晶闸管方式控制外部交流电源和负载。

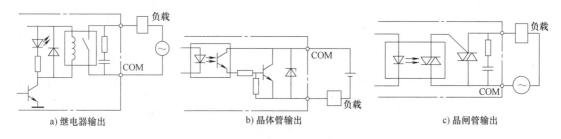

a) 继电器输出　　　　　b) 晶体管输出　　　　　c) 晶闸管输出

图 2-4　PLC 的三种输出电路结构

三种输出形式 PLC 中，继电器输出型响应最慢（10ms），而晶体管输出型响应最快（0.2ms），晶闸管输出型响应介于两者之间（1ms/断-通，10ms/通-断）。通常负载能力上继电器输出型最大（2A/AC250V/DC30V），晶体管输出型外部负载电源为直流（0.5A/DC5～30V），晶闸管输出型外部负载电源为交流（0.3A/AC85～242V）。

4. 电源单元

PLC 的电源单元包括系统的电源及备用电池。系统电源 220V 允许在额定值的+10%～−15%的范围内波动（有些 PLC 还可为输入电路和少量的外部电平检测装置提供 24V 直流电源—注意容量）。备用电池（一般为锂电池）用于掉电情况下保存程序存储器、内部保持标志、定时器和计数器并带电池故障指示。

5. 编程开发单元

编程开发的主要任务是编辑程序、调试程序、监控 PLC 内程序的执行，应具有在线测试 PLC 工作状态和参数，与 PLC 进行人机对话的功能。

早期的手持式编程器是 PLC 的重要外围设备，由于功能的限制现已很少使用。随着移动设备的推广和互联网的普及，PLC 厂家为用户提供编程软件和硬件接口，用户可通过在线（联机）或离线（脱机）方式在 PC 上对 PLC 编程和程序开发、调试。GX Developer、GX Works2 编程软件是三菱电机提供的 PLC 软件开发包，STEP7-Micro/WIN32 SMART 与 STEP7-Micro/WIN32 软件类似，是西门子提供的用于 S7-200 SMART 系列 PLC 的软件开发包。

二、可编程序控制器的工作原理

1. 用户程序的循环扫描过程

PLC 用户程序的循环扫描分输入采样、程序执行和输出刷新三个阶段（见图 2-5）。

输入采样阶段：PLC 顺序读入所有输入端子的通断状态，并将读入的信息存入内存中所对应的映像寄存器（刷新输入映像寄存器）。特别注意进入程序执行阶段后，输入映像寄存器与外界隔离，其内容不会随输入端子信号的变化发生变化，只有在下一个扫描周期的输入处理阶段才能读入下一个扫描周期时刻的输入端子的信息。

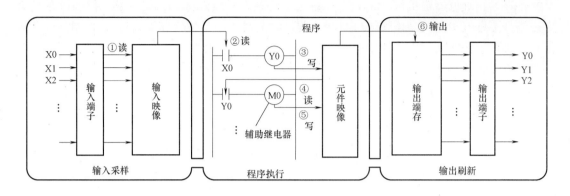

图 2-5　PLC 的扫描工作过程

程序执行阶段：PLC 依据梯形图程序扫描原则（按先左后右，先上后下的步序），逐句扫描、执行程序，并将结果写入输出。

输出刷新阶段：PLC 在程序执行完毕后，将输出映像寄存器中的的状态转存到输出锁存器，通过隔离电路，驱动功率放大电路，使输出端子向外界输出控制信号，驱动外部负载。

2. PLC 的扫描周期

PLC 投入运行后，是以循环扫描方式工作（见图 2-6），而每个循环通常包含 5 类操作（内部处理、通信服务、输入采样、程序执行、输出刷新），全过程一次所需时间称为 PLC 的扫描周期。

内部处理阶段，PLC 检查 CPU 模块的硬件是否正常，初始化系统，复位监视定时器等。

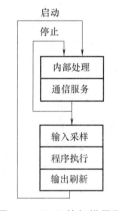

图 2-6　PLC 的扫描周期

通信服务阶段，PLC 可与一些交互设备、智能模块通信，可响应编程器键入的命令，更新模块内容及用户程序等。

当 PLC 处于停（STOP）状态时，只进行内部处理和通信服务等内容。当 PLC 处于运行（RUN）状态时，PLC 的扫描过程从内部处理、通信服务，到输入采样、程序执行、程序刷新，一直重复循环扫描工作。

PLC 内部处理时间是一个常数，通信服务时间长短与连接外围设备多少有关，输入采样和输出刷新所需时间取决于 I/O 点数，而执行用户程序所需时间涉及因素较多，主要与 PLC 的扫描速度（PLC 的 CPU 性能）、用户程序的长短步数及复杂程度有关。准确计算 PLC 的扫描周期有一定难度（小型 PLC 的扫描周期通常在 100ms 以内），但同系列新型号 PLC 的扫描速度往往比老型号要快。

3. PLC 扫描中的中断与控制的滞后

PLC 的扫描工作方式对急待处理的任务引入中断处理方式加以解决。在中断方式下，急待处理的任务申请中断，被响应后，PLC 停止正在进行的用户程序扫描，转而去处理中断，运行有关中断服务程序，中断处理完成后，PLC 又返回运行原来的用户程序。

滞后时间是指从 PLC 外部输入信号发生变化的时刻至系统有关输出端信号发生变化的时刻的间隔时间。它由输入电路的滤波时间、输出电路结构的滞后时间和因扫描工作方式产生的滞后时间三部分组成。

PLC 循环扫描工作方式和程序编制方式也会加大控制系统的滞后时间（见图 2-7）。

X0、Y0、Y1、Y2 的波形对应输入输出映像寄存器的状态，波形图"输入信号"是输入端对 X0 滤波后的波形。在 PLC 第一个扫描周期内的输入阶段，X0 映像寄存器值为"0"，所以在第一扫描周期内各映像寄存器均为"0"状态，输出均为"0"；当第二个扫描周期的输入段到达时，X0 的映像寄存器值已为"1"，执行输出后，映像寄存器 Y1、Y2 的值置"1"，Y1、Y2 输出"1"；在第三扫描周期，由于 Y1 已接通，执行使 Y0 接通，

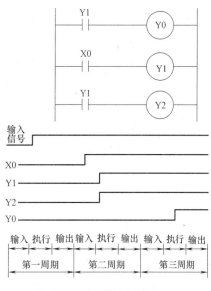

图 2-7　PLC 的输入输出延迟

Y0 映像寄存器置"1"，输出端刷新 Y0 置"1"。由此可见，从外部 X0 接通到 Y0 驱动，响应时间最长可达两个多扫描周期。

由于 PLC 存在控制上的滞后，在一些要求速度（响应）较快的实时控制系统中应特别注意。一方面，我们可在 PLC 的软件编程上采取措施，可修改滤波时间常数或使用 I/O 立即刷新指令；另一方面，应选取较高性能 CPU 的 PLC 以提高扫描速度，或选取高速的特殊（专用）模块。

三、可编程序控制器的编程语言

PLC 是一种工业控制计算机，其软件有系统软件与应用软件之分。系统软件在 PLC 交货时就由制造商装入机内，永久保存，主要负责完成机内运行相关时间的分配、存储空间的分配及系统自诊断等工作。应用软件的功能主要实现用户的控制要求，其编制通常由 PLC 生产厂商提供的开发软件平台完成。为便于不同品牌 PLC 的交流，国际电工委员会（IEC）对种类繁多的概念和语言进行了标准化（IEC61131-3），制定了工业控制器（包括 PLC）的标准，归纳定义了 5 种编程语言。

1. 图形编程类语言

（1）梯形图　梯形图（Ladder Diagram，LD）是使用最广泛的 PLC 图形编程语言（见图 2-8a），由传统的继电器控制电路图演变过来，与继电器控制系统的电路图很相似，直观易懂，特别适用于开关量逻辑控制，电气技术人员易于接受。

梯形图由触头、线圈和应用指令等组成。触头代表逻辑输入条件（外部的开关、按钮和内部条件等）。线圈通常代表逻辑输出结果，用来控制外部的指示灯、交流接触器和内部的输出标志位等。梯形图格式中的继电器不是物理继电器，而是在软件中使用的编程元件（软继电器）。软继电器各触点均为存储器中的一位，相应位为"1"状态时，表示软继电器线圈通电，它的常开触点闭合，常闭触点断开；相应位为"0"状态时，表示软继电器线圈

失电，它的常开触点断开，常闭触点闭合。

在分析梯形图中的逻辑关系时，可以想象（不是实际）左右两侧垂直母线之间有一个左正右负的直流电源电压（有时省略了右侧的垂直母线），图 2-8a 中 X000 与 X001 的触头接通，或 Y000 与 X001 的触头接通时，有一个假想的"能流"（Power Flow）流过 Y000 的线圈。利用能流概念，可以帮助我们更好地理解和分析梯形图，能流只能从左向右流动。

根据梯形图中各触头的状态和逻辑关系，求出与图中各线圈对应的编程元件的 ON/OFF 状态，称为梯形图的逻辑运算。逻辑运算是按梯形图中从上到下、从左至右的顺序进行的。逻辑运算的结果，马上可以被后面的逻辑运算所利用。逻辑运算是根据输入映像寄存器中的值，而不是根据运算瞬时外部输入触头的状态来进行的。

梯形图中各编程元件的常开触头和常闭触头均可以无限多次地使用。

输入继电器的状态唯一地取决于对应的外部输入电路的通断状态，因此在梯形图中不能出现输入继电器的线圈。

（2）功能块图　功能块图（Function Block Diagram，FBD）是一种类似于数字逻辑门电路的编程语言，熟悉数字电路的人比较容易掌握。该编程语言用类似与门、或门的框来表示逻辑运算关系，框的左侧为逻辑运算的输入变量，右侧为输出变量，输入、输出端的小圆圈表示"非"运算，方框被"导线"连接在一起，信号自左向右流动，图 2-8b 给出了功能块图语言示例。

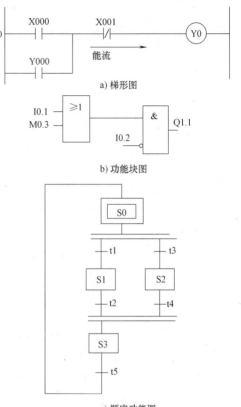

a) 梯形图

b) 功能块图

c) 顺序功能图

步数	指令	操作数
0	LD	X000
1	OR	Y000
2	ANI	X001
3	OUT	Y000

d) 指令表语言

图 2-8　PLC 的编程语言

（3）顺序功能图　顺序功能图（Sequential Function Chart，SFC）是一种类似于微机流程图的编程语言，体现一种编程思想，在步进顺序控制中应用广泛。

顺序功能图提供了一种组织程序的图形方法，步（STEP）、转换和动作是顺序功能图的三个要素（见图 2-8c）。顺序功能图编程可将一个复杂的控制过程分解为一些小的工作状态，在对这些小状态的功能分别处理后，再把这些小状态依一定的顺序控制要求连接组合成整体。

2. 文本编程类语言

（1）指令表语言　指令语句是一种与微机"汇编语言"相似的助记符表达式，与梯形图有严格的对应关系。由指令组成的程序叫做指令表（Instruction List，IL）程序（见

图 2-8d），在用户程序存储器中，指令按步序号顺序排列。指令表程序较难阅读，其中的逻辑关系很难一眼看出，所以在设计时一般使用梯形图语言，有微机技术的人员易于接受。

（2）结构文本语言　结构文本（Structured Text，ST）语言是一种以 IEC61131-3 标准创建的专用高级编程语言，是以高度压缩方式提供大量描述复杂功能的抽象语句。与梯形图相比，ST 语言的优点明显（见图 2-9），它能实现复杂的数学运算，编写的程序非常简洁和紧凑，目前，大型企业的项目通常采用此种语言编制。

```
LD    START
OR    LAMP
ANI   STOP
OUT   LAMP
```

LAMP : = (START OR LAMP) AND NOT (LAMP)；

图 2-9　ST 语言

PLC 的编程语言是编制 PLC 应用程序的工具，并不是所有 PLC 都支持上述五类编程语言，生产厂商会根据需求提供几种编程语言或不同版本的编程平台供用户选择。例如，三菱电机 FX 系列的 PLC 推荐使用 IL、LD、SFC 三种编程语言，提供 GX Developer、GX Works2 编程平台供用户选择。

第三节　三菱小型可编程序控制器

PLC 的性能指标众多，但用户主要关心的指标有以下几种。

输入/输出点数：是 PLC 组成控制系统时所能接入输入输出信号的最大数量，它表明了 PLC 组成系统时可能的最大规模。在 I/O 总点数中，输入点和输出点是按一定的比例设置的，往往是输入点数大于或等于输出点数。

应用程序的存储容量：是存放用户程序的存储器的容量，通常用 K 字表示（1K 字 = 1024 步）。一般小型 PLC 的应用程序存储容量在 1K～十几 K 字之间。

扫描速度：是以执行 1000 条基本逻辑指令所需的时间来衡量（ms/千步），也有以执行一步指令时间计（μs/步）。一般 PLC 的逻辑指令与功能指令的平均执行时间差别较大。

本节主要以 FX_{3U} 型 PLC 为主加以描述。

一、三菱 PLC

世界著名 PLC 品牌之中，三菱拥有自己的一席之地，其主要产品有 F 系列、FX 系列、A 系列和 Q 系列。A 和 Q 系列属大中型机，F（停产）及 FX 系列属小型机。目前的主要产品有 MELSEC-F 系列（FX_1、FX_2、FX_3），MELSEC-iQ-F 系列（FX_5），MELSEC-iQ-Q 系列和 MELSEC-Q/QS/WS/L 系列。表 2-1 是 FX 类型 PLC 的部分基本性能（含 FX_5），图 2-10 是 FX_{3U} 系列小型 PLC 的总体系统架构。

表 2-1　FX_1/FX_2/FX_3/FX_5 的基本性能

项目	FX_1	FX_2	FX_3（第 3 代）	FX_5　（iQ）
控制方法	存储程序/重复扫描		存储程序循环描（专用 LSI），有中断	存储程序循环演算
I/O 控制方式	循环扫描，有 I/O 刷新指令		批次处理，I/O 刷新，有脉冲捕捉	刷新方式（通过指定直接访问输入输出（DX，DY），可直接访问输入输出）

（续）

项目		FX₁	FX₂	FX₃（第3代）	FX₅　（iQ）
最大 I/O 点		30/128	256	30/256/384（网络）	256/512（网络）
程序容量		2000/8000 步	8000/16000 步	64000 步	64000 步
指令速度	基本指令	0.55~0.7μs	0.08μs	0.065μs	<0.034μs
	应用指令	2~数百 μs	1.52~数百 μs	0.642~数百 μs	<0.100μs
基本指令		27+2	27+2	29+2	69+2
应用指令		85/89	128/298	510	1014
辅助继电器		1536	3072	7680	32768
数据寄存器		D8000	D8000	D8000	D8000
定时器		256	256	512	1024
高速计数		60kHz×2	10kHz×4	100kHz×6、10kHz×2	200kHz×6、10kHz×2
脉冲输出		100kHz×2	20kHz×2	100kHz×3	200kHz×4
通信接口			RS-422		RS-485、以太网
模拟量入/出					12BITX2/12BITX1
实时时钟			内置 1980—2079 年时钟/内置、电容保持 10 天		
显示模块			FX₃U-7DM		
密码保护		可设定一个关键字，最大长度 8 字符		两级关键字、用户关键字、不能解除保护功能	文件密码、远程密码、安全密码
输入输出选配				可选用 FX₂ 系列设备	可选用 FX₃ 系列设备
高速系统总线				10B/ms	1500B/ms

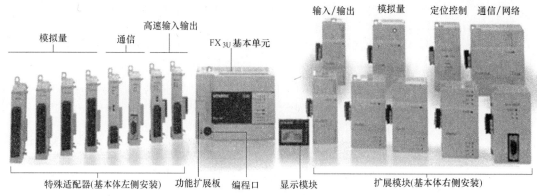

图 2-10　FX₃U系列小型 PLC 的系统架构

1. 三菱小型 PLC 的命名

16 点:输入 8/输出 8	M：基本单元	R：继电器输出	无标记:AC 电源，DC 电源输入
32 点:输入 16/输出 16	E：输入输出混合扩展单元	T：晶体管输出	D:DC 电源，DC 输入
48 点:输入 24/输出 24	Ex：扩展输入模块	S：晶闸管输出	UAL1/UL:AC 电源，AC 输入（UL 规格品）
64 点:输入 32/输出 32	Ey：扩展输出模块		
80 点:输入 40/输出 40			
128 点:输入 64/输出 64			

2. 基本单元及 I/O 接线

FX 的基本单元是整体式结构，它将电源、CPU、输入、输出等集成于一体（见图 2-11）。

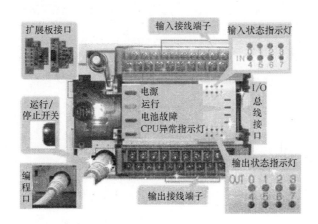

图 2-11　FX₃ 基本单元

对于输入，图 2-12 各输入端子与公共端子（COM）之间可接无源开关或 NPN 型集电极开路输出方式的传感器（弱电流器件），+24V 端可作为传感器电源（不得超出 PLC 容量允许，否则需提供外部 DC24V 电源）。

对于输出，为节省端口，小型 PLC 通常在输出口设计多个公共端（也可将其连接共用），用以配合不同类型的负载或不同类型的电源（图 2-13 是晶体管输出分组式连接参考）。

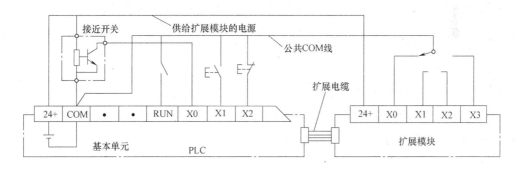

图 2-12　输入连接参考

PLC 的输出模块有继电器、晶体管与晶闸管三种输出方式。由于不同类型接口的负载能力、响应速度、保护要求各不相同，故其 I/O 类型选用、接线要求也不相同。实际接线请基于 PLC 接口类型或参考对应的数据手册。

二、FX₃ᵤ 系列 PLC 的内部编程器件

PLC 是一种主要用于替代传统的由继电器接触器构成的控制装置，是建立在继电器控制及计算机控制技术基础之上、专门用于工业控制的微型计算机。主要由电气工程师和计算

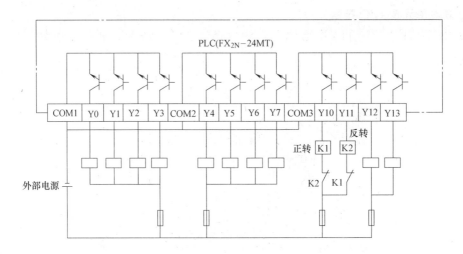

图 2-13　晶体管输出分组式连接参考

机工程师参与的 PLC 其描述定义均沿用了两者领域的术语，PLC 的这些编程器件有着与硬件继电器等类似的功能，但实质上是由 PLC 内部的电子电路和用户存储区中一个存储单元构成；对于同类多个编程器件，存储单元的地址可与它们的编号相对应。

1. 输入继电器 X（X0~X367，八进制编号）

输入继电器的外部物理特性就相当于一个开关量的输入接点（外部开关的两根接线一个接到输入接点上，另一个接在输入端的公共点 COM 上），其作用是接收和存储（对应输入映像寄存器的某一位）外部的开关量输入信号。输入继电器只能由外部驱动，故梯形图中只有触点而无线圈。从内部操作的角度看，一个输入继电器就是一个一位的只读存储器单元，其值只有两种状态："0/1"或"ON/OFF"，触点只能用于内部编程，不能直接驱动外部负载。

2. 输出继电器 Y（Y0~Y367，八进制编号）

输出继电器的外部物理特性就相当于接触器的一副常开输出触头。我们可以将一个输出继电器当作一副受控的开关，通过编制的程序控制其闭合或断开。从内部操作的角度看，一个输出继电器就是一个一位的可读/写存储器单元，故 PLC 可为我们编程提供无数对常开、常闭触点。PLC 的线圈由程序驱动，输出电路结构（继电器/晶体管/晶闸管）决定了其与外部驱动对象的接线方式。

3. 辅助继电器 M（8192 点）

辅助继电器的功能相当于继电器控制系统中的中间继电器，可以由其他各种软元件驱动，也可以驱动其他软元件。其物理特征和微机中的内存单元完全相同，引用是读操作，被驱动是写操作；辅助继电器可提供无数常开、常闭触点供内部编程，但不能驱动外部负载。

（1）通用型辅助继电器 M（M0~M499，500 点）　其物理特征相当于内存 RAM，继电器在上电之后，全部处于"OFF"状态。

（2）断电保持型辅助继电器 M（M500~M1023~M7679，524/6656 点）　当 PLC 断电并再次通电之后，这些继电器会保持断电之前的状态（前 524 点区域可通过参数设定更改为非断电保持）。此掉电保护功能依靠 PLC 内部的备用锂电池来实现。

（3）特殊辅助继电器 M（M8000～M8511，512 点）　反映 PLC 工作状态或为用户提供某种功能（只能使用触头，不能对其驱动），反映 PLC 工作状态的部分常用特殊继电器如下几种。

M8000：一旦 PLC 运行，输出置位"ON"。

M8002：初始脉冲（仅在运行开始瞬间接通一脉冲周期）。

M8011/M8012/M8013：产生 10ms/100ms/1s 的连续时钟脉冲。

M8020：加减运算结果为零时状态为"ON"，否则为"OFF"。

驱动部分常用的特殊继电器之后，PLC 能做如下特定的操作。

M8034："ON"时禁止所有输出。即所有的输出都断开。

M8030："OFF"时，电池欠电压时允许指示灯提示。

M8050～M8055："ON"时禁止 I0xx～I5xx 中断。

其他特殊功能辅助继电器的编号及其功能请参阅数据手册。

4. 状态器 S（4096 点）

状态器是特别为步进顺控类指令设计的，在编制步进顺控程序时使用状态器很方便。

（1）初始状态器　S0～S9，共 10 点。

（2）一般状态器　S10～S499，共 490 点。

（3）保持状态器　S500～S899，共 400 点（可通过参数设定更改为非断电保持）。S1000～S4095，共 3096 点。

（4）报警状态器　S900～S999，共 100 点。

前 3 种状态器用于状态编程时，编程简洁明了。第 4 种状态元件是专为指示所编程序的错误而设置的。当状态器不用于步进控制时，状态器 S 也可作为辅助继电器使用。

5. 定时器 T（1ms/10ms/100ms，512 点）

PLC 中的定时器（T）都是通电延时型的，相当于继电器控制系统中的时间继电器。在程序中，定时器总是与一个定时设定值常数一起使用，根据时钟脉冲累计计时，当计时时间达到设定值时，其输出触点（常开或常闭）动作。PLC 定时器触点可供编程使用，次数不限，当驱动逻辑为"OFF"或 PLC 断电时，非积算式定时器计数值立即复位，积算式定时器计数值并不复位。

（1）非积算式定时器　按时基基准划分如下：

100ms 定时器，T0～T199 共 200 个，定时区间为 0.1～3276.7s。

10ms 定时器，T200～T245 共 46 个，定时区间为 0.01～327.67s。

1ms 定时器，T256～T511 共 256 个，定时区间为 0.001～32.767s。

非积算式定时器的工作原理与动作时序如图 2-14 所示。当 X0 接通时，非积算式定时器 T200 线圈被驱动，计数器对 10ms 脉冲进行加法累积计数，该值不断与设定值 K123 进行实时比较，当两值相等（10ms×123 = 1.23s）时，T200 的输出触点接通。也就是说，当 T200 线圈得电后，其触点延时 1.23s 后动作。当输入条件 X0 断开或发生断电时，计数器立即复位，输出触点也立即复位。

（2）积算式定时器　按时基基准划分如下：

100ms 定时器，T250～T255 共 6 个，定时区间为 0.1～3276.7s。

1ms 定时器，T246～T249 共 4 个，定时区间为 0.001～32.767s。

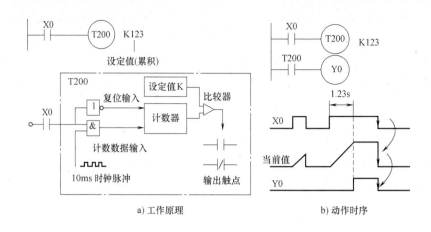

a) 工作原理　　　　　　　　　　b) 动作时序

图 2-14　非积算式定时器的工作原理与动作时序

积算式定时器的工作原理与动作时序如图 2-15a 和 b 所示。当 X1 接通时，积算式定时器 T250 线圈被驱动，计数器对 100ms 脉冲进行加法累积计数，该值不断与设定值 K345 进行实时比较，当两值相等时，T250 的输出触点接通。若计数途中 X1 断开或断电（T250 失电），T250 计数值会保持，当 X1 再次接通且上电时，计数继续，直到累计延时到 100ms×345 = 34.5s，T250 触点才动作。任何时刻只要复位 X2 接通，T250 定时器立即复位。

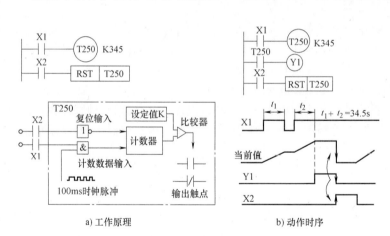

a) 工作原理　　　　　　　　　　b) 动作时序

图 2-15　积算式定时器的工作原理与动作时序

6. 计数器 C

PLC 中的计数器通常可分为内部信号计数器和高速计数器两类，其常开、常闭触头可以无限次引用。

（1）内部信号计数器　执行扫描操作时，为保证信号计数的准确性，要求被计数的器件其接通和断开的时间比 PLC 的扫描周期长。

1）16 位单向加法计数器（200 点）。16 位单向加法计数器的计数设定值范围是 K1 ~ K32767，动作时序如图 2-16 所示，X1 是复位指令，X2 是计数器的输入信号，每接通一次，计数值 C10 加 1，当达到计数设定值 9 时，计数器触点动作驱动 Y2 输出（达到计数设定值后的输入变化不再计数）。

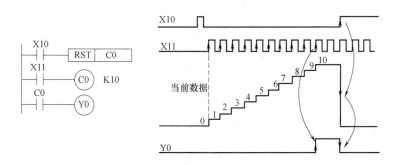

图 2-16 单向加法计数器动作时序

16 位单向加法计数器分通用型（C0~C99）和断电保持型（C100~C199），断电保持型计数器能够在断电后保持已经计下的数值，再次通电后，只要复位信号没有对计数器复位过，计数器将在原来计数值的基础上继续计数。断电保持型通用计数器的其他特性及使用方法完全和通用型计数器相同。

2）32 位双向加/减计数器（35 点）。32 位双向加/减计数器也分为通用型（C200~C219）和断电保持型（C220~C234），32 位（符号 1 位，容量 31 位）计数值设定范围 -2147483648~+2147483647，动作时序如图 2-17 所示，X13 是复位指令，X14 是计数器的输入信号，X12 为计数方向（加/减）设定。若计数器达到最大+2147483647 后再加计数，计数值溢出变成-2147483648，同样最小-2147483648 再减，计数值溢出变成+2147483647，此为循环计数。

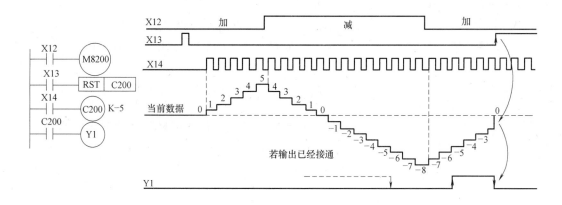

图 2-17 双向加/减计数器的动作时序

（2）32 位高速双向计数器（21 点） 高速计数器采用中断方式操作，通常只允许从 X0~X5 端子输入，具体分类如下：

C235~C240，6 个 1 相无启动/无复位端子高速计数器。

C241~C243，3 个 1 相带启动/无复位端子高速计数器。

C244~C245，2 个 1 相带启动/带复位端子高速计数器。

C246~C250，5 个 1 相双向输入高速计数器。

C251~C255，5个2相双向输入高速计数器。

高速计数器的最高计数频率受两个因素限制，一个是输入相应速度，另一个是全部高速计数器的处理速度。由于采用中断方式，同一PLC内，计数器用的越少，计数频率就越高，具体可参考相应数据手册。

7. 数据寄存器 D（D0~D8511，8512点）

数据寄存器主要用于存储中间数据、存储需要变更的给定数据等。每个数据寄存器都是16位（最高位为符号位）。用两个相邻编号的16位数据寄存器串联即可存储32位数据。

（1）通用数据寄存器（D0~D199，200点）　在一般情况下只要不写入其他数据，已存入的数据不会改变（相当于RAM）；而当PLC状态由运行（RUN）变为停止（STOP）时，数据区全部清零（但利用特殊的辅助继电器置"1"，PLC由RUN转为STOP时，D0~D199中的数据可以保持）。

（2）掉电保持数据寄存器（D200~D511，312点）和掉电保持专用型数据寄存器（D512~D7999，7488点）　掉电保持数据寄存器可通过参数设置改变其掉电保持特性，只要不改写数据，无论电源通断或PLC运行、停止，其内容都不会改变或丢失。

FX$_{3U}$系列PLC的D1000~D7999掉电保持数据寄存器可以作为文件寄存器。文件寄存器实际上是存放大量数据的专用数据寄存器，用以生成用户数据区（存放采集数据、统计计算数据、多组控制参数/原料配方）等。文件寄存器占用用户程序存储器（RAM、EPROM、EEPROM）内的某一存储区间，以500点为一单位（块），那么D1000~D7999有14块可用于文件存储，PLC运行中，可用BMOV指令将文件寄存器的数据读到通用数据寄存器中。

（3）特殊数据寄存器（D8000~D8511，512点）　用于PLC内各种器件的运行监视。电源接通时，写入初始值，未定义的特殊数据寄存器为系统保留，用户不能用。

8. 变址寄存器 V/Z（V0~V7/Z0~Z7，16点）

变址寄存器实际上是一种特殊用途寄存器，其作用相当于微处理器中的变址寄存器，用于改变元器件的地址编号（变址）。V、Z都是16位数据存储器，它可像其他数据寄存器一样进行数据读写，需要进行32位数操作时，可将V、Z串联使用构成32位变址寄存器（V高Z低）。

9. 常数 K/H

常数也作为一种软器件处理，因为无论在程序中或在PLC内部存储器中，它都占有一定的存储空间。十进制常数用K表示（16位：-32767~+32767，32位：-2147483648~+2147483647）；十六进制数则用H表示（16位：0~FFFF，32位：0~FFFFFFFF），实数用E，字符串用" "。

10. 指针 P/I 及嵌套 N（Px：4096点，Ixxx：9点，Nx：8点）

指针有两种类型：

（1）分支指令用指针P　作为一种标号（FX$_{3U}$有P0~P4095共4096点；P63——END），用来指定跳转指令JUMP或子程序调用指令CALL等分支指令的跳转目标，指针在用户程序和PLC内用户存储器占有一定空间。

（2）中断用指针I　外部输入X引起的中断（I0xx~I5xx）有6点（定义见图2-18），中断信号的方式有上升和下降沿之分。

内部时钟中断（I6xx/I7xx/I8xx）有3点（定义见图2-18），可以实现每隔一定的时间

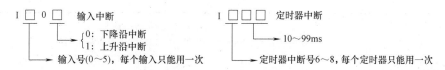

图 2-18　输入中断/时钟中断定义

（10~99ms）进行一次预先设计好的操作（I820 即为每隔 20ms 就执行一次标号为 I820 后面的中断服务程序）。

有关计数器的中断（I010~I060）有 6 点，供程序中高速计数器比较指令 HSCS 使用。

（3）嵌套 N　FX$_{3U}$ 的程序嵌套 N0~N7 有 8 点，供程序中 MC 命令使用。

对于中断，编程中应遵循以下规则：

1）中断序号第二位只能用一次（使用了 I200 就不能使用 I201）。

2）所有中断必须用指令开中断之后才能真正有效。

3）中断的优先级按序号排列，小序号优先。

4）中断的标号在程序中只能出现一次。

5）用于中断的输入端子不能再用作其他高速处理的输入。

第四节　FX$_{5U}$（iQ）系列可编程序控制器

作为 FX$_{3U}$ 系列的升级产品，三菱电机小型可编程序控制器的新平台 MELSEC iQ-F 系列（FX$_{5U}$ 系列）以基本性能的提升、与驱动产品的连接、软件环境的改善为亮点。给伺服、变频器、人机界面和小型 PLC 等带来新的活力和契机，提升最终用户的生产效率及生产力。

FX$_{5U}$ 系列虽小却精，相比 FX$_{3U}$，系统总线速度提升了 150 倍，最大可扩展 16 块智能扩展模块，内置 2 入 1 出模拟量功能模块，内置以太网接口及 4 轴 200kHz 高速定位功能模块。在编程方面，MELSEC iQ-F 系列由 GX Works3 编程软件支持，直观的图形化操作，通过 FB 模块，消减了开发工时。运用简易运动控制定位模块，通过 SSCNET Ⅲ/N 定位控制，可实现丰富的运动控制。

一、FX$_{5U}$ 可编程序控制器

三菱 PLC iQ-F 系列产品主要特点见表 2-2。

表 2-2　FX$_5$ 产品的主要特点

功　能	FX$_{5U}$		FX$_{5UC}$
		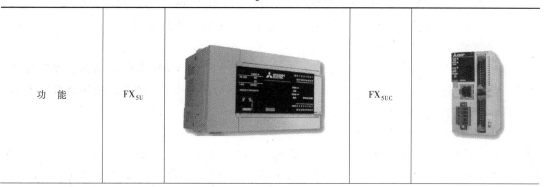	

（续）

控制规模	32～256点（CPU单元：32/64/80点） CC-Link, AnyWireASLINK和Bitty包括远程I/O最大512点	
程序存储器	64K步	
内置模拟输入输出	A-D 2通道12位、D-A 1通道12位	—
内置SD卡插槽	最大4G字节（SD/SDHC存储卡）	
内置以太网端口	10BASE-T/100BASE-TX	
内置RS-485端口	RS-422/RS-485标准	
内置定位	独立的4轴200kHz的脉冲输出	
内置高速计数器	最大8ch 200kHz高速脉冲输入（FX$_{5U}$-32M为6ch 200kHz+2ch 10kHz）	

1. CPU性能

MELSEC iQ-F搭载了具有高速处理能力的CPU，指令运算速度（LD、MOV指令）可达34ns。支持结构化程序和多个程序的运行，可写入ST语言和FB等（程序容量64K步）。

2. 内置SD存储器

内置的SD卡槽，非常便于进行程序升级和设备的批量生产。另外SD卡上可以载入数据，对把握分析设备的状态和生产状况有很大的帮助。

3. RUN/STOP/RESET开关

内置了RUN/STOP/RESET开关，无需关闭主电源就可重新启动，使调试变得更有效率。

4. 内置RS-485端口

对应RS-485通信端口，与三菱常规变频器的最长通信长度为50m，多达16台。对应MODBUS功能，可连接PLC、传感器、温度调节器等多达32台周边设备。

5. 内置模拟量输入输出

内置12位2ch模拟量输入和1ch模拟量输出。无需程序，仅通过设定参数便可使用。可通过参数来设定数值的传送、比例大小、报警输出。

6. 安全性高

MELSEC iQ-F可以通过安全功能（文件密码、远程密码、安全密码），来防止第三方非法登录而进行数据的盗取及非法实施等行为。

7. 高速系统总线

MELSEC iQ-F搭载了高速CPU的同时，实现了1.5KB/ms的通信速度，（约为FX$_{3U}$的150倍），即使扩展使用多台智能模块时，也可最大限度地发挥其作用。

8. 无需电池，维护简单

MELSEC iQ-F的程序和软元件保存在数据不消失的闪存ROM等存储器内，无需电池。计时器数据可通过大容量电容器保持10日（根据使用情况会有变化），使用选件电池时，可实现计时器数据与软元件的停电保持。

9. 内置Ethernet端口

Ethernet通信端口在网络上最大可以连接8台计算机或设备。此外，对应远程设备的维护或与上位机之间的无缝SLMP通信，非常有效。经VPN连接，可在异地通过GX Works3

读取/写入程序。

10. 先进的定位功能

（1）内置定位（200kHz、4轴，20μs高速启动）　如图 2-19 所示，具有通过内置的 8ch 高速脉冲输入实现的高速计数器功能和利用 4 轴脉冲输出完成的内置定位功能。如果扩展 FX5-16ET/E□-H 高速脉冲输入输出模块（2 轴定位，最多可扩 4 台），最多可实现 12 轴的多轴控制。

（2）简易运动控制定位模块 SSCNETⅢ/H（4 轴控制模块，见图 2-20）　FX5-40SSC-S 是搭载了 SSCNET Ⅲ/H 4 轴定位功能的模块。通过表格设定高速输出，结合线性插补、2 轴间的圆弧插补以及连接轨迹控制，可轻松实现平滑的定位控制。

（3）先进的运动控制功能（搭载简易控制模块）　简易运动控制定位模块，只需要通过简单的参数设定和顺控程序，就可轻松实现定位控制、高度同步控制、凸轮控制、速度·扭矩控制。

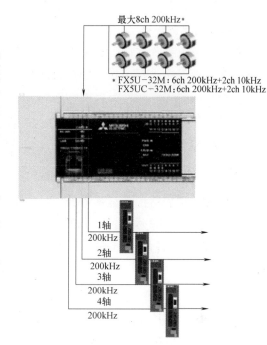

最大8ch 200kHz*

* FX5U－32M：6ch 200kHz+2ch 10kHz
FX5UC－32M：6ch 200kHz+2ch 10kHz

1轴 200kHz
2轴 200kHz
3轴 200kHz
4轴 200kHz

图 2-19　内置定位 4 轴

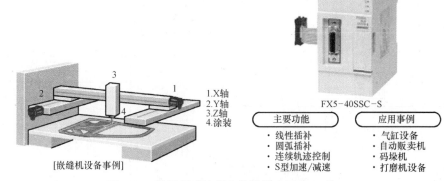

1. X轴
2. Y轴
3. Z轴
4. 涂装

[嵌缝机设备事例]

FX5－40SSC－S

主要功能	应用事例
· 线性插补	· 气缸设备
· 圆弧插补	· 自动贩卖机
· 连续轨迹控制	· 码垛机
· S型加速/减速	· 打磨机设备

图 2-20　简易运动控制定位模块 SSCNET Ⅲ/H

1）同步控制（见图 2-21）。把齿轮、轴、减速机、凸轮等机械上的构造通过软件转换成同步控制，可轻松地实现凸轮控制、离合器、凸轮自动生成等功能。另外，由于可对每根轴同步进行起动、停止的控制，因此可混合使用同步控制轴和定位轴。使用同步编码器轴时，最大可 4 轴同步运行。

2）凸轮数据自动生成。以前难以做成的旋转切刀的凸轮数据，现在只需输入材料长度、同步宽度、凸轮分辨率等数据，就可自动生成（见图 2-22）。

3）标记检测功能。通过输入工件中的标识，可修正刀具轴的偏差，并保持一定的位置切割工件。

11. 便捷的工程软件

直观的图形化操作，GX Works3 只需要［选择］就能轻松进行编程。通过可轻松排除故障的诊断功能，可实现削减编程成本的效果。

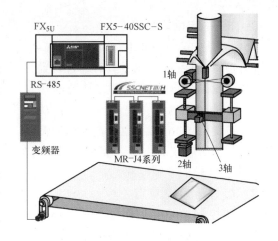

图 2-21　同步控制

二、FX₅ 系统构建规则

FX₅（FX₅UC 更适合小型化）全新扩展模块更加方便，扩展适配器最多 6 台，扩展模块最多 16 台，FX3 系列的部分模块也可使用。FX₅U、FX₅UC 的系统构建规则如图 2-23 和图 2-24 所示。

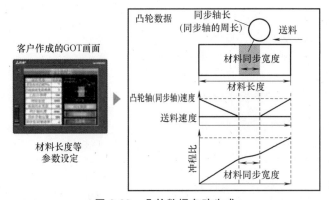

图 2-22　凸轮数据自动生成

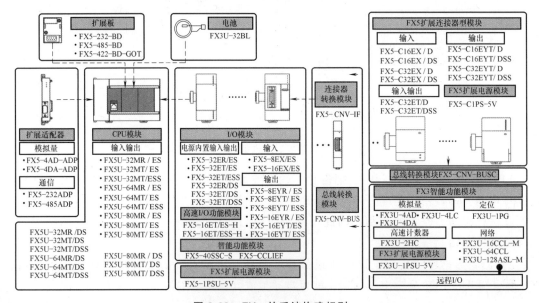

图 2-23　FX₅U 的系统构建规则

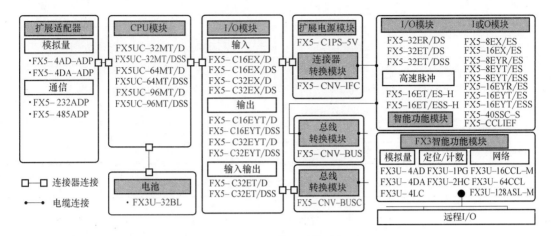

图 2-24 FX$_{5UC}$ 的系统构建规则

三、FX$_{5U}$ 性能规格

FX$_5$ CPU 模块的性能见表 2-3，软元件规格见表 2-4。

表 2-3 FX$_{5U}$/FX$_{5UC}$ CPU 模块性能规格

项 目		规 格
控制方式		存储程序反复运算
输入输出控制方式		刷新方式（可根据直接访问输入输出（DX、DY）的指定直接访问输入输出）
程序规格	编程语言	梯形图（LD）、结构化文本（ST）、功能块图/梯形图（FBD/LD）
	编程扩展功能	功能块（FB）、结构化梯形图、标签编程（局部/全局）
	持续扫描	0.2~2000ms（可以 0.1ms 为单位设置）
	固定周期中断	1~60000ms（可以 1ms 为单位设置）
	定时器性能规格	100ms、10ms、1ms
	执行程序个数	32 个
	FB 文件数	16 个（用户使用的文件最多 15 个）
操作规格	实施类型	待机、初期执行、扫描执行、固定周期执行、事件执行
	中断种类	内部定时器中断、输入中断、高速比较一致中断
指令处理速度	LD X0 /MOV D0 D1	34ns
存储容量	程序容量	64k 步（128kB、快闪存储器）
	SD 存储卡	存储卡容量部分（SD/SDHC 存储卡：最大 4GB）
	软元件/标签记录	120kB
	数据记录/标准 ROM	5MB
闪存（ROM）写入次数		最大 2 万次
最多保存文件数	软元件/标签记录	1 个
	数据记录 P/FB	程序文件数 P：32 个；FB 文件数 FB：16 个
	SD 存储卡	2GB：511 个/4GB：65534 个

（续）

项　目		规　格
时钟功能	信息	年、月、日、时、分、秒、星期（自动判断闰年）
输入输出点数	①输入输出点数	256 点以下
	②远程 I/O 点数	384 点以下
	①+②合计点数	512 点以下
停电保持（计时）	方法/时间	大容量电容器/10 日（环境温度：25℃）
停电保持（软元件）	保持容量	最多 12KB

表 2-4　软元件点数

项目			进制	最大点数	
用户软元件点数		输入继电器（X）	8	1024 点以下	分配到输入输出的 X、Y 的合计为最大 256 点
		输出继电器（Y）	8	1024 点以下	
		内部继电器（M）	10	32768 点（可通过参数更改）	
		锁存继电器（L）	10	32768 点（可通过参数更改）	
		链接继电器（B）	16	32768 点（可通过参数更改）	
		报警器（F）	10	32768 点（可通过参数更改）	
		链接特殊继电器（SB）	16	32768 点（可通过参数更改）	
		步进继电器（S）	10	4096 点（固定）	
	定时器类	定时器（T）	10	1024 点（可通过参数更改）	
	累计定时器类	累计定时器（ST）	10	1024 点（可通过参数更改）	
	计数器类	计数器（C）	10	1024 点（可通过参数更改）	
		长计数器（LC）	10	1024 点（可通过参数更改）	
		数据寄存器（D）	10	8000 点（可通过参数更改）	
		链接寄存器（W）	16	32768 点（可通过参数更改）	
		链接特殊寄存器（SW）	16	32768 点（可通过参数更改）	
系统软元件点数		特殊继电器（SM）	10	10000 点（固定）	
		特殊寄存器（SD）	10	12000 点（固定）	
模块访问软元件		智能功能模块软元	10	65536 点（以 U/G 指定）	
变址寄存器点数		变址寄存器（Z）	10	24 点	
		超长变址寄存器（LZ）	10	12 点	
文件寄存器点数		文件寄存器（R）	10	32768 点（可通过参数更改）	
嵌套点数		嵌套（N）	10	15 点（固定）	
指针点数		指针（P）	10	4096 点	
		中断指针（I）	10	178 点（固定）	
其他	10 进制常数（K）	带符号		16 位时：−32768 ~ +32767、32 位时：−2147483648 ~ +2147483647	
		无符号		16 位时：0 ~ 65535、32 位时：0 ~ 4294967295	
	16 进制常数（H）			16 位时：0 ~ FFFF、32 位时：0 ~ FFFFFFFF	
	实数常数（E）	单精度		E−3.40282347+38 ~ E−1.17549435−38、0、E1.17549435−38 ~ E3.40282347+38	
	字符串			Shift JIS 代码 最大半角 255 字符（含 NULL 在内 256 字符）	

习题及思考题

2-1 PLC 的特点是什么？

2-2 PLC 一般是如何分类的？

2-3 PLC 有几种编程语言？

2-4 PLC 由哪几部分组成？各有什么作用？

2-5 PLC 的输出形式有几种？哪一种负载能力最大？

2-6 PLC 的工作原理是什么？

2-7 什么是 PLC 的扫描周期？

2-8 PLC 的 I/O 响应时间大于扫描周期，为什么？

2-9 FX 系列 PLC 型号命名格式中各符号代表什么？

2-10 FX 系列 PLC 的基本单元、扩展单元、扩展模块的主要作用是什么？

2-11 FX 系列 PLC 的输出端有几种常用类型？有何特点？接线应注意哪些方面？

2-12 FX_{3U}系列 PLC 内部供编程使用的软器件有哪几种？说明它们的用途、编号及使用方法。

2-13 FX_{5U}系列 PLC 的基本单元内置哪些主要功能。

第三章

FX系列PLC的基本指令、步进指令及编程

第一节　基　本　指　令

一、指令组成

FX 系列 PLC 指令由操作码和操作数组成。

LD　X000　　⟹　　LD：　　　指令（操作码）
　　　　　　　　　　　X000：　　编程元件（操作数）
　　　　　　　　　　　X：　　标识符　0：　参数

操作码：用助记符表示，用来表明要执行的功能。（如 LD 表示取、OR 表示或等）

操作数：用来表示操作的对象。操作数一般是由标识符和参数组成。

　　　　标识符表示操作数的类别，参数表明操作数的地址或设定一个预置值。

二、指令分类

FX3 系列 PLC 共有基本指令 27 条，步进指令 2 条，功能指令上百条。基于类别归类如下。

基本指令：

触点取及线圈输出指令 LD、LDI、OUT。

触点串联指令 AND、ANI。

触点并联指令 OR、ORI。

电路块的串联并联连接指令 ANB、ORB。

多重输出指令 MPS、MRD、MPP。

脉冲边沿检出触点指令 LDP、LDF、ANDP、ANDF、ORP、ORF。

主控与主控复位指令 MC、MCR。

置位与复位指令 SET、RST。

脉冲输出指令 PLS、PLF。

取反、空操作、程序结束指令 INV 、NOP、END。

步进指令：

步进开始指令 STL。

步进结束指令 RET。

三、基本指令

1. 触点取及线圈输出指令 LD、LDI、OUT

表 3-1 是触点取及线圈输出指令说明及示例（注意：OUT 指令不能驱动输入继电器 X）。指令 LD、LDI 是一个程序步指令（即一个字），指令 OUT 是多程序步，要视目标元件而定。

表 3-1　触点取及线圈输出指令说明

梯 形 图	指 令	功 能	操作元件	程序步
对象软元件	LD	取指令	读取常开触点	X、Y、M、S、T、C	1
对象软元件	LDI	取反指令	读取常闭触点	X、Y、M、S、T、C	1
对象软元件	OUT	输出指令	驱动输出线圈	Y、M、S、T、C	Y、M:1/特 M:2 T:3 ／ C:3~5

a) 梯形图

程序步	指令	
0	LD	X000
1	OUT	Y000
2	LDI	X001
3	OUT	M100
4	OUT	T0
		K20
7	LD	T0
8	OUT	Y001

b) 指令表

2. 触点串联指令 AND、ANI

表 3-2 是触点串联指令说明及示例。注意：单个串联触点个数可不限，指令可以重复使用；连续输出时注意输出顺序，否则要用分支电路指令 MPS、MRD、MPP；由于图形和打印的限制，因此建议尽量做到一行不超过 10 个触点和一个线圈，连续输出总共不超过 24 行。

表 3-2　触点串联指令说明

梯 形 图	指 令	功 能	操作元件	程序步
对象软元件	AND	与指令	单个常开触点的串联	X、Y、M、S、T、C	1
对象软元件	ANI	与非指令	单个常闭触点的串联	X、Y、M、S、T、C	1

（续）

梯 形 图	指 令	功 能	操 作 元 件	程 序 步

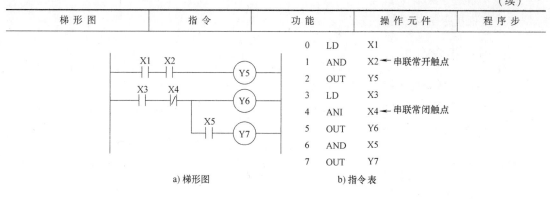

0	LD	X1
1	AND	X2 ← 串联常开触点
2	OUT	Y5
3	LD	X3
4	ANI	X4 ← 串联常闭触点
5	OUT	Y6
6	AND	X5
7	OUT	Y7

a) 梯形图　　　　　　　　　b) 指令表

3. 触点并联指令 OR、ORI

表 3-3 是触点并联指令说明及示例。注意：若指令用于一个触点的并联连接，该指令可以重复使用，但建议并联总共不超过 24 行；若需要两个以上触点串联连接电路块的并联连接时，要用后述块命令 ORB。

表 3-3　触点并联指令说明

梯 形 图	指 令	功 能	操 作 元 件	程 序 步
对象软元件	OR	或指令	单个常开触点的并联	X、Y、M、S、T、C	1
对象软元件	ORI	或非指令	单个常闭触点的并联	X、Y、M、S、T、C	1

指令	元件
LD	X000
OR	X001
ORI	M102
OUT	Y003
LD	Y003
ANI	X002
OR	M103
ANI	X003
OUT	M103

a) 梯形图　　　　　　　　　b) 指令表

4. 电路块的串联并联连接指令 ANB、ORB

表 3-4 是电路块的串联并联连接指令说明及示例。注意：两个或两个以上的触点并联连接的电路叫并联电路块，并联电路块与电路串联时使用块串联命令 ANB（分支的起点用 LD、LDI 指令，并联电路快结束后，使用 ANB 指令与前面电路串联）；两个或两个以上的触点串联连接电路叫串联电路块，串联电路块与电路并联时使用块并联命令 ORB（分支起点

用 LD、LDI 指令，串联电路快结束后，使用 ORB 指令与前电路并联）；单个触点与前面电路并联或串联时不能用电路块指令。

表 3-4　电路块的串联并联连接指令说明

梯 形 图	指令	功能	操作元件	程序步
	ANB	块串联指令	并联电路块串联	无	1
	ORB	块并联指令	串联电路块并联	无	1

指令	元件	指令	元件
LD	X000	OR	Y003
AND	X001	LD	X006
LD	X002	AND	X007
AND	X003	LD	X010
ORB		AND	X011
LDI	X004	ORB	
AND	X005	ANB	
ORB		OUT	Y003

a) 梯形图　　　　　　b) 指令表

5. 多重输出指令 MPS、MRD、MPP

表 3-5 是多重输出指令说明及示例。源于微机的堆栈功能，指令可以将触点状态储存起来（进栈），需要时再取出（读出）。注意：PLC 栈存储有最大容量限制，使用进栈指令 MPS 时，运算结果压入栈第一层，栈中原有数据依次向下一层推移；使用出栈指令 MPP 时，各层数据依次向上移动一次；使用读栈指令 MRD 时，读出最上层数据，栈内数据不发生移动；MPS/MRD/MPP 指令用于带分支的多路输出电路，其功能是将连接点的结果（位）按堆栈的形式存储处理。

6. 脉冲边沿检出触点指令 LDP、LDF、ANDP、ANDF、ORP、ORF

表 3-6 是脉冲边沿检出触点指令说明及示例。注意：沿检出仅作用一个扫描周期。

表 3-5　多重输出指令说明

梯 形 图	指令		功能	操作元件	程序步
	MPS	进栈	压入栈的第一层,栈内数据依次下移一层	无	1
	MRD	读栈	读出栈的第一层数据	无	1
	MPP	出栈	弹出栈的第一层,栈内数据依次上移一层	无	1
栈存储器与多重输出指令的使用示例					

（续）

梯 形 图	指 令	功 能	操作元件	程序步

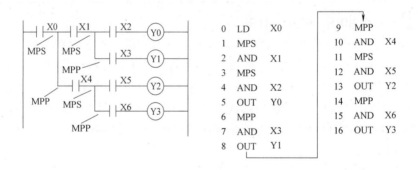

a) 栈存储器　　　b) 多重输出梯形图　　　c) 语句表

0	LD	X0
1	AND	X1
2	MPS	
3	AND	X2
4	OUT	Y0
5	MPP	
6	OUT	Y1
7	LD	X3
8	MPS	
9	AND	X4
10	OUT	Y2
11	MPP	
12	AND	X5
13	OUT	Y3
14	LD	X6
15	MPS	
16	AND	X7
17	OUT	Y4
18	MRD	
19	AND	X10
20	OUT	Y5
21	MRD	
22	AND	X11
23	OUT	Y6
24	MPP	
25	AND	X12
26	OUT	Y7

二层栈电路使用示例

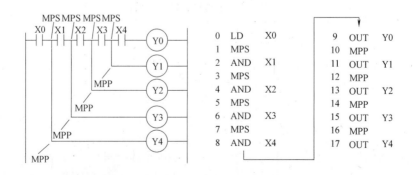

0	LD	X0
1	MPS	
2	AND	X1
3	MPS	
4	AND	X2
5	OUT	Y0
6	MPP	
7	AND	X3
8	OUT	Y1
9	MPP	
10	AND	X4
11	MPS	
12	AND	X5
13	OUT	Y2
14	MPP	
15	AND	X6
16	OUT	Y3

四层栈电路的合理优化（通过更改电路结构可省略栈指令，简化程序提高效率）

0	LD	X0
1	MPS	
2	AND	X1
3	MPS	
4	AND	X2
5	MPS	
6	AND	X3
7	MPS	
8	AND	X4
9	OUT	Y0
10	MPP	
11	OUT	Y1
12	MPP	
13	OUT	Y2
14	MPP	
15	OUT	Y3
16	MPP	
17	OUT	Y4

表 3-6 脉冲边沿检出触点指令说明

梯 形 图	指令		功 能	操作元件	程序步
对象软元件 ‖↑‖ ─( )	LDP	取上升沿	取脉冲下降沿、接通一个扫描周期	X、Y、M、S、T、C	1
对象软元件 ‖↓‖ ─( )	LDF	取下降沿	取脉冲下降沿、接通一个扫描周期	X、Y、M、S、T、C	1
对象软元件 ┤├‖↑‖ ─( )	ANDP	与上升沿	上升沿检出串联连接	X、Y、M、S、T、C	1
对象软元件 ┤├‖↓‖ ─( )	ANDF	与下降沿	下降沿检出串联连接	X、Y、M、S、T、C	1
‖↑‖ 对象软元件 ─( )	ORP	或上升沿	上升沿检出并联连接	X、Y、M、S、T、C	1
‖↓‖ 对象软元件 ─( )	ORF	或下降沿	下降沿检出并联连接	X、Y、M、S、T、C	1

```
      X00
     ─┤↑├────────(M0)        LDP   X00
      X01                    ORP   X01
     ─┤↑├                    OUT   M0
   M8000   X02               LD    M8000
    ─┤├───┤↑├────(M1)        ANDP  X02
                             OUT   M1
```

```
      X00
     ─┤↓├────────(M0)        LDF   X00
      X01                    ORF   X01
     ─┤↓├                    OUT   M0
   M8000   X02               LD    M8000
    ─┤├───┤↓├────(M1)        ANDF  X02
                             OUT   M1
```

7. 主控与主控复位指令 MC、MCR

表 3-7 是主控与主控复位指令说明及示例。注意：输入 X0 为 ON 时，执行从 MC 到 MCR 的指令；在 MC 触点断开后，非积算式定时器，用 OUT 驱动的元件全为 OFF，积算式定时器、计数器、用 SET/RST 指令驱动的元件，保持断开前状态。

表 3-7 主控与主控复位指令说明

梯 形 图	指令	功 能		操作元件	程序步
┤├─┤MC N├ 对象软元件 ├	MC	主控（母线转移）	在编程时，经常遇到多个线圈同时受一个或一组触点控制，如果在每个线圈的控制电路中都串入相同的触点，将多占用存储单元，程序就长。此时使用主控指令更为合理，主控指令的触点称为主控触点，它在梯形图中与一般触点垂直，它是与母线相连的常开触点，像是控制一组电路的总开关	Y、M（除特殊继电器）	3
┤├────┤MCR N├	MCR	主控复位（母线复位）			2

（续）

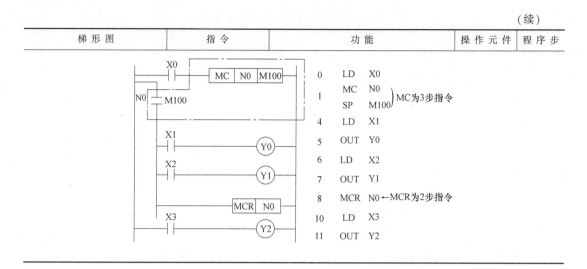

梯 形 图	指 令	功 能	操作元件	程序步

8. 置位与复位指令 SET、RST

表3-8是置位与复位指令说明及示例。注意：对同一元件可以多次使用 SET、RST 指令，最后一次执行的指令决定当前的状态。

表 3-8　置位与复位指令说明

梯 形 图	指	令	功 能	操 作 元 件	程 序 步
├┤├─ SET　对象软元件 ─┤	SET	置位	动作接通并保持	Y、M、S	1～3
├┤├─ RST　对象软元件 ─┤	RST	复位	动作断开,寄存器清零	Y、M、S、D、V、Z、T、C	

指令　元件

LD　　X000
SET　　Y000
LD　　X001
RST　　Y000

9. 脉冲输出指令 PLS、PLF

表3-9是脉冲输出指令说明及 OUT、SET/RST、PLS/PLF 指令的使用差异示例。

表 3-9　脉冲输出指令说明

梯 形 图	指 令	功 能	操 作 元 件	程序步
├┤├─ PLS　对象软元件 ─┤	PLS	上升沿脉冲输出	获取上升沿	Y、M（除特殊继电器）	2
├┤├─ PLF　对象软元件 ─┤	PLF	下降沿脉冲输出	获取下降沿		

（续）

OUT,SET/RST,PLS/PLF 指令的使用差异示例

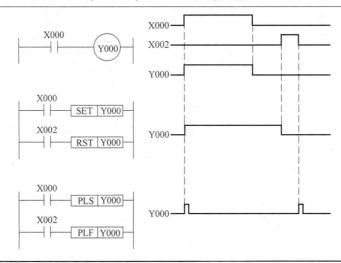

10. 取反、空操作、程序结束指令 INV 、NOP、END

表 3-10 是取反、空操作、程序结束指令说明及其使用示例。

表 3-10 取反、空操作、程序结束指令说明

梯形图	指　令	功　能	操 作 元 件	程 序 步
┤├┤├─○（INV电路图）	INV	将 INV 电路之前的运算结果取反		
────────	NOP	空操作,但占用 1 程序步		1
├──END──┤	END	执行到程序结束指令时,直接进行输出处理(刷新监视时钟)		

INV 指令的使用示例

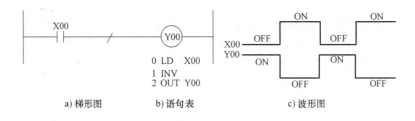

a) 梯形图　　　　b) 语句表　　　　c) 波形图

第二节　基本指令的编程应用

一、基本编程规则

1. 触头的安排

图 3-1a 所示有垂直元件 X3 存在，不能直接编程，应改画成图 3-1b 或图 3-1c。触头应

画在水平线上，不能画在垂直分支上。

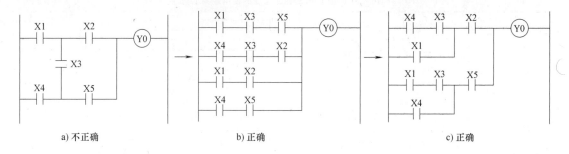

a) 不正确　　　　　　　　　b) 正确　　　　　　　　　c) 正确

图 3-1　触头的安排

2. 串、并联的处理

在多个串联回路相并联时，应将触头最多的那个串联回路放在梯形图的最上面，在多个并联回路相串联时，应将触头最多的并联回路放在梯形图的最左面。此种安排，所编制的程序简洁明了，语句较少，如图 3-2 所示。

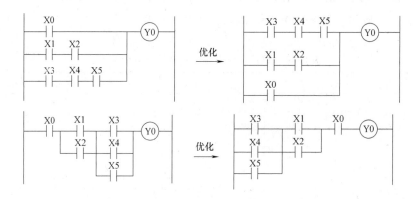

图 3-2　先串后并/先并后串梯形图的优化

3. 线圈的安排

线圈的右边不应有触头，如图 3-3 所示，应将其优化。

图 3-3　线圈右边有触头的梯形图优化

4. 不准双线圈输出

同一程序中同一元件的线圈使用两次或多次，则称为双线圈输出。基于 PLC 的扫描周期原理，双线圈输出时，前面的输出无效，只有最后一次才有效，所以不应出现如图 3-4 所示的双线圈输出。

5. 输入接点的处理

在把继电器原理图转化为梯形图时（用 PLC 取代继电器控制线路时时常会遇到这种情况），实际输入接点是常开的，也可能是常闭的。由它改画成梯形图时，如果照原样把这些输入接点对应移入梯形图，有时预想的动作不能实现（见图 3-5）。

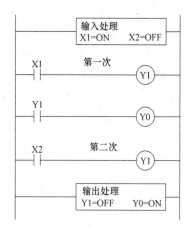

图 3-4　双线圈输出分析

二、基本编程电路

1. 单元程序

（1）延时断开电路　要求：输入 X0 为 ON，输出 Y0 也为 ON；当输入 X0 由 ON→OFF，输出 Y0 延时一定时间（100ms×50＝5s）断开。

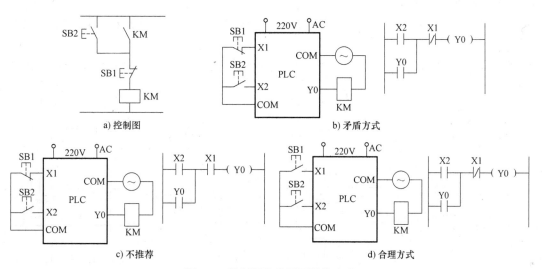

图 3-5　控制图的梯形图转化方式

图 3-6 是输出延时断开的梯形图和时序波形图。当输入 X0＝ON 时，Y0 也为 ON，并且输出 Y0 的触点自锁保持 Y0 接通；当 X0 为 OFF，定时器 T0 工作 100ms×50＝5000ms＝5s 后，定时器 T0 的常闭触点断开，Y0 也断开。

（2）长延时电路　定时器的计时时间都有一个最大值，如 100ms 的定时器最大计时时间为 3276.7s。如果应用要求的延时时间大于这个数值，一个简单的方法是采用定时器接力方式，即先起动一个定时器计时，计时时间到时，用第一只定时器的常开触点起动第二定时器，使用第二只定时器的触点去控制被控对象（见图 3-7）。

另一种方法是利用计数器配合定时器获得长延时（见图 3-8）。图中常开触点 X1 是这个电路的工作条件，当 X1 由 OFF 到 ON 时，电路开始工作。在定时器 T1 的线圈回路中接

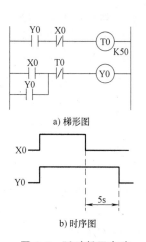

图 3-6　延时断开电路

有定时器 T1 的常闭触点，它使得定时器 T1 每隔 10s 接通一次，接通时间为一个扫描周期。定时器的每一次接通都使计数器 C1 计一次数，当计数器计数到设定值时，计数器触点接通被控工作对象 Y0。从 X1 接通为始点的延时时间为定时器的设定值乘以计数器的设定值。X2 是计数器 C1 的复位条件。

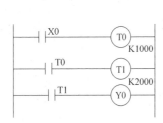

图 3-7　定时器接力长延时

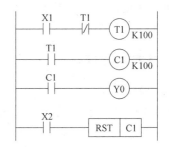

图 3-8　定时器配合计数器长延时

（3）顺序接通电路　要求：当 X0 接通后，输出端 Y0、Y1、Y2 按顺序每隔 10s 输出接通。

用三个定时器 T0、T1、T2 设置不同的定时时间，可实现按顺序先后接通，如图 3-9 所示。

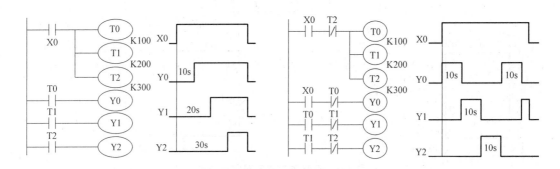

图 3-9　顺序接通电路

（4）脉冲发生器电路　要求：设计周期为 50s 的脉冲发生器，其中断开 30s，接通 20s。

占空比不为 1 的脉冲，接通和断开时间不相等，由于定时时间较长，可用 0.1s 的定时器，因此只要改变时间常数就可实现，如图 3-10 所示。

（5）二分频电路　如图 3-11 所示，由于 PLC 程序是按顺序执行的，所以当 X0 的上升沿到来时，M0 接通一个扫描周期，此时 M1 线圈不会接通，Y0 线圈接通并自锁，而当下一个扫描周期时，虽然 Y0 是接通的，但此时 M0 已经断开，所以 M1 也不会接通，直到下一个 X0 的上升沿到来时，M1 才会接通，并把 Y0 断开，从而实现二分频。

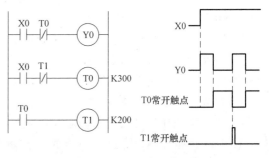

图 3-10　脉冲发生器电路

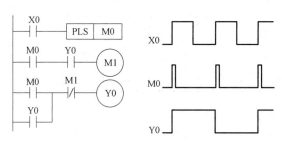

图 3-11 二分频电路

（6）异步电动机单向运转控制电路　要求：SB1（X0）为停止按钮，SB2（X1）为起动按钮。

异步电动机单向运转控制如图 3-12 所示。图 3-12a 是 PLC 的端子分配图（输入输出接线图），图 3-12b 是梯形图。当起动按钮 SB1 被按下（X0 接通）时，Y0 置 1，这时电动机连续运行。需要停车时，按下停车按钮 SB2，串联于 Y0 线圈回路中的 X1 的常闭触点断开，Y0 置 0，电动机失电停车。

梯形图 3-12b 也叫起-保-停电路，是典型的单元电路。源于图中的"自保持触点"Y0，当输入按钮 SB1（X0 断开）松开时，并联在 X0 常开触点上的 Y0 常开触点的作用是使线圈 Y0 仍然保持接通状态。

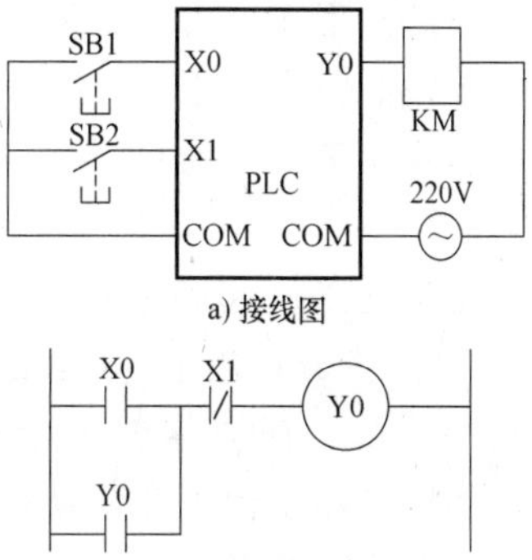

2. 按空间原则编程

【例 3-1】　按空间原则编程台车的自动往返系统控制。

台车的自动往返见表 3-11，台车初始位于中部，要求：

按下启动按钮 SB，台车电动机正转、前进；碰到限位 SQ1 后，台车电动机反转、后退。

台车后退，碰到限位开关 SQ2，台车电动机 M 停转（停止）。停 5s 后第二次前进，碰到限位开关 SQ3 再次后退。

当后退再次碰到限位开关 SQ2 时，台车停止，完成一个循环。

图 3-12　异步电动机单向运转控制

表 3-11　台车的自动往返控制

工序名称	I/O 分配		功能
前进	Y1	X0/SB	前进（输出 Y1，驱动电动机 M 正转）
后退	Y2	X1/SQ1	后退（输出 Y2，驱动电动机 M 反转）

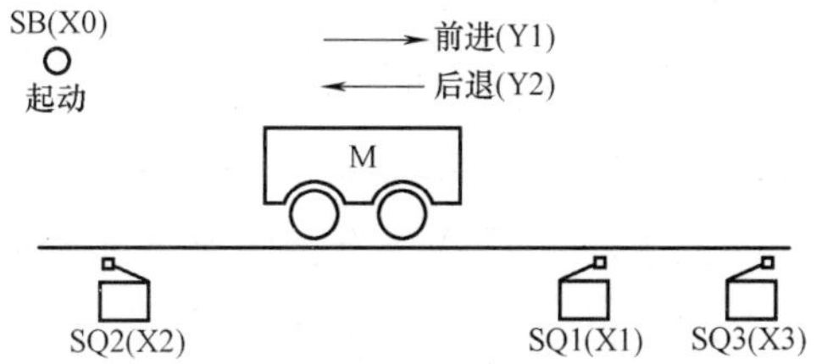

（续）

工　序　名　称	I/O 分配		功　能
延时 5s	T0	X2/SQ2	延时 5s（定时器 T0,设定为 5s,延时到 T0 动作）
再前进	Y1	T0	前进（输出 Y1,驱动电动机 M 正转）
再后退	Y2	X3/SQ3	后退（输出 Y2,驱动电动机 M 反转）

I/O 分配见表 3-11，控制梯形图如图 3-13 所示。

在第一次前进支路中，依起-保-停电路模式，以起动按钮 X0 为起动条件，限位开关 X1 的常闭触点为停止条件，辅助继电器 M100 自锁。

在第二次前进支路中，依旧是起-保-停电路模式，起动信号是定时器 T0 计时时间到，停止条件为限位开关 X3 的常闭触点。M101 自锁。

综合中间继电器 M100 和 M101，即得总的前进梯形图。后退梯形图的起动条件是 X1 和 X3 并联，M101 与 X1 起动串联限制其在第二次前进时无效，停止条件为 X2。

在后退支路的起动条件 X1 后串入 M101 常闭触点，以表示 X1 条件在第二次前进时无效。仔细分析梯形图可知，虽然该梯形图能使台车在起动后经历二次前进二次后退并停在 SQ2 位置，但延

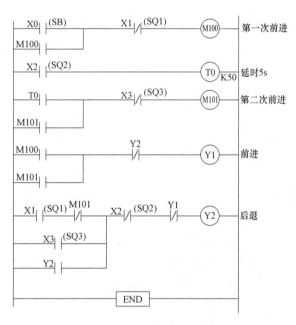

图 3-13　台车自动往返控制梯形图

时 5s 后台车将在未按起动按钮情况下又一次起动，且执行第二次前进相关动作，这显然是程序存在的重要不足。至于台车的原点不在轨道中部，而在任意点或压着 SQ2（X2），程序还要做修改。

3. 按时间原则编程

【例 3-2】　按时间原则编程电动机运行，要求电动机 M1、M2、M3 按图 3-14 时序运行工作。

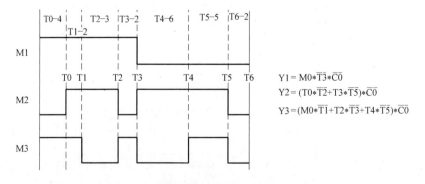

$$Y1 = M0 * \overline{T3} * \overline{C0}$$
$$Y2 = (T0 * \overline{T2} + T3 * \overline{T5}) * \overline{C0}$$
$$Y3 = (M0 * \overline{T1} + T2 * \overline{T3} + T4 * \overline{T5}) * \overline{C0}$$

图 3-14　电动机运行要求及数学表达式

起动，运行 30 个循环后停止。

再起动继续 30 个循环。

按停止，完成一个循环才停。

基于时序图，我们可写出数学表达式，按与或非的逻辑完成的梯形图如图 3-15 所示。

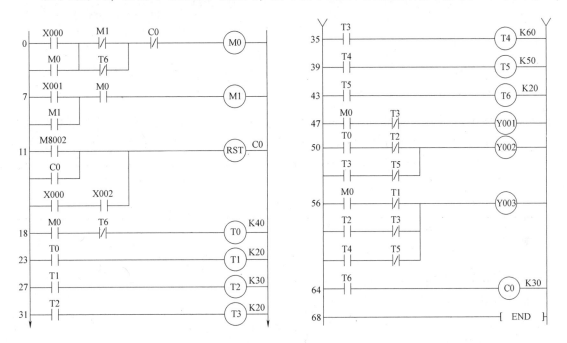

图 3-15　按时间原则编写的控制梯形图

第三节　步进指令及状态编程法

状态偏程法即状态转移图法，也叫顺序功能图 SFC 法，这种方法是编制复杂程序的重要方法和工具，它比梯形图和语句表更直观，为更多的 PLC 用户所接受。三菱 FX 系列 PLC 的步进指令及大量的状态器软元件 S 就是为顺序功能图 SFC 法编程而安排的。

一、状态转移图与步进指令

一个控制过程通常可分割成若干阶段（基于 PLC 的输出量是否发生变化来划分），这些阶段称为状态，状态与状态之间由转换条件分隔。相邻的状态具有不同的输出（动作），当相邻两状态之间的转换条件得到满足时，相邻状态就实现转换（即前状态的动作结束而后状态的动作开始），描述这一状态及转换过程的图就叫状态转移图。

状态器软元件 S 是构成状态转移图的基本元素，每个状态器有三个功能（状态器三要素）：驱动负载，指定转移目标和转移条件。图 3-16 中，状态 S20 有效时，驱动 Y1；当转换条件 X1 满足时，S20 复位（驱动 Y1 断开），S21 置位（驱动 Y2 接通），状态由 S20 切换到 S21。

步进控制指令有两条（见表 3-12）。STL 步进开始指令有时也叫步进触点指令，有建立

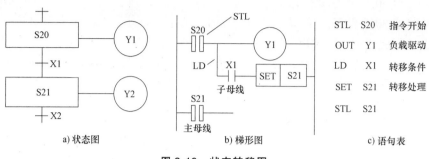

图 3-16 状态转移图

子母线的功能，以使该状态器的所有操作均在子母线上进行；STL 指令的意义为激活某个状态，在梯形图上体现为从主母线上引出的状态触点。RET 是步进结束指令，也叫步进返回指令，一系列步进指令 STL 使用后，加上 RET 指令，表示步进开始指令功能结束，子母线返回到主母线。

表 3-12 步进控制指令

指　　令		功　　能
STL	步进开始	驱动步进程序的每一个状态执行
RET	步进结束	退出步进程序

状态转移有连续与非连续之分。连续的状态转移（执行完某一步要进入到下一步时）使用 SET 指令，非连续（向上，向非连续的下游或向其他流程转移等）转移需要用 OUT 指令（见图 3-17）。

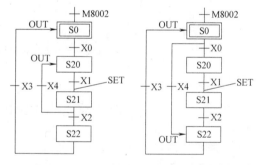

图 3-17 连续与非连续转移状态转移图

二、单流程状态转移图编程

同样以台车往返控制（见图 3-13）为例，运用状态编程思想设计，对控制过程进行分析、分解（见表 3-13），台车控制顺序应为：S0→S21→S22→S23→S24→S0，没有其他去向，是单流程形式（见图 3-18）。

表 3-13 控制顺序分析、分解

工序名称	状态器分配	转移条件	功　　能
准备	S0		PLC 上电做好工作准备
前进	S20	X0/SB	前进（输出 Y1，驱动电动机 M 正转）
后退	S21	X1/SQ1	后退（输出 Y2，驱动电动机 M 反转）
延时 5s	S22	X2/SQ2	延时 5s（定时器 T0，设定为 5s，延时到 T0 动作）
再前进	S23	T0	前进（输出 Y1，驱动电动机 M 正转）
再后退	S24	X3/SQ3	后退（输出 Y2，驱动电动机 M 反转）

单流程状态转移图的编程应注意：

状态编程应先进行驱动再转移，不能颠倒。

对状态器处理，必须使用步进开始指令 STL。

最后必须使用返回指令 RET，返回主母线。

驱动负载使用 OUT 指令。当同一负载需要连续多个状态驱动，可使用多重输出，也可使用 SET 指令将负载置位，等到负载不需驱动时用 RST 指令将其复位。在状态程序中，不同时"激活"的"双线圈"是允许的。另外相邻状态使用的 T、C 元件，地址编号不能相同。

若为顺序不连续转移，则不能使用 SET 指令进行状态转移，应改用 OUT 指令。

STL 与 RET 指令之间不能使用 MC、MCR 指令。

初始状态（S0~S9，用双框画）可由其他状态驱动，一般用系统初始条件或特殊辅助继电器 M8002（STOP→RUN 切换时的初始脉冲）进行驱动。

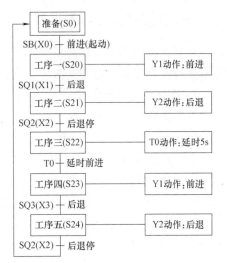

图 3-18 台车自动往返状态分析

【例 3-3】 单流程状态转移图的编程示例，用状态转移图完成台车的自动往返系统控制。

参见表 3-11，根据图 3-18 完整的往返控制状态转移图（SFC），编写的梯形图如图 3-19 所示。

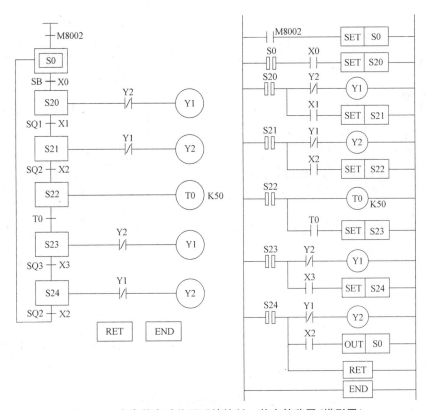

图 3-19 台车的自动往返系统控制（状态转移图/梯形图）

三、分支状态转移图编程

在状态转移图中，存在多种工作顺序的状态流程图叫分支、汇合流程图。分支流程又可分为选择性分支和并行分支两种。

1. 选择性分支与汇合

多个流程中按条件选择执行其中的一个流程，就是一个选择性分支状态转移图。

图3-20a和b有三个流程（S2*，S3*，S4*）。

S20为分支状态器，根据不同的转移条件（a1，b1，c1），选择执行其中的一个流程（满足条件a1，则转换到S21步；满足b1，则转换到S31步；满足c1，则转换到S41步）。

S50为汇合状态器，可由S22、S32、S42任一状态驱动。分支结束时，无论哪条分支的最后一步为活动步时，只要相应转换条件成立（a3，b3，c3），都能转换到50步。

图3-20c是用基本指令实现的选择序列，图3-20d是用置位/复位指令实现的是选择序列。

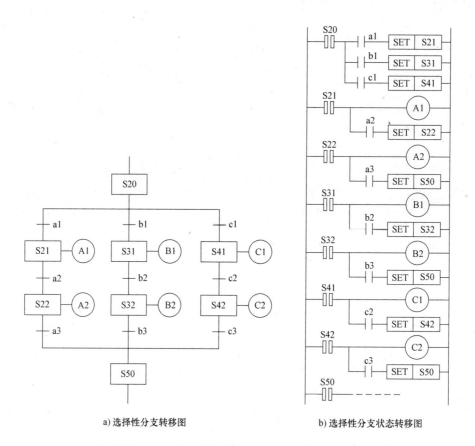

a) 选择性分支转移图　　　　　　　　b) 选择性分支状态转移图

图 3-20　选择性分支图

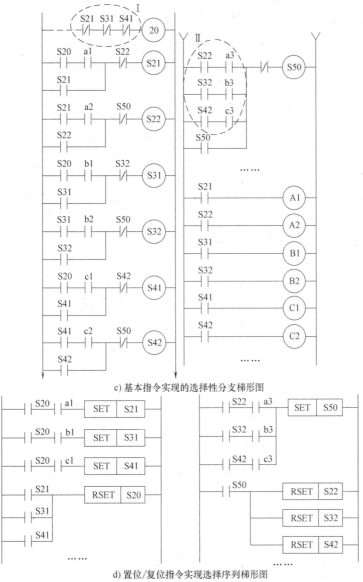

c) 基本指令实现的选择性分支梯形图

d) 置位/复位指令实现选择序列梯形图

图 3-20 选择性分支图（续）

【**例 3-4**】 选择性分支流程示例：图 3-21 是小球大球分捡机械装置示意图。

左上为原点，机械臂下降（当碰铁压着的是大球时，限位开关 SQ2 断开，而压着小球时 SQ2 接通，以此判断球的大小）。

工作顺序是：向下，吸抓住球，向上，向右运行，向下，释放，向上和向左运行至左上点（原点），抓球和释放球的时间均为 1s。左、右移位由 Y4、Y3 控制，上升、下降由 Y2、Y0 控制，将球吸住由 Y1 控制。

根据工艺要求，控制系统（SQ2 的状态即对应大、小球）有两个选择分支。分支在机械臂下降之后根据 SQ2 的通断，分别将球吸住、上升、右行到 SQ4 或 SQ5 处下降，此处应为汇合点。然后再释放、上升、左移到原点，图 3-22 是其状态转移图。

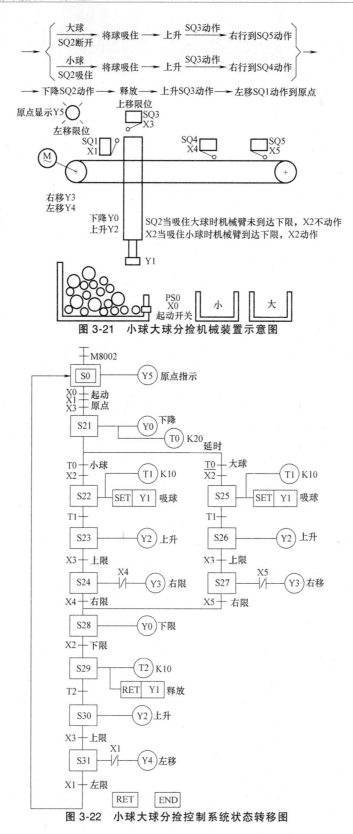

图 3-21 小球大球分捡机械装置示意图

图 3-22 小球大球分捡控制系统状态转移图

2. 并行分支与汇合

并行分支流程结构如图 3-23a（注意双线表示）。S20 为分支状态器，不同于选择性分支，一旦 S20 的转移条件 a 为 ON，三个顺序流程同时执行。

S50 为汇合状态器，等三个分支流程全部结束且汇合条件 d 为 ON，S50 开启；若任一条件不满足（任一分支未结束或 d 为 OFF），则汇合不成立。

由图 3-23b 分析可总结出并行序列用通用逻辑指令的编程规则：

如果某一步 Ri 的后面有一个由 n 条分支组成的并行序列，当 Ri 符合转换条件后，其后的 n 个后续步同时激活，所以只要选择 n 个后续步中任意一个常闭触点与 Ri 的线圈串联，作为结束步 Ri 的条件，如图 3-23b（Ⅰ部分）。

对于并行序列的合并，如果某一步 Rj 之前有 n 个分支，则将所有分支的最后一步的辅助继电器常开触点串联，再与转换条件串联作为步 Rj 线圈的得电条件，同时 Rj 的常闭触点分别作为 n 个分支最后一步断开的条件，如图 3-23b（Ⅱ部分）所示。

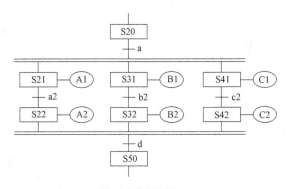

a) 并行分支状态转移图

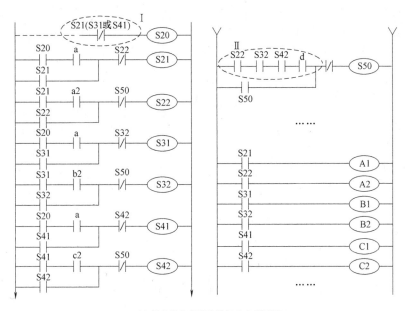

b) 基本指令实现的并行分支梯形图

图 3-23　并行分支图

【例3-5】 并行分支流程示例，按钮式人行横道线交通灯控制系统如图3-24a所示。

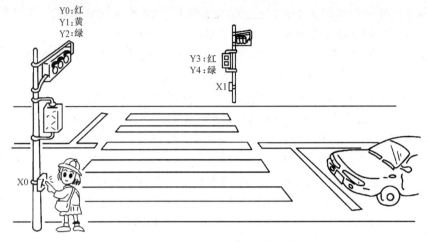

a) 按钮式人行横道线交通灯控制系统

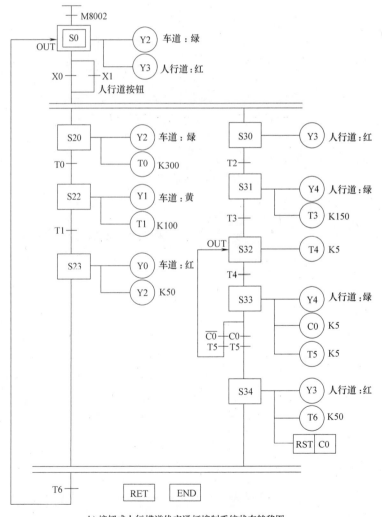

b) 按钮式人行横道线交通灯控制系统状态转移图

图3-24 并行分支流程示例图

正常通行，车行道信号灯为绿、人行道信号灯为红。若按下人行道按钮 X0 或 X1，过 30s 后，车行道信号灯变为黄，再过 10s 后，车行道信号灯变为红。5s 后人行道信号灯变为绿。15s 后，人行道绿灯开始闪烁。闪烁 5 次，每次 1s，即 5s 后返回初始状态，人行道信号灯为红灯，车行道信号灯为绿灯。图 3-24b 是按钮式人行横道线交通灯控制系统状态转移图。

习题及思考题

3-1　写出图 3-25 所示梯形图的语句表。

3-2　写出图 3-26 所示梯形图的语句表。

3-3　写出图 3-27 所示梯形图的语句表。

3-4　根据图 3-28 所示波形图设计梯形图。

3-5　根据图 3-29 所示波形图设计梯形图。

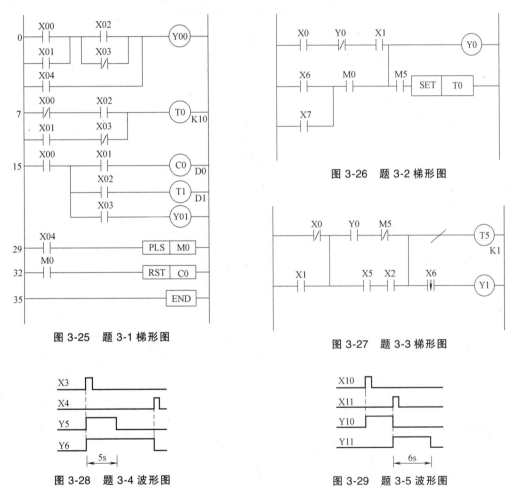

图 3-25　题 3-1 梯形图

图 3-26　题 3-2 梯形图

图 3-27　题 3-3 梯形图

图 3-28　题 3-4 波形图

图 3-29　题 3-5 波形图

3-6　图 3-30 是异步电动机星形—三角形起动的主回路和二次回路的电路图，KM0 用于接通电源，KM1 和 KM2 分别是星形联结和三角形联结的交流接触器。SB0 和 SB1 分别是起动按钮和停止按钮，用 PLC 实现星形—三角形起动，画出 PLC 的外部接线图，根据图 3-30 中的继电器电路图设计梯形图程序。

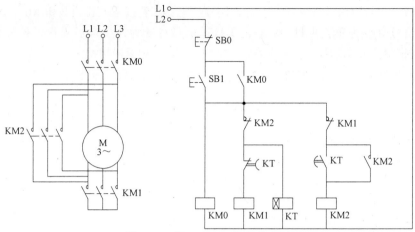

图 3-30　题 3-6 Y-△起动电路图

3-7　写出图 3-31 状态转移图的语句表。

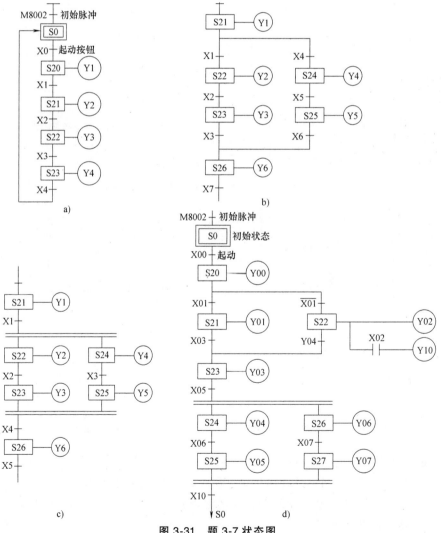

图 3-31　题 3-7 状态图

3-8　指出图 3-32 梯形图中的错误。

3-9　设 X5 的脉冲宽度为 4s，试画出图 3-33 中 X5 和 Y3 的波形图。

3-10　试画图 3-34 中 X5 和 Y5 的波形图。

3-11　某水塔水池水位自动控制系统原理图如图 3-35 所示。当水池水位低于水池低水位界限时，液面传感器的开关 S01 接通（ON），发出低位信号，指示灯 1 闪烁（以每隔 1s 为一脉冲）；电磁阀门 Y 打开，水池进水。水位高于低水位界时，开关 S01 断开（OFF）；指示灯 1 停止闪烁。当水位升高到高于水池高水位界时，液面传感器使开关 S02 接通（ON），电磁阀门 Y 关闭，停止进水。

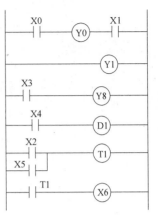

图 3-32　题 3-8 梯形图

如果水塔水位低于水塔低水位界时，液面传感器的开关 S03 接通（ON），发出低位信号，指示灯 2 闪烁（以每隔 2s 为一脉冲）；当此时水池水位高于水池低水位界限时，则电动机 M 运转，水泵抽水。水位高于低水位界时，开关 S03 断开（OFF）；指示灯 2 停止闪烁。水塔水位上升到高于水塔高水界时，液面传感器使开关 S04 接通（ON）电动机停止运行，水泵停止抽水。

电动机由接触器 KM 控制。画出 PLC 控制系统的外部接线图并设计出梯形图控制程序。

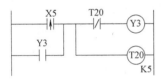

图 3-33　题 3-9 的梯形图

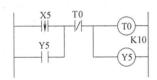

图 3-34　题 3-10 梯形图

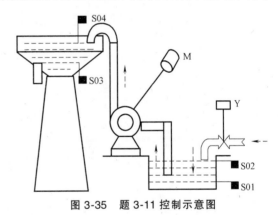

图 3-35　题 3-11 控制示意图

第四章

FX₃ᵤ 系列PLC的功能指令

PLC 的应用范围越来越广，特别是涉及模拟量、数字量信号，不仅在硬件结构上使 PLC 产品不断更新，促使各种特殊功能模块诞生，PLC 的运算速度更快，存储容量更大，而且由于程序中有大量的数据传送，数据处理以及数值运算等工作，应用程序结构也越来越复杂，要求 PLC 的系统程序功能更强，各种专用的功能子程序更丰富（FX₃ᵤ系列 PLC 除了有27 条基本指令、2 条步进指令外，还有丰富的功能指令）。功能指令实际上就是许多功能不同的子程序调用，既能简化程序设计，又能完成复杂的数据处理、数值运算、提升控制功能和信息化处理能力。

第一节　功能指令的基本格式

FX 系列 PLC 功能指令格式采用梯形图和指令助记符相结合的形式。例如：

这是一条数据传送功能指令。K125 是源操作数，D20 是目标操作数，X0 是执行条件，MOV 是指令助记符。当 X0 满足条件（接通）时，MOV 指令执行，就把常数 K125 送到数据寄存器 D20 中去。

一、功能指令的表示方法

功能指令应包含以下内容：

每一条功能指令有一个功能号和一个助记符，两者之间有严格的一一对应关系（按FNCXX 功能号编排的指令详见附录 D）。

有的功能指令只有操作码而无操作数，而有的功能指令既有操作码又有操作数。例如：

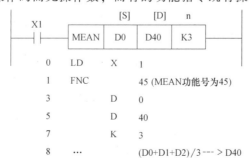

[S] 表示源操作数，若使用变址寄存器时，表示为 [S·]，多个源操作数用 [S1]、[S2]…或者 [S1·] [S2·]…表示；[D] 表示目标操作数，使用变址寄存器时，表示为 [D·]，多个目标操作数用 [D1]、[D2]…或者 [D1·] [D2·]…表示；m、n 表示其他操作数，用于表示常数或表示 [S]、[D] 的补充说明，多个时用 m1、m2 或 n1、n2 等表示。

平均指令的源操作数 [S]、目标操作数 [D] 及其他操作数 n 的取值范围如下（该平均指令计算 (D0+D1+D2)/3，获得平均值送入 D40 目标操作数）：

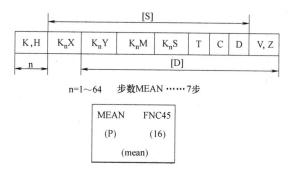

n=1～64　步数MEAN ……7步

在程序中，每条功能指令占用一定的程序步数，功能号和助记符各占一个程序步，操作数占 2 步（16 位数）或 4 步（32 位数），K3 占 1 步，平均指令示例为 7 步（16 位）。

二、数据长度与指令的执行形式

1. 数据长度

功能指令可以处理 16 位数据，也能处理 32 位数据。指令为标准格式时处理 16 位数据，若需处理 32 位数据，可在指令助记符前加上 "D" 构成双字处理。

例如：

当 X1 接通时，执行 MOV 指令，将 D10 中的数据传送到 D12 中去（处理 16 位数据）。当 X2 接通时，执行 DMOVE 指令，将 D21、D20 构成的数据传送到 D23、D22 中去（处理 32 位数据）。

处理 32 位数据时，用元件号相邻的两元件组成元件对（元件对的首地址用奇数、偶数均可，建议元件对首地址统一用偶数编号）。特别要指出的是 32 位计数器 C200～C255 不能用作指令的 16 位操作数。

2. 执行方式

功能指令的执行有连续执行和脉冲执行两种方式。指令标准格式时连续执行，指令助记符后加上 "P" 则构成脉冲执行方式。

例如：

当 X1 接通时，这条连续执行指令在每一个扫描周期都被重复执行。而脉冲执行方式是在扫描到该逻辑，仅当 X2 由 OFF→ON 时执行一次。在不需要每个扫描周期都执行时，用脉冲执行方式可以缩短程序处理时间（做数据运算时尤其应注意指令执行方式）。

三、位元件、字元件与组合位元件

位元件是只处理 ON/OFF 状态的二值元件（如 X、Y、M、S、D∗.b…），字元件是处理数字数据的元件（T、C、D、R、V、Z…）。但位元件也可组合起来形成组合位元件进行数据处理，组合位数由 Kn 加首元件号表示。

组合位元件的组合规律以 4 个位元件构成一个组合单元，Kn 中的 n 为组数（K1~K4 为 16 位运算，K5~K8 为 32 位运算）。

例如：

K1X0	X3X2X1X0 ；
K2X0	X7X6X5X4X3X2X1X0；
K4M10	M25M24…M10；
K8M100	M131M130…M100。

被组合的位元件的首元件号习惯上采用以 0 结尾的元件，如 K2X0、K4Y10、K6M0 等。在作 16 位数据操作时，参与操作的位元件由 K1~K4 指定。若仅有 K1~K3 指定，不足部分的高位均作 0 处理，同时这意味着只能处理正数（32 位操作也一样）。

四、变址寄存器 V、Z

变址寄存器在指令中被用来修改操作对象的元件号。V 和 Z 都是 16 位寄存器，其操作方式与普通数据寄存器一样。

变址寄存器操作示例如下。

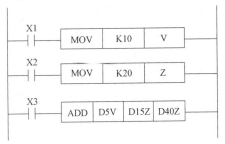

当各逻辑条件满足时，K10 送到 V，K20 送到 Z，所以 V、Z 的内容分别是 10、20。当加法指令变址 D5V+D15Z→D40Z，即 D15+D35→D60。

对 32 位指令，V 作高 16 位，Z 是低 16 位；若用于 32 位变址时，V、Z 自动组合，只需指定低位的 Z 就代表 VZ 双寄存器。V 和 Z 变址寄存器的使用将编程简化。

第二节　FX₃U 的功能指令

FX₃U 系列 PLC 除了基本指令、步进指令外，还有三百多条功能指令，可分为程序流向控制、数据传送和比较、算术与逻辑运算、数据移位与循环、数据处理、高速处理、方便指令、外设通信、浮点运算、定位运算、时钟运算、触点比较等几大类。

一、程序流向控制功能指令（FNC00～FNC09）

表 4-1　程序流向控制功能指令表

指令名称	功能\操作数	[S]	Pn(指针)	程序步
FNC00/CJ P	条件跳转		0--4095（P63 为 END 跳转）	3/16 位
FNC01/CALL P	子程序调用		0--62 、64--4095	
FNC02/SRET	子程序返回			1
FNC03/IRET	中断返回			1
FNC04/EI	开中			1
FNC05/DI	关中			1
FNC06/FEND	主程序结束			1
FNC07/WDT P	监视定时器			1
FNC08/FOR	循环开始	K、H、KnX、KnY、KnM、KnS、T、C、D、R、V、Z		3/16 位
FNC09/NEXT	循环结束			1

1. 条件跳转指令 CJ

该指令用于某种条件下跳过 CJ 指令和指针标号之间的程序，从指针标号处继续执行。CJ 指令的目标元件是指针标号（n＝0～4095，但 P63 为 END 跳转），该指令程序步为 3 步，使用说明如图 4-1 所示。

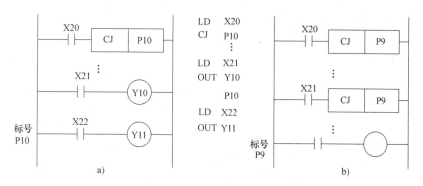

图 4-1　CJ 指令使用说明

图 4-1a 中，当 X20 接通时，执行条件跳转指令，程序跳到标号 P10 处，被跳过部分程序不执行，其输出保持原状态。当 X20 断开时，CJ 不执行，程序按原顺序执行。图 4-1b 中，两个执行条件不同的跳转指令使用相同标号。当 X20 接通，X21 断开时，第一条跳转指令生效；若 X20 断开，X21 接通，则第二条跳转指令生效，标号都是 P9。在编程中，一个标号只允许出现一次，否则程序会出错。

2. 子程序跳转 CALL／返回 SRET／和主程序结束 FEND 指令

CALL 称为子程序调用功能指令，用于在一定条件下调用并执行子程序；SRET 是子程序返回指令，子程序执行完毕使用该指令回到原跳转点下一条指令继续执行主程序。图 4-2 是指令的使用说明。

图 4-2a，当 X0 接通时，CALL 指令使程序跳至标号 P10 处，子程序被执行，子程序执行完毕返回到原程序（子程序调用后一条指令）104 步继续执行主程序。要注意的是，CALL 指令必须和 FEND 指令、SRET（后述）一起使用，子程序标号要写在主程序结束指令 FEND 之后，而且同一标号只能出现一次，CALL 指令与 CJ 指令指针标号不得相同，但不同的 CALL 指令可调用同一标号的子程序。

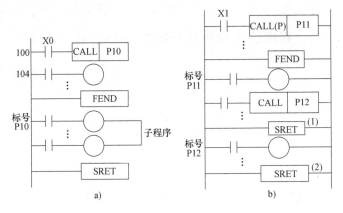

图 4-2　CALL、SRET 指令使用说明

图 4-2b 是 CALL（P）的使用说明。CALL（P）与 CALL 的区别在于，子程序 P11 仅在 X1 由 OFF→ON 变化时执行一次。在执行 P11 子程序时，若 CALL P12 指令被执行，则程序跳到子程序 P12，在 SRET（2）指令执行后程序返回到子程序 P11 中的 CALL P12 指令的下一步，在 SRET（1）指令执行后再返回主程序。因此，在子程序中，可以形成子程序嵌套，总数可达 5 级嵌套。

FEND 为主程序结束指令，表示主程序结束，是一步指令，无操作目标元件（子程序应写在 FEND 指令和 END 指令之间，包括 CALL 指令对应的标号、子程序和中断子程序，由此可见 FEND 与 END 指令的区别）。当程序执行到 FEND 时，进行输入处理、输出处理、监视定时器刷新等，完成以后返回到 0 步。图 4-3 是 FEND 指令的使用说明。

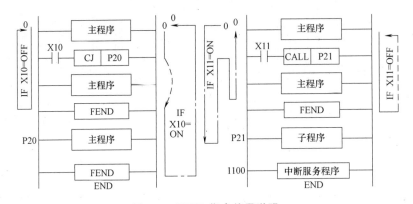

图 4-3　FEND 指令使用说明

3. 中断返回 IRET／开中 EI／关中 DI 指令

FX_{2N} 系列 PLC 有 9 个中断（外部输入中断 I00＊～I50＊，内部定时器中断 I6＊＊～I8＊＊），FX_{3U} 还有 6 个计数器中断（I010～I060）。中断返回指令 IRET，允许中断指令 EI，禁止中断指令 DI 的使用说明如图 4-4 所示。

PLC 通常处于禁止中断状态，而 EI 与 DI 指令之间的程序段为允许中断区间。当程序扫描到该区间并且出现中断信号时，则停止执行主程序，转去执行相应的中断子程序，处理到中断返回指令 IRET 时，返回原断点，继续执行主程序。

图 4-4 中，当程序扫描到允许中断区间，而中断信号输入 X0 或 X1 接通时（信号脉宽必须超过 200μs），则转去处理相应的中断子程序（1）或（2）。

中断程序可实现 2 级嵌套。对于多个中断信号，中断指针号较低的优先响应。如果中断信号产生在禁止中断区间（DI～EI 范围），则这个中断信号被存储，并在 EI 指令之后被执行。

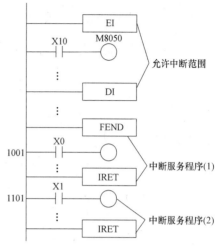

图 4-4　中断指令的使用说明

4. 监视定时器 WDT 指令

FX₃ᵤ 系列 PLC 中的警戒定时器是一个专用定时器，计时单位为 ms。当 PLC 上电时（见图 4-5），对警戒定时器初始化，将常数 200（最大可设 32767ms）通过 MOV 指令装入 D8000 中。

在不执行 WDT 情况下，每次扫描到 FEND 时，刷新警戒定时器的计时值。若扫描周期超过警戒定时器设定值时，警戒定时器逻辑线圈被接通，PLC 的 CPU 立即停止扫描用户程序，同时切断 PLC 的所有输出，并报警显示。

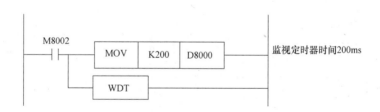

图 4-5　WDT 指令使用说明

类似运算周期较长的情况，若正常扫描周期大于初始设定值，用户可用 MOV 指令修改专用数据寄存器 M8000 中的数据，改变警戒定时器的设定值；或者用户可在程序中间插入 WDT 指令对警戒定时器刷新，可避免警戒定时器中断报警。

5. 循环 FOR／NEXT 指令

PLC 程序运行中，需对某一段程序重复多次执行后再执行以后的程序，则需要循环指令。循环指令 FOR 和 NEXT 必须成对使用（FX₃ᵤ 系列 PLC 循环指令最多允许 5 级嵌套），这一指令的使用说明如图 4-6 所示。

图 4-6a 程序共有 3 个循环体。程序 C 循环 4（K4）次后，第三个 NEXT 指令后的程序才被执行；如果数据寄存器 D10 中的数是 6，则程序 C 每执行 1 次，程序 B 循环 6 次，即程序 B 一共执行 24 次；如果 K1X0 中的数是 7，则程序 B 每执行 1 次，程序 A 循环 7 次（利用 CJ 指令可跳出 FOR-NEXT 循环体 A），程序 A 处于 3 级嵌套，总共执行 $4×6×7＝168$ 次。

图 4-6b 为用一次扫描计算 $1+2+3+\cdots+100$ 值的应用实例。

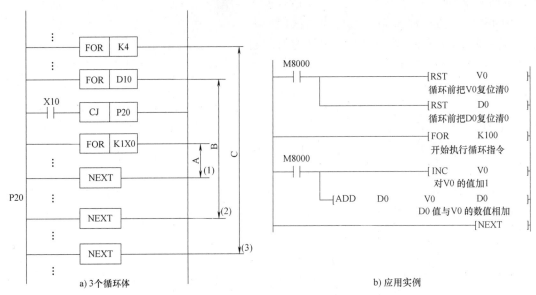

图 4-6　FOR、NEXT 指令使用说明

二、传送和比较指令（FNC10～FNC19）

表 4-2　传送和比较指令表

指令名称	功能\操作数	[S]		[D]	n	程序步
FNC10/D CMP P	比较	[S1][S2]	K、H、KnX、KnY、KnM、KnS、T、C、D、R、V、Z	Y、M、S、D∗.b 3个连续元件		7/16 位；13/32 位
FNC11/D ZCP P	区间比较	[S1][S2][S]				9/16 位；17/32 位
FNC12/D MOV P	传送	K、H、KnX、KnY、KnM、KnS、T、C、D、R、V、Z		KnY、KnM、KnS、T、C、D、R、V、Z		5/16 位；9/32 位
FNC13/ SMOV P	移位传送	KnX、KnY、KnM、KnS、T、C、D、R、V、Z			m1/m2/n/K/H	11/16 位
FNC14/D CML P	取反传送	K、H、KnX、KnY、KnM、KnS、T、C、D、R、V、Z				5/16 位；9/32 位
FNC15/ BMOV P	块传送	KnX、KnY、KnM、KnS、T、C、D、R		KnY、KnM、KnS、T、C、D、R	K、H、D ≤512	7/16 位
FNC16/D FMOV P	多点传送				K、H ≤512	7/16 位；13/32 位
FNC17/D XCH P	数据交换	[D1][D2]	KnY、KnM、KnS、T、C、D、R、V、Z			5/16 位 9/32 位
FNC18/D BCD P	BCD 变换	KnX、KnY、KnM、KnS、T、C、D、R、V、Z		KnY、KnM、KnS、T、C、D、R、V、Z		
FNC19/D BIN P	BIN 变换					

1. 比较 CMP 指令

CMP 指令是将源操作数 [S1] 和源操作数 [S2] 的数据做代数比较，结果送到 3 个连续的目标操作数 [D] 中，比较结果有大于、等于、小于 3 种情况，使用说明如图 4-7 所示。

当 X0 为 ON 时，执行 CMP 指令（若 K100>C20 的当前值时，M0 接通；K100 = C20 的当前值时，M1 接通；K100<C20 的当前值时，M2 接通）；当 X0 为 OFF 时，比较指令 CMP 不执行，M0、M1、M2 的状态保持不变。需要说明的是目标操作数 [D] 是由 3 个连续的软元件（M0、M1、M2）组成，梯形图中只需标出目标的首地址（M0）。

2. 区间比较 ZCP 指令

ZCP 指令将一个数据 [S] 与 2 个区间数据（[S1] 的数值不得大于 [S2] 的值）进行代数比较，结果送到 3 个连续的目标数 [D] 中，如图 4-8 所示。

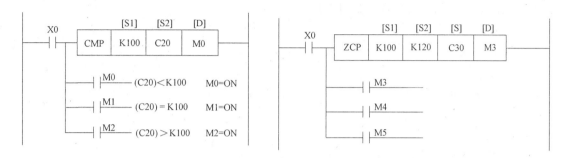

图 4-7 CMP 指令的使用说明　　　　图 4-8 ZCP 指令的使用说明

当 X0＝ON 时，若 [S]＜[S1]（即当前值 C30＜K100 时），M3 接通；若 [S1]≤[S]≤[S2]（即 K100≤当前值 C30≤K120 时），M4 接通；若 [S2]＜[S]（即 K120＜当前值 C30 时），M5 接通。当 X0＝OFF 时，不执行 ZCP 指令，M3～M5 保持原状态。

3. 传送 MOV 指令

该指令使用说明如图 4-9 所示。当常开触点 X0 闭合时，每扫描到 MOV 指令，就把存于源操作数的十进制 100（K100）转换成二进制数，再传送到目标操作数 D10 中去；当 X0 断开时，不执行 MOV 指令，数据保持不变。

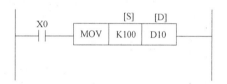

图 4-9 MOV 指令的使用说明

4. 移位传送 SMOV 指令

SMOV 指令以 4 位进行数据分配合成。执行 SMOV 指令时，首先源操作数 [S] 内的 16 位二进制数自动转换成 4 位 BCD 码；其次将自源操作数（4 位 BCD 码）低向高第 m1 位开始，向右数共 m2 位的数，传送到目的操作数（4 位 BCD 码）低向高第 n 位开始，向右数共 m2 位上去，其他位不变对应传送；最后自动将目的操作数 [D] 中的 4 位 BCD 码转换成 16 位二进制数。

图 4-10a 是 SMOV 指令的使用示例，当 X10 闭合时每扫描一次该梯形图，就执行 SMOV 位移传送操作（m1＝4，m2＝2，n＝3）。首先将 D1 中的 16 位二进制数自动转换成 4 位 BCD 码；其次从 4 位 BCD 码低向高第 4 位（m1＝4）开始，向右数共 2 位（m2＝2）的 BCD 码数（10^3、10^2）传送到数据寄存器 D2 内 4 位 BCD 码低向高第 3 位（n＝3）开始，向右数共 2 位（10^2、10^1）的位置上；最后自动地将 D2 中的 BCD 码转换成二进制数。上述传送过程中，D2 中的另 2 位（10^3、10^0）数据对应 D1 中（10^3、10^0）保持不变传送。

应用 SMOV 指令，可以方便地将不连续的若干输入端输入的数组合成一个数，见图 4-10b 说明。扫描梯形图时先将输入端 X20～X27 输入的 2 位 BCD 码自动转换成二进制数，并存放到 D2 中；再将输入端 X40～X47 输入的 2 位 BCD 码自动转换成二进制数，并存放到 D1 中；最后应用 SMOV 指令将 D1 中的 2 位 BCD 码传送到 D2 的高 2 位（10^3、10^2）上去，从而将输入端 X40～X47、X20～X27 输入的数组合成一个数。

5. 取反传送 CML 指令

CML 指令是将源操作数中的数据逐位取反并传送到目标操作数。若源操作数中的数据为常数 K，在指令执行时会自动将 K 转换成二进制数。

CML 取反传送指令用于反逻辑输出非常方便，使用说明如图 4-11 所示，D0 中的数据逐位取反并传送到 K1Y0 中去（多余位无效）；成组顺控梯形图可用 CML 指令简化。

6. 块传送指令 BMOV

BMOV 指令的功能是将源操作数 [S] 指定元件的首地址开始的 n 个数据组成的数据块传送到指定的目标 [D] 为首地址的目标元件中去。如果传送数量 n 超出允许元件号的范围，则数据仅传送到允许范围内。BMOV 指令的使用示例如图 4-12 所示。

7. 多点传送指令 FMOV

FMOV 指令是将源操作数 [S] 中的数据传送到指定目标 [D] 开始的 n 个元件中去，这 n 个元件中的数据完全相同（图 4-13 中梯形图指令，X0 接通，FMOV 指令将 K0 传送到 D0~D9 中去，D0~D9 数据相同）。

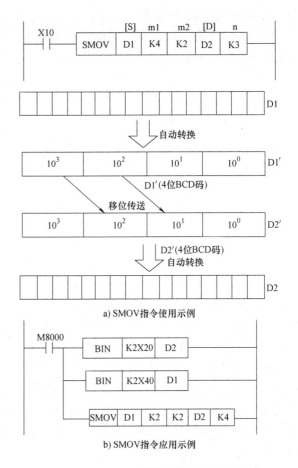

图 4-10　SMOV 指令的使用说明

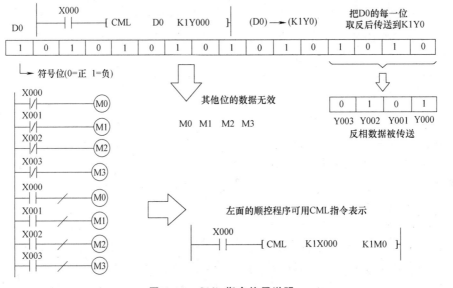

图 4-11　CML 指令使用说明

D5	→	D10
D6	→	D11
D7	→	D12

M0	→	Y000	M4	→	Y004
M1	→	Y001	M5	→	Y005
M2	→	Y002	M6	→	Y006
M3	→	Y003	M7	→	Y007

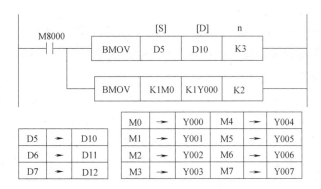

图 4-12　BMOV 指令使用示例

8. 数据交换指令 XCH

XCH 指令实现两指定目标元件［D1］［D2］之间的数据交换（注意：当特殊继电器 M8160 线圈接通时，XCH 指令仅将各目标元件内上下 8 位进行交换）。

图 4-14 中梯形图指令，如果目标元件（D1）= 20，(D17）= 530，当 X0 = ON 时，执行数据交换指令 XCH，目标元件 D1 和 D17 中的数据进行交换，即（D1）= 530，(D17）= 20。

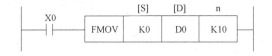

图 4-13　FMOV 指令的使用说明

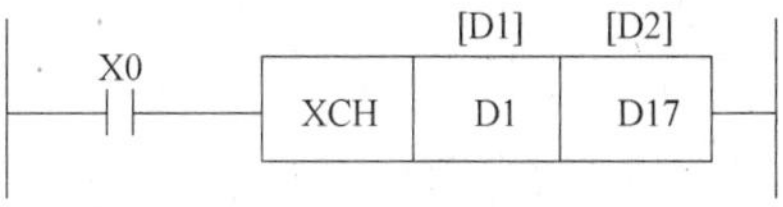

图 4-14　XCH 指令的使用说明

9. 变换指令 BCD /BIN

BCD 变换指令将源操作数［S］中的二进制数据转换成 BCD 码并送入目标操作数［D］中去，常用于输出驱动七段数码显示。对于 16 位二进制数据，BCD 指令变换结果对应十进制应在 0～9999 范围以内，对于 32 位二进制数据，变换结果应在 0～99999999 范围以内；否则出错。

BIN 变换指令将源操作数［S］中的 BCD 码转换成二进制数据并送入目标操作数［D］中去，该指令常用于将 BCD 数字开关串设定值输入到 PLC 中去。变换指令使用如图 4-15 和图 4-16 所示。

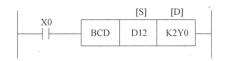

图 4-15　BCD 指令使用说明

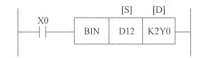

图 4-16　BIN 指令的使用说明

10. 传送和比较指令小结

传送比较指令，特别是传送指令，是使用最频繁的功能指令之一，熟练掌握十分必要：

(1) 用以获得程序的初始工作数据　一个控制程序总归需要初始数据，这些数据可从

PLC 输入端口上获得（使用传送指令读取这些数据再传送到内部单元），也可通过程序进行设置（即向内部单元传送立即数）。

（2）机内数据的存取和管理　PLC 运行时，首先其运算可能涉及不同的工作单元，故在单元之间需不断传送数据；其次运算可能产生中间数据，还需要保存和管理。故 PLC 机内数据的传送是大量的。

（3）运算处理结果要向输出端口传送　运算处理结果总要通过输出实现对执行器件的控制，或输出数据用于显示，或为其他设备输出提供工作数据。

（4）比较指令常用于建立控制点　通常我们会将某个物理量的量值或变化区间作为控制点，如温度高于某点就关闭电热器，速度低于某点就报警等。像控制一个阀门一样，比较指令常用于编写工业自动化控制程序。

【例 4-1】　用 MOV 指令实现电动机的丫-△起动控制

首先确定 I/O 分配：输入 X0 起动，X1 停止；输出 Y0 接主回路接触器，Y1 接丫联结接触器、Y2 接△联结接触器；

其次依据电动机的丫-△起动控制要求：电动机丫起动（输出 K3 即 Y1 = Y0 = ON）；当速度提升到一定（T0 延时 6s）程度，进行线路切换（输出 K4 即 Y2 = ON、Y1 = Y0 = OFF），经 T1 延时 1s，再次输出 K5（即 Y2 = ON、Y1 = OFF、Y0 = ON）使电动机△运行；停止命令输出 K0→K1Y0（即 Y2 = OFF、Y1 = OFF、Y0 = OFF）；注意起动时各状态程序编写了延时间隔。控制如图 4-17 所示。

【例 4-2】　用 CMP 指令实现多重输出

用计数器和比较指令，实现多重输出控制（见图 4-18）。当 X0 = ON 时，计数器 C0 以每隔 1s 的速度计数，当计数值为 100 时（M1 = ON），Y0 = ON；当计数值大于 100 时（M2 = ON），Y1 = ON；当计数值等于 200 时，Y2 = ON。当 X0 = OFF 时，C0、M0、M1、M2 复位。

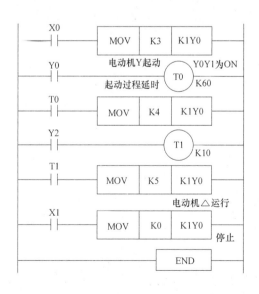

图 4-17　电动机丫-△起动控制

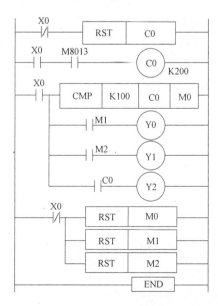

图 4-18　利用 CMP 指令实现多重输出

三、算术运算和逻辑运算指令（FNC20~FNC29）

1. 算术运算 BIN 的 ADD/SUB/MUL/DIV/INC/DEC

表 4-3　算术运算指令表

指令名称	功能\操作数	[S1]	[S2]	[D]	程序步
FNC20/D ADD P	二进制加法	K、H、KnX、KnY、KnM、KnS、T、C、D、R、V、Z		K、H、KnY、KnM、KnS、T、C、D、R、V、Z	7/16 位 13/32 位
FNC21/D SUB P	二进制减法				
FNC22/D MUL P	二进制乘法	K、H、KnX、KnY、KnM、KnS、T、C、D、R、Z		K、H、KnY、KnM、KnS、T、C、D、R、Z	
FNC23/D DIV P	二进制除法				
FNC24/D INC P	二进制加一			KnY、KnM、KnS、T、C、D、R、V、Z	3/16 位 5/32 位
FNC25/D DEC P	二进制减一				

算数运算遵循二进制代数运算规则，对源操作数［S1］和［S2］进行处理并将结果存放到目标元件［D］内。

数据的最高位为符号位（0 为正数，1 为负数），数据以代数形式进行运算。

M8020 为零标志位，M8021 为借位标志位，M8022 为进位标志位。如果运算结果为零，则 M8020 置1；运算结果超出 32767（16 位运算）或 2147483647（32 位运算），M8022 置1；运算结果小于-32767（16 位运算）或-2147483647（32 位运算），M8021 置1。

特别注意，运算指令连续执行（每个扫描周期都会运算）与脉冲执行方式的区别。

（1）加法/减法指令 ADD/SUB　该指令是把两个源操作数［S1］、［S2］相加/相减，结果存放到目标元件［D］中，图 4-19 为 ADD/SUB 指令的使用示例。

图 4-19　ADD/SUB 指令使用示例

（2）乘法指令 MUL　乘法指令是将两个源操作数［S1］、［S2］相乘，结果存放到目标元件［D］中。16 位乘法指令 MUL 示例如图 4-20 所示。当 X0 接通时，执行 MUL 指令，D0 中的 16 位二进制数与 D2 中的 16 位二进制数相乘，结果送到 D5、D4 中。高 16 位放在 D5 中，低 16 位放在 D4 中。若（D0）= 8，（D2）= 9，则（D5、D4）= 72，最高位为符号位（0 为正，1 为负）。16 位 MUL/32 位 DMUL 乘法指令示例如图 4-20 所示。

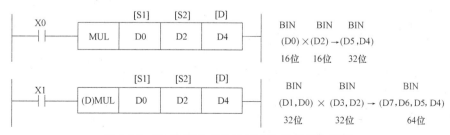

图 4-20　16 位 MUL/32 位 DMUL 乘法指令示例

（3）除法指令 DIV 除法指令是将两个源操作数［S1］（被除数）、［S2］（除数）相除，结果存放到目标元件［D］中，余数存放在［D］+1 的元件中；16 位 DIV/32 位 DDIV 除法指令示例如图 4-21 所示。

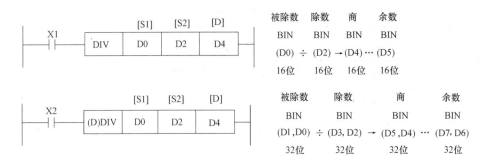

图 4-21 16 位 DIV /32 位 DDIV 除法指令示例

（4）加 1 指令（INC）/减 1 指令（DEC） 仅有目标元件［D］，指令对目标元件操作加 1/减 1 后仍存入目标元件［D］中（注意与加减指令相比，标志位的状态不能得到），示例如图 4-22 所示。

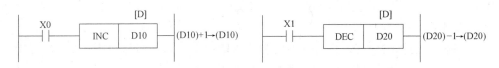

图 4-22 加 1 /减 1 指令的梯形图

对于 INC 指令，16 位数据运算时，32767 再加 1，其值就变为 -32767，标志位不置位；32 位数据运算时，2147483647 再加 1，其值就变为 -2147483647，标志位也不置位。对于 DEC 指令，16 位数据运算时，-32767 再减 1，其值就变为 +32767，标志位不置位；32 位数据运算时，-2147483647 再减 1，其值就变为 +2147483647，标志位也不置位。

2. 逻辑运算 WAND /WOR /WXOR /NEG

表 4-4 逻辑运算指令表

指令名称	功能\操作数	［S1］	［S2］	［D］	程序步
FNC26/D WAND P	逻辑与	K、H、KnX、KnY、KnM、KnS、T、C、D、R、V、Z		KnY、KnM、KnS、T、C、D、R、V、Z	7/16 位 13/32 位
FNC27/D WOR P	逻辑或				
FNC28/D WXOR P	逻辑异或				3/16 位；5/32 位
FNC29/D NEG P	求补码				

逻辑运算将源操作数［S1］和［S2］中的二进制数据，以位为单元做逻辑运算，结果存放到目标元件［D］内。

逻辑运算规则见表 4-5（NEG 求补指令实际是绝对值不变的变号操作，如一个正数变为负数或一个负数变为正数）。

WAND 指令梯形图格式的使用说明如图 4-23 所示。X0 接通，执行 WAND 指令，D10 与 D12 内二进制数以位为单位执行逻辑"与"操作，结果送入目标 D14 内。

表 4-5 逻辑运算规则

WAND 逻辑与	WOR 逻辑或	WXOR 逻辑异或	NEG 求补
0·0=0 0·1=0 1·0=0 1·1=1	0·0=0 0·1=1 1·0=1 1·1=1	0·0=0 0·1=1 1·0=1 1·1=0	各位都取反后再+1

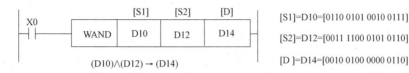

图 4-23 WAND 指令的梯形图

【例 4-3】 $\dfrac{30X}{255}+5$ 四则运算的实现

首先确定 I/O 分配:"X"代表输入端口 K2X0 送入的二进制数,运算结果需送输出口 K2Y0,T0 为起停开关(见图 4-24)。

【例 4-4】 乘除运算实现移位控制

工艺要求 15 个灯接于 Y0~Y7、Y10~Y16,当 X0 为 ON 时,灯正序每隔 1s 单个移位,并循环;当 X1 为 ON 且 Y0 为 OFF 时,灯反序每隔 1s 单个移位,至 Y0 为 ON 时停止。移位控制是利用乘 2、除 2 实现目标数据中"1"的移位(见图 4-25)。

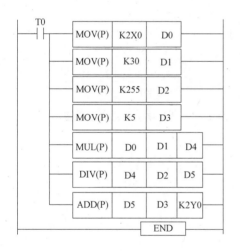

图 4-24 四则运算式梯形图

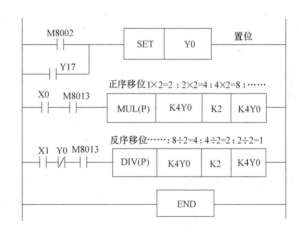

图 4-25 移位控制梯形图

【例 4-5】 彩灯控制电路

利用加 1、减 1 指令及变址寄存器完成的彩灯控制电路在正序时亮至全亮,反序时彩灯熄至全熄且循环控制,彩灯状态变化的时间间隔为 1s,用 M8013 特殊辅助继电器实现,X10 是彩灯控制电路的控制开关,彩灯共 12 盏(见图 4-26)。

【例 4-6】 指示灯测控电路

某场所有 12 只指示灯,接于 FX_{2N}-32MR 的 K4Y0(除去 Y1、Y5、Y12、Y17)。一般情

况下有的指示灯亮，有的指示灯灭。有时需将全部指示灯打开，也有时需将灯全部关闭。现设计用一只开关打开所有灯，用另一只开关熄灭所有的灯。梯形图如图 4-27 所示，而开灯字和关灯字示意图（即指示灯在 K4Y0 的分布图）如图 4-28 所示。

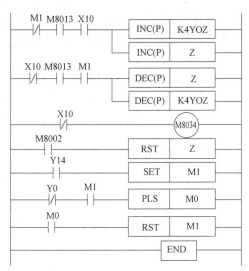

图 4-26　彩灯控制梯形图

指示灯测控电路梯形图是利用逻辑控制指令来完成这一功能的。先为所有的指示灯设计一个状态字，随时将各指示灯的状态读入。再设计一个开灯字，一个关灯字。开灯字内置 1 的位和灯在 K4Y0 中的排列顺序相同。熄灯字内置 0 的位和 K4Y0 中灯的位置相同。开灯时将开灯字和灯的状态字相"或"，熄灯时将熄灯字和灯的状态字相"与"，即可实现控制功能。

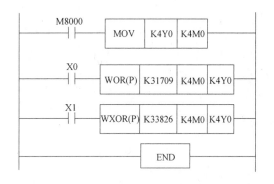

图 4-27　指示灯控制电路梯形图

图 4-28　开灯字、关灯字示意图

四、循环与移位指令（FNC30～FNC39）

循环移位指令见表 4-6。

表 4-6　循环移位指令表

指令名称	功能\操作数	[D]	[n]	程序步
FNC30/D ROR P	右循环移位	KnY、KnM、KnS、T、C、D、R、V、Z	D、R、K、H、（≤16/32）	5/16 位 9/32 位
FNC31/D ROL P	左循环移位			
FNC32/D RCR P	带进位右循环移位	KnY、KnM、KnS、T、C、D、R、V、Z	K、H、D、R（≤16/32）	5/16 位 9/32 位
FNC33/D RCL P	带进位左循环移位			

1. 右循环移位 ROR、左循环移位 ROL 指令

示例说明如图 4-29 所示。当 X10 接通时，执行右循环 ROR 指令，目标元件 [D]，即 (D0) 中的 16 位二进制数最右端的 2 位（n=K2）循环移位到最左端的 2 位。当 X11 接通时，执行左循环 ROL 指令，目标元件 [D]，即 [D1] 中的 16 位二进制数最左端的 4 位

（n=K4）循环移位到最右端的 4 位（注意，循环移位指令移出的最后一位同时存入进位标志位 M8022）。

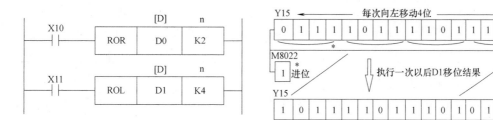

图 4-29　右循环、左循环移位指令示例说明

2. 带进位右循环移位 RCR、带进位左循环移位 RCL 指令

示例说明如图 4-30 所示。执行一次 RCR 或 RCL，基本上与 ROR 和 ROL 情况相同。不同的是，在执行 RCR 和 RCL 时，进位标志位 M8022 不再表示向左或向右移出的最后一位的状态，而是作为循环移位单元中的一位参与移位操作处理。

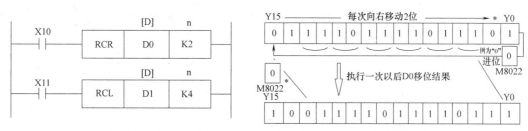

图 4-30　带进位右循环移位、带进位左循环移位指令示例说明

位移位指令见表 4-7。

表 4-7　位移位指令表

指令名称	功能\操作数	[S]	[D]	n1	n2	程序步
FNC34/SFTR P	位右移	X、Y、M、S、D*.b	Y、M、S	K、H	K、H、D、R	9/16 位
FNC35/SFTL P	位左移			n2≦n1≦1024		

3. 位右移 SFTR 指令、位左移 SFTL 指令

梯形图格式如图 4-31 所示。其中 n1 是构成位移位单元的目标操作数 [D] 的长度，它小于等于 1024，n2 是每次移位的位数，也就是源操作数 [S] 的长度，它小于 n1。

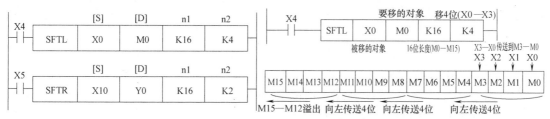

图 4-31　位右移指令和位左移指令梯形图

当 X4 接通时，执行位左移指令 SFTL，因为 n2 为 K4，所以 4 位为一组左移；同样 X5 接通时，执行位左移指令 SFTR，因为 n2 为 K2，所以 2 位为一组右移。

字移位指令见表4-8。

表 4-8　字移位指令表

指令名称	功能\操作数	[S]	[D]	n1	n2	程序步
FNC36/WSFR P	字右移	KnX、KnY、KnM、	KnY、KnM、KnS、	K、H	K、H、D、R	9/16 位
FNC37/WSFL P	字左移	KnS、T、C、D、R	T、C、D、R	n2≤n1≤512		

4. 字右移 WSFR 指令、字左移 WSFL 指令

梯形图格式如图4-32所示。n1是构成字移位单元目标操作数 [D] 的长度，它小于512，n2是每次移位的字数，也是源操作数 [S] 的长度，它小于n1。

当X1闭合接通时，执行 WSFR 字右移指令，以四个字（n2＝K4）为一组右移；X2闭合接通时，执行 WSFL 字左移指令，以两个字（n1＝K2）为一组左移。这两条指令基本上与执行 SFTR 或 SFTL 的情况相同，差别仅在于前者是由若干个字构成移位单元，后者是由若干个位构成移位单元。

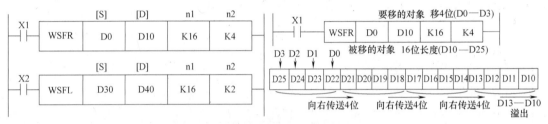

图 4-32　字右移指令和字左移指令梯形图

堆栈处理指令见表4-9。

表 4-9　堆栈处理指令表

指令名称	功能\操作数	[S]	[D]	[n]堆栈长度	程序步
FNC38/SFWR P	先入先出写入指令	KnY、KnM、KnS、T、C、	K、H、KnX、V、Z	KnY、KnM、KnS、T、	K、H（2~512）	7/16 位
FNC39/SFRD P	先入先出读出指令	D、R	C、D、R	V、Z		

5. 先入先出写入 SFWR 指令、先入先出读出 SFRD 指令

这两条指令既可连续操作，也可脉冲操作，n 的取值范围为 2≤n≤512。

在 SFWR 指令中，目标操作数 [D] 表示堆栈的起始地址，n 表示堆栈长度。在 SFRD 指令中源操作数 [S] 表示堆栈的起始地址，n 表示堆栈的长度。在同一组堆栈的操作指令中，SFWR 目标操作数必须与 SFRD 的源操作数相同，它们的常数 n 也必须相同。

该指令示例如图4-33所示。在梯形图中，堆栈由数据寄存器 D1~D10 构成，其中 D1 内

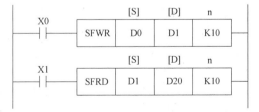

图 4-33　SFWR、SFRD 指令梯形图

的数为指针 P1，D2~D10 为存放数据的堆栈，D2 为堆栈的底部。

在执行堆栈操作之前，首先将 D1 中指针 P1 置 "0"，然后才能执行堆栈操作指令。当 X0 接通时，执行 SFWR 指令，先将源操作数［S］中的数据寄存器 D0 内的数压入堆栈底部［D2］，再将 D1 内的数加 1（指针 P1）。当 X0 再次由断开到闭合时，执行 SFWR，则将 D0 内的数压入下一个数据寄存器 D3 内，然后再将 D1 内的数加 1（指针 P1），直到 D1 内的数等于 9（n-1），则不再将源操作数内数压入堆栈，M8022 置 "1"，表示堆栈已装满。

当 X1 闭合时，执行 SFRD 指令，先将堆栈底部（D2）内的数弹出送入目标操作数 D20 内，再将堆栈中各数据寄存器（D3~D10）内的数依次右移一个字，然后将 D1 内的数减 1（指针 P1）。若 D1 内的数等于 "0"，M8022 置 "1"，表示堆栈内的数据全部弹出。

【例 4-7】 灯组控制

广告牌上有 8 个灯 L1~L8，I/O 分配分别接于 Y0~Y7（即 K2Y0），X0 为起动按钮，X1 为停止按钮。控制工艺如下：X0 为 ON 时，灯先以正序每隔 1s 轮流点亮熄灭，当 Y7 亮后，停 2s；然后以反序每隔 1s 轮流点亮熄灭，当 Y0 再亮后，停 2s；重复上述过程。X1 为 ON 时，停止工作（见图 4-34）。

【例 4-8】 产品进出库控制

该梯形图由先入先出功能指令构成。当按下入库按钮 X30 时，输入口 K4X0 输入数据送到 D256，并存入 D257 开始的 100 个字元件组成的堆栈中。当出库按钮 X31 按下时，从 D257 开始的 100 个字元件组成的堆栈中取出一个数据送至输出口 K4Y0（见图 4-35）。

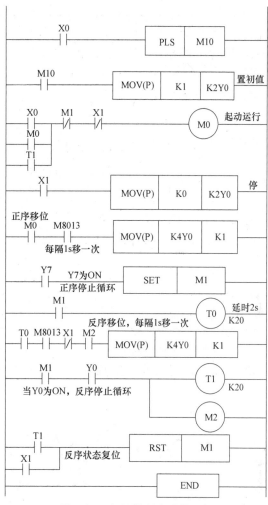

图 4-34 灯组控制电路梯形图

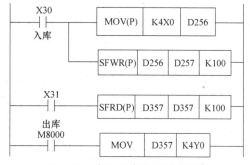

图 4-35 产品进出库控制梯形图

五、数据处理指令（FNC40~FNC49）

表 4-10 数据处理指令表

指令名称	功能\操作数	［S］	［D］	n	程序步
FNC40/ZRST P	区间复位	［D1］≤［D2］	Y、M、S、T、C、D、R		5/16 位

（续）

指令名称	功能\操作数	[S]	[D]	n	程序步
FNC41/DECO P	译码指令	K、H、X、Y、M、S、T、C、D、R、V、Z	Y、M、S、T、C、D、R	K、H（n=1~8）	7/16 位
FNC42/ENCO P	编码指令	X、Y、M、S、T、C、D、R、V、Z	T、C、D、R、V、Z		
FNC43/D SUM P	置1位数总和	K、H、KnX、KnY、KnM、KnS、T、C、D、R、V、Z	KnY、KnM、KnS、T、C、D、R、V、Z		5/16 位 9/32 位
FNC44/D BON P	置1位判别	K、H、KnY、KnM、KnS、T、C、D、R、V、Z	Y、M、S、D＊.b	K、H、D、R（0~15/31）	7/16 位 13/32 位
FNC45/D MEAN P	平均值	KnX、KnY、KnM、KnS、T、C、D	nY、KnM、KnS、T、C、D、R、V、Z	K、H、D、R（1~64）	
FNC46/ANS	报警器置位	T（T0-T199）	S（S900-S999）	D、R、K、H（m=1~32767）	7/16 位
FNC47/ANR P	报警器复位				1/16 位
FNC48/D SQR P	平方根	K、H、D、R	D、R		5/16 位 9/32 位
FNC49/D FLT P	BIN 转浮点	D、R			

1. 区间复位指令 ZRST

ZRST 指令是同类元件的成批复位指令，也叫区间复位指令，其使用说明如图 4-36 所示。

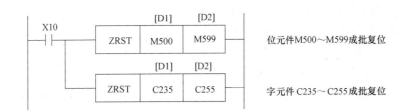

图 4-36　区间复位指令梯形图

[D1] 是复位的目标元件的首元件，[D2] 是复位的目标元件的末元件，[D1] 与 [D2] 必须是同类元件，且 [D1] 的元件号应小于 [D2] 的元件号。

当 X10 断开时，不执行 ZRST 操作。当 X10 闭合时，每扫描一次该梯形图，M500 ~ M599 和 C235 ~ C255 复位（置 "0"）。

2. 译码（二/十进制数）指令 DECO

DECO 指令的说明如图 4-37 所示。若目标元件 [D] 选用位软元件 Y、M、S，则 n 的取值范围为 1~8；若 [D] 选用字软元件 T、C、D，则 n 的取值范围为 1~4。n 表明参加该指令操作的源操作数共 n 个位（X0、X1、X2），目标操作数共有 2^n 个（$2^3 = 8$），即 M10~M17。

当 X10 接通时，每扫描一次该梯形图就对 X0、X1、X2 进行译码，源地址是 1+2＝3，因此从 M10 起第 3 位的 M13 变为 1（X0＝1、X1＝1、X2＝0）。若源全为 0（X0＝0、X1＝0、

X2＝0)，则译码后的结果为 M10＝1。若源全为 1 (X0＝1，X1＝1、X2＝1)，则译码结果为 M17＝1。

译码指令 DECO 的应用举例如图 4-38 所示。根据源操作数 [S]，即 D0 所存储的数据值，将目标操作数 [D]，即 M0～M15 中的同一地址号元件 M14 接通。

3. 编码（十/二进制数）指令 ENCO

当 [S] 是位元件时，ENCO 指令的梯形图格式及使用说明如图 4-39 所示。

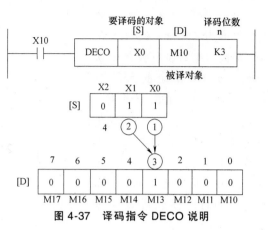

图 4-37　译码指令 DECO 说明

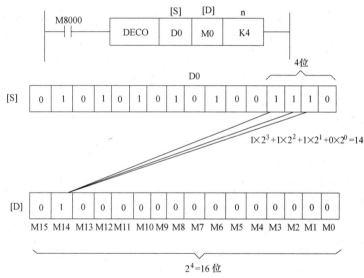

图 4-38　译码指令 DECO 的应用举例

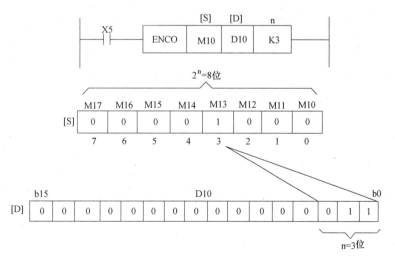

图 4-39　编码指令使用示例一/位元件

以源元件［S］为首地址，长度为 2^n（8）的位元件中，最高置 1 的位置被存放到目标［D］所指定的元件中去，［D］中数值的范围由 n 确定。在图 5-51 中，源元件的长度为 $2^n = 2^3 = 8$ 位，即 M10～M17，最高置 1 位是 M13 即第 3 位，将"3"位置数（二进制）存放到 D10 的低 3 位中。

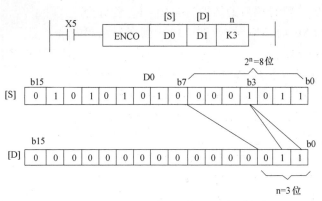

图 4-40　编码指令使用示例二/字元件

当［S］是字元件时，ENCO 指令的梯形图格式及使用说明如图 4-40 所示。

在其可读长度为 2^n 位中，最高置 1 的位数存放到目标［D］所指定的元件中去，［D］中数值的范围由 n 确定。其详细说明如图 4-39 所示。源操作数字元件的可读长度为 $2^n = 2^3 = 8$ 位，其最高置 1 的位是第 3 位，将"3"位置数（二进制）存放到 D1 的低 3 位中。

注意：当源操作数的第一个（即第 0 位）位元件为 1 时，则［D］中存放 0。当源数中无 1 时，出现运算错误。当 n = 0 时，程序不执行；针对位元件取值范围 n = 1～8，若 n = 8，［S］位数为 $2^8 = 256$。针对字元件取值范围 n = 1～4，若 n = 4，［S］位数为 $2^4 = 16$。

上面的分析是在 X5 为 ON 时，若 X5 为 OFF，则不执行 ENCO 指令，上次编码输出保持不变。

4. 置 1 位数总和指令 SUM

SUM 指令的使用说明如图 4-41 所示，是用于统计指定源元件中置"1"位的总和，并将结果存入指定目标元件［D］。当 X0 闭合后，执行 SUM 指令，［S］即（D0）中"1"位总数 9 存入［D］，即 D2 中。

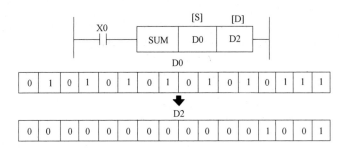

图 4-41　置"1"位数总和指令 SUM 的使用说明图

5. 置 1 位判别指令 BON

BON 指令用于判别指定源元件［S］中某一位（第 n 位）的状态，结果存入目标元件［D］中。如果该位为"1"，则目标元件置"1"；反之则置"0"。如图 4-42 所示。

n 表示相对源元件（［S］，即 D10）首位的偏移量。n = 0，判别第 0 位即 b0 的状态。n = 15，判第 15 位即 b15 的状态。

当 X0 接通，执行 BON 指令，判别 D10 第 15 位的状态（n = K15）为 ON，即 b15 = 1，则 M0 = ON，即 M0 = 1。

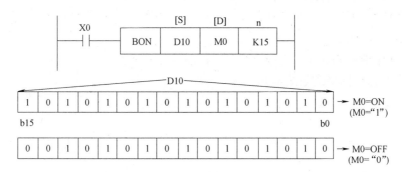

图 4-42　置 "1" 位判别指令 BON 使用说明图

若 D10 中的 15 位为 OFF，即 b15 = 0，则 M0 = OFF，即 M0 = 0。

6. 平均值指令 MEAN

MEAN 指令的梯形图格式如图 4-43 所示。

图 4-43　平均值指令 MEAN 梯形图

[S] 即 D0 表示参与求平均值的若干个数的首地址元件，n 表示参与求平均值的个数（K3 即 3 个），n 的取值范围为 1~64，求得的 n 个数的平均值存放在 [D]（即 D10）中。当 X0 闭合时，将数据寄存器 D0~D2 内的数相加并除以 n（n = 3）所得的商（即平均值）存放到 D10 中，即

$$\frac{[D0]+[D1]+[D2]}{3} \Rightarrow [D10]$$

余数自动略去。

7. 报警器置位/复位指令 ANS/ANR

ANS/ANR 指令常用来驱动报警器，在生产过程控制中是很有用的。指令说明如图 4-44 所示。

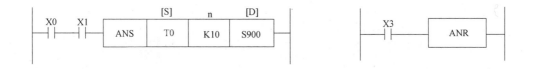

图 4-44　报警器置位指令 ANS 使用说明/报警器复位指令 ANR 梯形图

当 X0、X1 都为 "1" 时，ANS 指令被执行，定时器 T0 启动定时（100ms 定时器），1s（100ms×10）后，S900 置 "1"。S900 置 "1" 后，若 X = 0 或 X1 = 0，则 T0 复位，而 S900 保持为 "1"。

当 X3 接通时，S900~S999 之间被置 "1" 的报警器复位。如果超过一个报警器被置 "1"，则元件号最低的那个报警器复位。X3 再次由 OFF 变为 ON 时，下一个置 "1" 元件号再复位。

8. 平方根指令 SQR

SQR 指令的梯形图格式如图 4-45 所示。

当 X0 由 OFF→ON 时，执行 SQR 指令，存放在 D10 内的数开二次方，结果存放在 D12 中，即 $\sqrt{(D10)} \rightarrow (D12)$。

9. 浮点操作指令 FLT（二进制整数与二进制浮点数转换）

FLT 指令的梯形图格式如图 4-46 所示。

图 4-45　平方根指令 SQR 梯形图　　　图 4-46　浮点操作指令 FLT 梯形图

当 X0 由 OFF→ON 时，执行 FLT 指令，把存放在 [S]（D10）中的数值转换成浮点值，并将此值存放在 [D] 中，即数据寄存器 D13 和 D12 中。

【例 4-9】　利用译码指令实现单按钮控制 5 台电动机的起停

工艺要求：按钮按数次，最后一次保持 1s 以上后，则号码与次数相同的电动机运行；再按按钮，该电动机停止。5 台电动机接于 Y0~Y4。

用一只控制按钮控制 5 台电动机的梯形图如图 4-47 所示。输入电动机编号的按钮接于 X0，电动机号数使用加 1 指令记录在 K1M10 中。译码指令 DECO 则将 K1M10 中的数据解读并使 M0 右侧和 K1M10 中数据相同的位元件置 1。M9 及 T0 用于输入数字确认及停车复位控制。

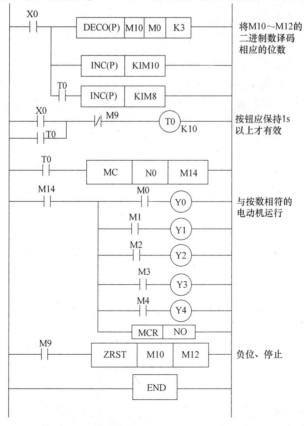

图 4-47　使用译码指令控制 5 台电动机的梯形图

六、高速处理指令（FNC50~FNC59）

表 4-11　高速处理指令表

指令名称	功能\操作数	[S]	[D]		n	程序步
FNC50/REF P	输入/输出刷新			X、Y	K、H（8~256）	5/16 位
FNC51/REFF P	刷新及滤波时间调整				K、H、D、R（K0~K60）	3/16 位
FNC52/MTR	矩阵输入	X	Y	Y、M、S	K、H、（K2~K8）	9/16 位
FNC53/D HSCS	比较置位（高速计数器用）	K、H、KnX、KnY、KnM、KnS、T、C、D、R、Z		Y、M、S、D＊.b、P		13/32 位
FNC54/D HSCR	比较复位（高速计数器用）	K、H、KnX、KnY、KnM、KnS、T、C、D、R、Z	C	Y、M、S、D＊.b、C		17/32 位
FNC55/D HSZ	区间比较（高速计数器用）	K、H、KnX、KnY、KnM、KnS、T、C、D、R、Z		Y、M、S、D＊.b	K、H、D、R（1--64）	
FNC56/D SPD	脉冲密度	X	K、H、KnX、KnY、KnM、KnS、T、C、D、R、V、Z	T、C、D、R、V、Z		7/16 位 13/32 位
FNC57/D PLSY	脉冲输出	K、H、KnX、KnY、KnM、KnS、T、C、D、R、V、Z		Y		7/16 位
FNC58/ PWM	脉宽调制					
FNC59/D PLSR	带加减速脉冲输出					9/16 位；17/32 位

1. 输入输出刷新指令 REF

在 PLC 的运算过程中需要最新的输入信息以及希望立即输出运算结果时，可以使用输入输出刷新指令 REF。输入输出刷新指令的梯形图格式如图 4-48 所示。

图 4-48　输入输出刷新指令 REF 的梯形图

指令刷新输入的目标操作数［D］只能选输入继电器 X，指令刷新输出的目标操作数只能选输出继电器 Y。n 是立即刷新的 X 或 Y 的数目，n 必须为 8 的倍数。

当 X0 闭合时，执行 REF 指令，PLC 的 CPU 将该指令所规定的输入继电器 X10～X17（n=8）共 8 个的状态立即读到输入映像寄存器中去。当 X1 闭合时，执行 REF 指令，对 Y0～Y27（Y0～Y7、Y10～Y17、Y20～Y27）共 24 个（n=24）Y 对应的输出锁存器的数据立即传送到对应的输出端子，输出触点动作。

2. 刷新和滤波时间调整指令 REFF

PLC 的开关量输入电路都有 RC 滤波电路，滤波时间常数影响着 PLC 的输入响应速度。为此，FX_{3U} 系列 PLC 中使用了数字滤波器的 X0～X17，其滤波时间常数可用 REFF 指令修改（数字滤波器时间常数设定值为 n，单位为 ms，取值范围为 0～60），当 n=0 时，理论上滤波时间常数为 0，但实际上 X0～X5 为 5μs，X6 和 X7 为 50μs，X10～X17 为 200μs（或 10ms），如图 4-49 所示。

图 4-49　REFF 指令的梯形图

当 X10 闭合时，X0～X17 共 16 个输入通道的滤波时间常数设置为 1ms（K=1），并将 X0～X17 的状态读入到输入映像寄存器内。

当 X10 断开时，REFF 指令不执行，X0～X17 的输入滤波时间常数为 10ms（D8020 初始设定值）。

3. 矩阵输入指令 MTR

MTR 指令的功能是扩展 PLC 的输入端，只能用于晶体管输出方式的 PLC（而且只能使用一次），它的梯形图格式如图 4-50c 所示。源操作数［S］只能用开关量输入继电器 X，是首地址（例如 X10）；目标操作数［D1］只能选 Y，而且必须选 Y0、Y10、Y20…为首地址；目标操作数［D2］可选用 Y、M、S（本例中选的 M30 是首地址）；n 的取值为 2～8，说明有 n 行。

该矩阵输入示例的硬件接线图如图 4-50a 所示，图 4-50b 所示为输出选通脉冲波形。

图 4-50c 中，［S］为 X10，表示该矩阵输入为 X10～X17，n 为 3，表示矩阵为 3 行，而［D1］为 Y20，即 Y20、Y21、Y22 分别为 3 行的选通输出端。［D2］为 M30，表示该矩阵中 8×3 个状态（24）分别存在 M30～M37、M40～M47、M50～M57 中。

当 X0 闭合时，Y20、Y21 和 Y22 轮流接通 20ms。其波形图如图 4-50b 所示。当 Y20 为 1 的后一段期间（即 20ms 内后 n ms），CPU 采用中断方式将矩阵中第一行中的 8 个开关量状态读入到 M30～M37 中。同样，当 Y21 为 "1" 的后一段期间，CPU 采用中断方式将矩阵中第二行的 8 个开关量状态读入到 M40～M47 中……整个矩阵状态读入一次后，CPU 将标志位 M8029 置 "1" 表示执行指令结束。采用该指令，用 8 个开关量输入和 8 个开关量输出可以实现多达 64 点的开关量输入（仅占 8 个输入端）。

4. 高速计数器比较置位指令 HSCS

HSCS 指令的梯形图格式如图 4-51 所示。图中，源操作数［S2］选用范围为 C235～C255。在 FX_{3U} 系列 PLC 中，C235～C255 高速计数器的设定值和当前值都是 32 位二进制数，所以操作码 HSCS 之前要加 "D"，表示是 32 位运算指令。

当 X10 闭合时，计数器计数条件满足，开始计数，C235 的当前计数值与 K100 常数进

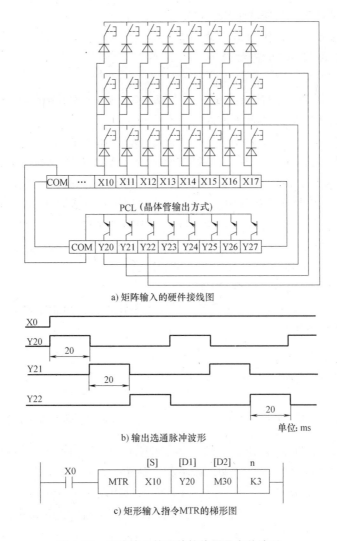

a) 矩阵输入的硬件接线图

b) 输出选通脉冲波形

c) 矩形输入指令MTR的梯形图

图 4-50　矩阵输入的硬件接线图及有关波形

行比较，一旦相等，立即采用中断方式将
Y10 置"1"，采用 I/O 立即刷新的方式将
Y10 的输出端接通，Y10 置"1"。以后无
论 C235 的当前值如何变化，甚至将 C235
复位或者将其控制线路断开，Y10 始终为
"1"，除非对 Y10 复位或使用高速计数器
复位指令（HSCR），才能将 Y10 复位置
"0"。

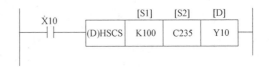

图 4-51　高速计数器置位指令 HSCS 梯形图

5. 高速计数器比较复位指令 HSCR

HSCR 指令的梯形图格式如图 4-52 所示。当常开触点 M8000 闭合时，只要高速计数器
C235 开始计数，就将 C235 的当前计数值与常数 K200 相比较，当前计数值等于 200 时，立
即采用中断方式将 Y10 置"0"，并且采用 I/O 立即刷新的方式将 Y10 输出端切断。

6. 高速计数器区间比较指令 HSZ

计数值与设定区间比较，得出 3 种结果，用中断方式将目标位元件置"1"。

图 4-52　高速计数器复位指令 HSCR 梯形图

HSZ 指令梯形图格式如图 4-53 所示。图中，[S] 的选用范围是高速计数器 C235～C255。目标操作数由 Y10、Y11、Y12 组成，Y10 是首元件。当 X10 断开时，不执行 (D) HSZ 指令；当 X10 闭合时，只要 C251 投入计数操作，就执行 C251 的当前计数值与 [S1]（即常数 1000）和 [S2]（即常数 1200）构成的区间进行比较：若 1000>C251 的当前计数值，则采用中断方式将 Y10 置"1"，并采用 I/O 立即刷新方式将 Y10 的输出端接通；若 1000≤C251 的当前计数值≤1200，则采用中断方式将 Y11 置"1"，并且采用 I/O 立即刷新的方式将 Y11 的输出端接通；若 C251 的当前值≥1200，则采用中断方式将 Y12 置"1"，并且采用 I/O 立即刷新方式将 Y11 输出端接通。

7. 转速测量（脉冲密度）指令 SPD

顾名思义，这是一条测量转速的指令，采用中断输入方式对指定时间内的输入脉冲进行计数。梯形图格式如图 4-54 所示。

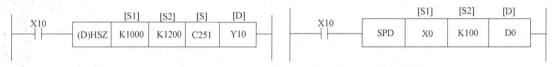

图 4-53　HSZ 指令的梯形图

图 4-54　转速测量指令 SPD 梯形图

图中 [S1] 是高速输入端 X0；[S2] 是常数 K100，表示的是测量周期 T，单位为 ms；[D] 由数据寄存器 D0、D1、D2 组成，脉冲发生器每一个 T 产生 n 个脉冲。

当 X10 闭合时，执行 SPD 指令，把在规定的测量周期（T=100ms）内输入（X0）的脉冲个数测出并放在 D0 内；D1 内存放正在进行着的测量周期内已输入的脉冲数；D2 内存放正在进行着的测量周期内还剩余的时间。当该测量周期的计时时间到，则将 D1 内的数传送到 D0 中去，然后 D1 清零，并且重新开始存放下一个测量周期内输入的脉冲数，D0 内存放的数正比于转速 N（单位：r/min），即

$$N = \frac{60 \times (D0)}{nT} \times 10^3$$

8. 脉冲输出指令 PLSY

PLSY 指令的梯形图格式如图 4-55 所示。[S1] 表示输出脉冲的频率，其范围为 2～20000Hz，[S2] 表示输出的脉冲个数。在执行本指令期间，可以通过改变 [S1] 内的数来改变输出脉冲的频率，PLSY 采用中断方式输出脉冲，与扫描无关。当 X0 闭合时，扫描到该梯形图程序时，立即采用中断方式，通过 Y0 输出频率为 1000Hz、占空比为 50% 的脉冲，当输出脉冲达到 [S2] 所规定的数值时，停止脉冲输出。

图 4-55　脉冲输出指令 PLSY 梯形图

9. 脉宽调制指令 PWM

PWM指令产生的脉冲宽度和周期是可以控制的。使用说明如图 4-56 所示。

PWM指令有 3 个操作数。目的操作数 [D] 只能选 Y。源操作数 [S1] 表示输出脉冲的宽度 t，其取值范围 0～32676，单位为 ms。源操作数 [S2] 表示输出的脉冲的周期 T，其取值范围 0～32767，单位为 ms。目标操作数 [D] 规定输出脉冲从哪个输出端输出，输出脉冲的频率 f 为

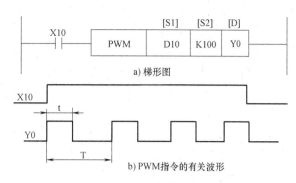

图 4-56　脉宽调制指令 PWM 梯形图

$$f = (1/T) \times 10^3$$

改变 t，使其在 0～T 的范围内变化，就能使输出脉冲的占空比在 0～100% 的范围内变化。PWM指令采用中断方式输出脉冲，与扫描周期无关。该指令在程序中只能使用一次。

在图 4-56a 中，当 X10 断开时，没有脉冲输出，输出 Y0 始终为 "0"；当 X10 闭合时，执行 FWM 指令，扫描到该梯形图时，就立即采用中断方式通过 Y0 输出占空比为 t/T 的脉冲，其频率为 10Hz，改变数据寄存器 D10 内的数，使其在 0～100 的范围内变化，就能使输出脉冲的占空比在 0～100% 之间变化，有关波形图如图 4-56b 所示。

10. 带加减速脉冲输出指令 PLSR

该指令是带加速减速功能的定尺寸传送用的脉冲输出指令。针对指定的最高频率，进行定加速，在达到所指定的输出脉冲数后，进行定减速。其梯形图格式如图 4-57a 所示。原理说明如图 4-57b 所示。FLSR 指令有 3 个源作数和一个目标操作数。

[S1·] 是输出脉冲的最高频率（Hz），可设定范围 10～20000Hz。

[S2·] 是总输出脉冲数（PLS），可设定范围：16 位运算，110～32767（PLS）；32 位运算时，110～2147483647（PLS）。

[S3·] 是加速度时间和减速度时间（单位为 ms），可设定范围在 5000ms 以下。

[D·] 是指脉冲输出元件，只能指定 Y0 或者 Y1。

PLSR 指令只能用在晶体管输出的 PLC，输出控制不受扫描周期影响而是进行中断处理。

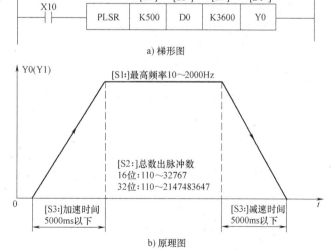

图 4-57　指令 PLSR 的使用说明

【例 4-10】　钢板开采冲剪流水线控制

　　工程中有时需要进行准确的长度测量及定长控制，长度的测量常使用光电编码器或接近开关形成高频脉冲，再用高速计数器对脉冲计数，图 4-58a 是一个钢板开采冲剪控制示意图。图中开卷机用来将带钢卷打开，多星辊用来将钢板整平，冲剪将带钢冲剪成一定长度的钢板。系统通过变频调速器驱动交流电动机作为送料拖动动力，分析：每剪切一段钢板的过程，电动机要经过起动送料，稳速运行，减速、制动停车几个步骤，电动机运行过程如图 4-58b 所示。速度图的实现则是使用高速计数器控制完成的，图 4-58c 是梯形图程序，使用 HSZ 指令实现对输出点元件 Y10、Y11、Y12 的控制。Y10、Y11、Y12 分别与变频器的高速、低速、制动端子相连，而 HSZ 指令区间比较的设定值则是由速度图曲线不同段落所包含的面积计算得来的。

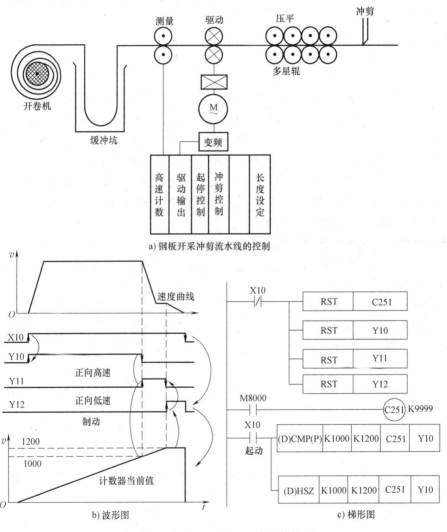

图 4-58　钢板开采冲剪流水线的控制

七、方便指令（FNC60～FNC69）

　　利用最简单的顺控程序进行复杂控制的方便指令共有 10 条（见表 4-12），下面分别加以介绍。

表 4-12 方便指令表

指令名称	功能\操作数	[S]			[D]		n/m	程序步
FNC60/IST	初始化状态	X、Y、M、D＊.b			[D1][D2]	S		7/16 位
FNC61/D SER P	数据检索	[S1]	KnX、KnY、KnM、KnS、T、C、D、R		KnY、KnM、KnS、T、C、D、R		K、H、D、R	9/16 位 17/32 位
		[S2]		V、Z、K、H				
FNC62/D ABSD	凸轮顺控 绝对方式	[S1]	KnX、KnY、KnM、KnS、T、C、D、R		Y、M、S、D＊.b		K、H、	9/16 位
FNC63/INCD	凸轮顺控 相对方式	[S2]	C					9/16 位
FNC64/TTMR	示教定时器				D、R		K、H、D、R	5/16 位
FNC65/STMR	特殊定时器	T			Y、M、S、D＊.b			7/16 位
FNC66/ALT P	交替输出							3/16 位
FNC67/RAMP	斜坡信号	[S1][S2]	D、R		D、R		K、H、D、R	9/16 位
FNC68/ROTC	旋转工作台控制	D、R			Y、M、S、D＊.b		K、H、	7/16 位
FNC69/SORT	数据排序				D、R		K、H、	11/16 位

1. 初始状态指令 IST

IST 指令的梯形图格式如图 4-59 所示。梯形图源操作数 [S] 表明的是首地址，它由 8 个连号位软元件组成（开关量输入继电器 X20～X27），其功能分别是：

X20：手动工作方式的输入控制信号

X21：返回原点工作方式的输入控制信号

X22：单步工作方式的输入控制信号

X23：单（一个）周期工作方式的输入控制信号

X24：全自动工作方式的输入控制信号

X25：返回原点的启动信号

X26：进入自动工作方式的启动信号

X27：停止信号

图 4-59 指令 IST 梯形图

在开关量输入 X20～X24 中，不允许有两个或两个以上的输入端同时闭合，因此，必须选用满足该要求的转换开关。也就是说，该开关应有五档位置，当开关扳到某档位置时，只有该位置的触点闭合，其他各位置的触点均断开。

梯形图的目的操作数 [D1] 和 [D2] 只能选用状态器 S，其范围为 S20～S899，其中 [D1] 表示在自动工作方式时所使用的最低位状态器，[D2] 表示在自动工作时所使用的最高位状态器，即后者的地址号必须大于前者的地址号。

S0～S9 是初始状态器地址编号。S0 是各操作的初始状态，S1 是原点回归的初始状态，S2 是自动运行的初始状态。

与 IST 指令有关的特殊辅助继电器有 8 个，它们是 M8040～M8047，其中：当 M8040 为 1 时，禁止状态转移，当 M8040 为 0 时，允许状态转移；当 M8041 为 1 时，允许在自动工作方式下，从目的操作数 [D1] 所使用的最低位状态开始，进行状态转移，反之，当 M8041 为 0 时，禁止从最低位状态开始进行状态转移；当输入端 X26 由 OFF 到 ON 时，M8042 产生一个脉宽为一个扫描周期的脉冲；当 M8043 为 1 时，表示返回原点工作方式结束，允许进入自动工作方式，当M8043为0时，表示返回原点工作方式还没有结束，不允许进入自动工作方式；当M8047为1时，只要状态器S0～S999中任何一个状态为1，M8046就为1，同时，特殊数据寄存器D8040内的数表示S0～S999中状态器为1的最低位的地址（D8041～D8047内的数依次代表其他各状态为1的地址），当M8047为0时，不论状态器S0～S999中有多少个为1，M8046始终为0，D8040～D8047内的数不变。

当扫描图4-59梯形图程序，若X20为ON时，状态器S0为1，表示处在手动工作方式；若X21为ON，状态S1为1，则是处在返回原点工作方式；在转入其他工作方式之前，先要返回原点。当到达原点以后，即输入端X30为1时，将M8043置1，此时，如果输入端X22为ON，则处在单步工作方式，每按一次起动按钮，就进行一次状态转移；如果输入端X23为ON，则处在单周期工作方式，每按一次起动按钮，执行完一个周期的运行后，停止在起始状态S2；如果输入端X24为ON，则处在自动工作方式，按一下起动按钮后，循环执行用户程序。

图4-60是应用IST指令的一段用户程序。

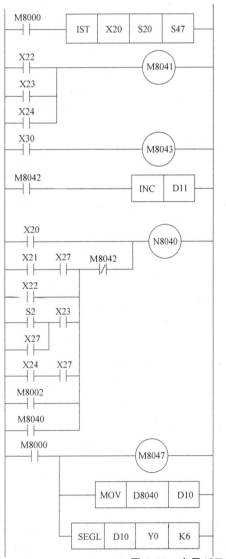

当PLC投入运行后，执行IST指令

当处在单步工作方式、单周期工作方式或自动工作方式时，将特殊辅助继电器M8041置1

返回原点后输入端X30闭合将特殊辅助继电器M8043置1

每按动一次起动按钮，即输入端X26闭合一下，特殊辅助继电器M8042产生1个脉宽为1个扫描周期的脉冲，将D11内的数加1

当手动工作方式时，禁止状态转移当在返回原点工作方式下，并且按下停止按钮时，或单步工作方式时，或在单周期工作方式下，并且返回到起始状态S2时，或在自动工作方式下，并且按下停止按钮时，或从STOP转入RUN时，禁止状态转移。除了手动工作方式以外，按下起动按钮，即输入端X26闭合，常闭触点M8042断开，将M8040置0，解除禁令

将M8047置1使D8040～D8047内的数分别为各个状态为1的地址

将D8040内的数装入D10内

在数码管上分别显示最低位状态为1的地址和按下起动按钮的次数

图4-60　应用IST指令的部分用户程序

2. 数据检索指令 SER

SER 指令可以方便地查找一组数据中的指定数值数，最大数值数、最小数值数。该指令的梯形图格式如图 4-61 所示。

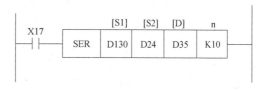

图 4-61　指令 SER 梯形图

[S1] 是表首地址，数据存储的第一个软元件；

[S2] 是指定的检索值；

[D] 是结果存放处；

n 为表长。

图 4-61 中，设定（D24）= K100，n = 10，10 个数字进行检索。当 X17 = ON，并扫描到该梯形图时，检索表 D130～D139 中的数值，并与 D24 中的数值相比较，检索结果存放在 D35 为首地址的 5 个连号数据寄存器（D35～D39）中。这 5 个"结果"指的是：

检索到与 D24 中的数值相同数据的个数（如果未找到为 0）；

找到的检索值第一个在表中的位置（初始）。

找到的检索值最后一个在表中的位置（最终）。

找到的检索值中最小的一个在表中的位置。

找到的检索值中最大的一个在表中的位置。

示例检索表的构成和数据设定见表 4-13，结论列表见表 4-14。

表 4-13　检索列表

位　　置	检　索　表	比较数据	检索值	最大值	最小值
0	（D130）= K100		符合		
1	（D131）= K111				
2	（D132）= K100		符合		
3	（D133）= K98				
4	（D134）= K123	（D24）= K100			
5	（D135）= K66				最小
6	（D136）= K100		符合		
7	（D137）= K95				
8	（D138）= K210			最大	

表 4-14　结论列表

结论列表	内　　容	主要数据	结论列表	内　　容	主要数据
D35	3	符合个数	D38	5	表中最小值
D36	0	第一个符合值	D39	8	表中最大值
D37	6	最后一个符合值			

3. 绝对值凸轮控制指令 ABSD

该指令的梯形图格式如图 4-62 所示，它产生一组对应于计数值变化的输出波形。梯形图中源操作数 [S1] 和目的操作数 [D] 均为各自的首地址。如果 [S1] 由字软元件 T、C、D 组成，则其首地址必须是偶数；如果 [S1] 由位软元件 X、Y、M、S 等组成，则其首地址应是 8 的倍数。源操作数［S2］只能选用计数器 C。n 的取值范围为 n≤64，它表示［S1］共有 2n 个字软元件，而［D］共有 n 个位软元件组成。当 X0 = ON 时，将源操作数［S1］的 2n 个字软元件内的数据分别与源操作数［S2］所选用的计数器 C 的当前计数值比较，从而确定［D］的 n 个位元件中哪些需要置 0 或置 1。

示例图 4-62 中，n 为 4，源操作数［S1］首地址为 D300，因此源操作数［S1］共有 D300～D307 8 个数据寄存器组成；而目标操作数［D］的首地址为 M0，因此目标操作数共有 M0～M3 共 4 个辅助继电器组成。源操作数［S2］为 C0（旋转角度信号 1 度/脉冲）。

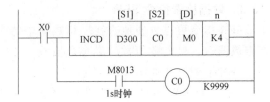

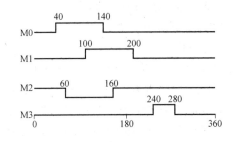

图 4-62　指令 ABSD 使用说明/M0～M3 状态变化

事先用 MOV 指令将对应数据写入 D300～D307 中，将开通点数据存入偶数元件，将关断点数据存入奇数元件，见表 4-15。

表 4-15　开通关断表

开 通 点	关 断 点	输 出
D300 = 40	D301 = 140	M0
D302 = 100	D303 = 200	M1
D304 = 160	D305 = 60	M2
D306 = 240	D307 = 280	M3

当执行条件 X0 由 OFF→ON 时，M0～M3 的状态变化如图 4-62 所示。通过重写 D300～D307 的数据可分别改变各开通点和关断点。输出点的数目由 n 值决定。

若 X0 = OFF，则输出点的状态保持不变。

该指令只能用 1 次。

4. 增量凸轮控制指令 INCD

INCD 指令的使用说明及执行过程如图 4-63 所示，该指令是利用一对计数器产生一组变化的输出。

此例中 n 为 4，所以控制 4 个输出点 M0～M3 的变化。先用 MOV 指令将下列数写入［S1］，即（D300）= 20，（D301）= 30，（D302）= 10，（D303）= 40。

当计数器 C0 的当前值依次达到 D300～D303 的设定值时自动复位。过程计数器 C1 计算复位次数。M0～M3 按 C1 的值依次动作。当由 n（本例中 n = 4）指定的最后一过程完成

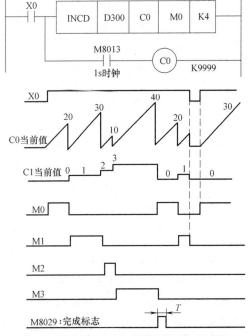

图 4-63　指令 INCD 使用说明/执行过程

后，标志位 M8029 置 1，以后周期性重复。

若 X0 关断，则 C0 和 C1 都复位，同时 M0～M3 关断，当 X0 再接通后重新开始运行。此指令只能使用一次。

5. 示教定时器指令 TTMR

示教定时器指令 TTMR 可以将按钮按下的持续时间乘以系数后作为定时器的预置值，监控信号的持续性，使用说明和波形如图 4-64 所示。

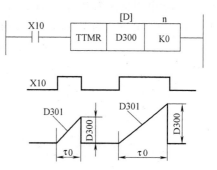

X10 由 OFF→ON，示教定时器执行，其持续时间由 D301 记下，该时间乘以"n"指定值并存入 D300。"n"指定值范围为

n = K0，$\tau 0$→D300。

n = K1，$10\tau 0$→D300。

n = K2，$100\tau 0$→D300。

图 4-64 TTMR 指令使用说明

X10 关断时，D301 复位，D300 保持不变。

图 4-65 是一个 TTMR 指令应用实例。这是一个用 TTMR 指令，仅用两个按钮实现对任意个计数器设定值修改的梯形图程序。先按下与输入端 X10 相连接的复位按钮，使变址寄存器 Z 清零。然后，当按下与输入端 X11 相连接的按钮时，执行 TTMR 指令的操作，数据寄存器 D1 记录该按钮按下的时间。因为常数 n 为 1，所以 D1 以 0.1s 为单位计数。当所期望的设定时间到时，松开该按钮，即常开触点 X11 由闭合到断开，这时将数据寄存器 D1 内记录的数存入 D0 中去，然后将 D1 内的数清零；另 PLF 指令驱动 M10 产生脉冲。下一个扫描周期时，由于 M10 脉冲，数据寄存器 D0 内的数被存入到数据寄存器 D（300+Z）内，因为 Z=0，所以存入 D300 内。然后，将变址寄存器 Z 内的数加 1，为下一次 D0 内的数存入 D（300+Z）做准备。重复上述过程，将各计时器所需的设定值依次存入 D301、D302…内。由于定时器 T0、T1…的计时单位为 0.1s，所以与输入端 X11 相连接的按钮按下的时间长短，可以用作定时器的计时设定值。当然这一方法只能用在定时精度不高的场合。

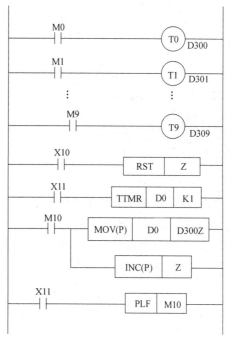

图 4-65 应用 TTMR 指令的例子

6. 特殊定时器指令 STMR

该指令是产生延迟关断、单脉冲、延迟接通和和延迟关断等控制信号（见图 4-66）。STMR 指令的源操作数［S］只能选用定时器 T0～T199，目标操作数［D］是首地址，是 4

个连号的 Y、M、S 软元件，m 是［S］指定的定时器的设定值。在常开触点 X0 控制下，目标操作数 M0~M3 的波形如图 4-66 所示（M0 为延迟关断，M1、M2 为单脉冲，M3 为延迟接通和延迟关断元件）。当 X0 由断开到闭合时，M2 产生一个脉宽为定时器定时设定值的脉冲；当 X0 由闭合到断开时，M1 产生一个脉宽为定时器定时设定值的脉冲；若 t 是定时器 T10 的定时设定值，因为 T10 的定时单位为 100ms，而常数 m 为 100，因此

$$脉宽 \ t = 100ms \times 100 = 10000ms = 10s$$

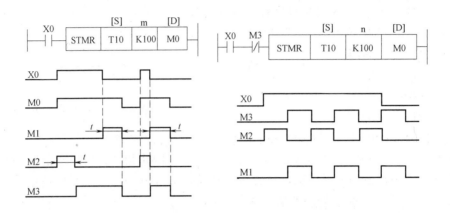

图 4-66　STMR 指令使用说明/STMR 指令应用实例

示例具体过程为：当 X0 由断开到闭合时，T10 开始定时，M0、M2 置 1，M1 和 M3 置 0。当 T10 定时时间到，M2 变为 0，M3 变为 1，M0 和 M1 维持原状态不变。当 X0 由闭合到断开时，T10 被复位，并重新开始定时，M1 变为 1，M0、M2、M3 维持原状不变，当 T10 定时时间到，M0~M3 都为 0。利用 STMR 指令可以很方便地产生闪烁控制信号，图 4-66 是梯形图和波形图。

7. 交替输出指令 ALT

交替输出指令 ALT 的使用说明如图 4-67 所示。当 X0 从 OFF→ON 时，M0 的状态改变一次。

该指令可用一个按钮控制负载的启动和停止，当第一次按下按钮 X0 时，启动输出 Y1 置 1；再次按下 X0，停止输出 Y0 动作，可如此反复交替进行。

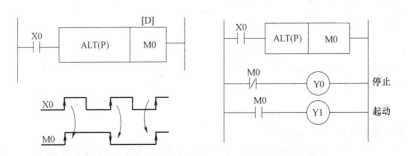

图 4-67　ALT 交替指令使用说明/ALT 指令用于启动和停止控制

若用 M0 作为输入，用 ALT（P）指令驱动 M1 时，能得到多级分频输出的梯形图如下：

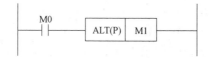

8. 斜坡信号输出指令 RAMP

RAMP 指令是用来产生斜坡输出信号的。该指令的使用说明如图 4-68 所示。预先将初始值、最终值分别写入 D1 和 D2。当 X0 由 OFF→ON 时，在 D3 中的数据即从初始值逐渐地变到最终值，变化的过程为 n 个扫描周期，扫描周期 n 存于 D4 中。

若将扫描周期时间写入 D8039 数据寄存器，该扫描周期时间稍大于实际值，再令 M8039 置 1，则 PLC 进入恒扫描周期运行方式。例如，扫描周期设定值是 20ms，则 D3 中的值从 D1 的值变到 D2 的值所需时间为 20ms×1000 = 20s。

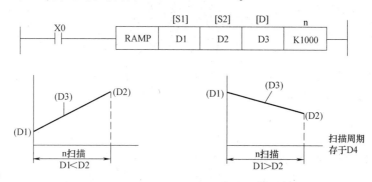

图 4-68　RAMP 斜坡输出指令的使用说明

在恒扫描周期运行方式下，当 X0 从 ON→OFF，则斜坡输出停止。以后若 X0 再 ON，则 D4 清零，斜坡输出重新从 D1 值开始，输出结束达到 D2 值，标志位 8029 置 1，D3 值回复到 D1 的值。

斜坡输出指令 RAMP 与模拟量输出结合可实现软启动、软停止。

PLC 用户也可用特殊辅助继电器 M8026 的状态设置斜坡输出指令的运行方式。M8026 = ON，斜坡输出为保持模式；M8026 = OFF，斜坡输出为重复模式。斜坡输出指令的两种输出方式如图 4-69 所示。

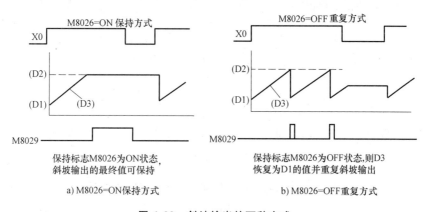

a) M8026=ON保持方式　　　　b) M8026=OFF重复方式

图 4-69　斜坡输出的两种方式

9. 旋转台控制指令 ROTC

ROTC 旋转台控制指令能对旋转台的方向和位置进行控制，可使旋转工作台上被指定的工件以最短的路径转到出口位置。该指令的梯形图格式如图 4-70 所示。旋转工作台控制示意图如图 4-71 所示。

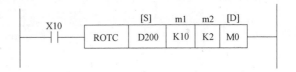

图 4-70　ROTC 指令使用说明

ROTC 指令源操作数［S］只能选用数据寄存器 D，是首地址，它由三个数据寄存器 D200、D201 和 D202 组成。其中 D200 作为旋转台位置检测计数器，对与旋转台相连的脉冲发生器所产生的脉冲计数，D201 内存放的数表示机械手在地面的哪个位置（或角度）上，D202 内存放的数表示工件在旋转台的哪个位置（或角度）上，根据工艺操作的要求，用 MOV 指令将数据写入 D201 和 D202 内。

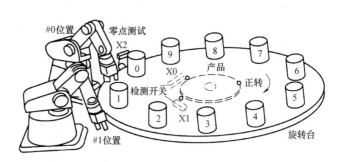

图 4-71　旋转工作台控制

目标操作数［D］只能选用 M，是首地址，共有 8 个 M，即 M0～M7 组成。M0、M1 和 M2 的控制线路分别由常开触点 X0、X1 和 X2 组成。输入端 X0 和 X1 分别与脉冲发生器产生的反映旋转台旋转方向和转速的 A 相和 B 相脉冲相连接，输入端 X2 与原点接近开关相连接（该开关闭合，表示旋转台处于原点位置）。也就是说，M0 的状态随脉冲发生器产生的 A 相脉冲的变化而变化，M1 的状态随脉冲发生器产生的 B 相脉冲的变化而变化。当旋转台正转时，脉冲发生器产生的 A 相和 B 相脉冲的波形如图 4-72a 所示，每当 A 相脉冲为 1，B 相脉冲由 0 变为 1 时，数据寄存器 D200 内的数加 1；当旋转台反转时，脉冲发生器产生的 A 相和 B 相脉冲的波形如图 4-72b 所示，每当 A 相脉冲为 1，B 相脉冲由 1 变为 0 时，数据寄存器 D200 内的数减 1。M2 的状态表示原点接近开关的通、断情况，当原点接近开关闭合时，M2 置 1，D200 内的数清零。

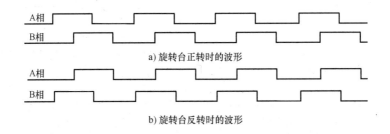

a) 旋转台正转时的波形

b) 旋转台反转时的波形

图 4-72　脉冲发生器产生的 A 相和 B 相脉冲波形

M3～M7 的状态由执行 ROTC 指令时根据 D201 和 D202 内两数比较的结果确定旋转台的

旋转方向和转速自动生成。

M3 置 1，表示旋转台高速正转；

M4 置 1，表示旋转台低速正转；

M5 置 1，表示旋转台的那个位置已经与机械手所在的位置对齐，旋转台停止旋转；

M6 置 1，表示旋转台低速反转；

M7 置 1，表示旋转台高速反转。

常数 m1 的取值范围为 2 ~ 32767，其数值与脉冲发生器每转产生的脉冲数相同，梯形图中 m1 为 10，表示脉冲发生器每转产生 10 个脉冲，也表示将旋转台的位置以角度 10 等分。m2 的取值范围是 0~32767，它表示旋转台进入低速旋转的提前量，m1 必大于 m2。

ROTC 指令的应用实例如图 4-73所示的梯形图。

设旋转台每转一圈，脉冲发生器产生 10 个脉冲，其中 A 相脉冲

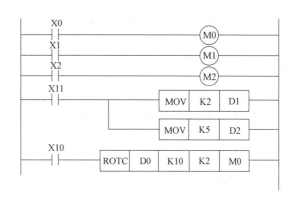

图 4-73　ROTC 指令应用实例

连接到输入端 X0，B 相脉冲连到输入端 X1，原点接近开关与输入端 X2 相连接，旋转台上共分 10 个位置，可放置 10 个工件，1 号机械手安装在地面的位置 1 上，2 号机械手安装在地面的位置 2 上。原点接近开关安装在地面的位置 0 上，要求 2 号机械手将旋转台位置 5 上的工件取下，则需要将常数 2 写入 D1 内，将 5 写入 D2 内。在扫描该梯形图前，首先需使旋转台的位置 0 旋转到原点接近开关的位置 0，使原点接近开关闭合，即 X2 闭合。当扫描梯形图时，将 M2 置 1，X11 闭合，将常数 2 和 5 分别写入 D1 和 D2。再将 X10 闭合，M2 置 1，执行 ROTC 指令结果，D0 清零。同时为了使旋转台的位置 5 经最短的路径旋转到 2 号机械手所在的位置 2，根据 D1 和 D2 两数的比较结果，确定旋转台做正转，由于两个位置之间的间距为 3 个脉冲当量，大于进入低速旋转的提前量 2，因此将 M3 置 1，从而使旋转台投入高速正转。当旋转台的脉冲发生器产生的 A 相和 B 相脉冲，使 D0 内的数加 1 时，说明旋转台已经转过一个脉冲当量的角度，它们之间的间距还剩两个脉冲当量，与进入低速旋转的提前量 2 相等，将 M4 置 1，使旋转台投入低速正转。当旋转台的脉冲发生器产生的 A 相和 B 相脉冲使 D0 内的数加到 3 时，旋转台已转过 3 个脉冲当量的角度，两个位置已对齐，M5 置 1，旋转台停转。

10. 数据排序指令 SORT

该指令是对存储于连续的源操作数 [S]（m1（行）x m2（列））的数据，按 n 列排序，并送入连续的目标操作数 [D]。SORT 的梯形图格式如图 4-74 所示。

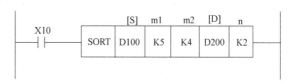

图 4-74　SORT 梯形图格式

源操作数 [S] 指定 D100 是表的首

地址，里面指定的值是要进行排序的表的第一项内容的地址，其后有足够空间来存放整张表内容。

m1 是排序表的行数，取值范围为 1~32，（示例中 m1 = 5，是一个 5 行排序表）。

m2 是排序表的列数，取值范围为 1~6。（示例中 m2 = 4，是一个 4 列的排序表）。

目标操作数［D］指定的 D200 是排序后新表的首地址，即数据被排序后存放到一个新表中。

n 是作为排序标准的群数据（列）的列编号。

排序指令 SORT 运行时还用到 M8029。

表 4-16 是梯形图 4-74 待排序的原表，即 m1×m2 的 5×4 行列排序表。当 n = 2 时，X10 闭合，执行 SORT 指令的结果排序见表 4-17。当 n = 3 时，X10 闭合，执行 SQRT 指令的结果排序见表 4-18。

表 4-16　待排序表

行号 ＼ 列号	1 姓名	2 身高	3 体重	4 年龄
1	D100 1	D105 150	D110 45	D115 20
2	D101 2	D106 180	D111 50	D116 40
3	D102 3	D107 160	D112 70	D117 30
4	D103 4	D108 100	D113 20	D118 8
5	D104 5	D109 150	D114 50	D119 45

表 4-17　当 n = 2 时的结果排序表

行号 ＼ 列号	1 姓名	2 身高	3 体重	4 年龄
1	D200 4	D205 100	D210 20	D215 8
2	D201 1	D206 150	D211 45	D216 20
3	D202 5	D207 150	D212 50	D217 45
4	D203 3	D208 160	D213 70	D218 30
5	D204 2	D209 180	D214 50	D219 40

表 4-18 当 n=3 时的结果排序表

列号 行号	1 姓名	2 身高	3 体重	4 年龄
1	D103 4	D108 100	D113 20	D118 8
2	D201 1	D206 150	D211 45	D216 20
3	D202 5	D207 150	D212 50	D217 45
4	D204 2	D209 180	D214 50	D219 40
5	D203 3	D208 160	D213 70	D218 30

八、外围设备 I/O 指令（FNC70~FNC79）

表 4-19 外围设备 I/O 指令表

指令名称	功能\操作数	[S]	[D]		n/m	程序步
FNC70/D TKY	十键输入	X、Y、M、S、D*.b	[D1]	KnY、KnM、KnS、 T、C、D、R、V、Z		7/16 位 13/32 位
			[D2]	Y、M、S、D*.b		
FNC71/D HKY	十六键输入	X	[D1]	Y		9/16 位 17/32 位
			[D2]	T、C、D、R、V、Z		
			[D3]	Y、M、S、D*.b		
FNC72/DSW	数字开关	X	[D1]	Y	K、H、	9/16 位
			[D2]	T、C、D、R、V、Z		
FNC73/SEGD P	七段解码器	K、H、KnX、KnY、KnM、 KnS、T、C、D、R、V、Z	KnY、KnM、KnS、T、C、D、R、V、Z			5/16 位
FNC74/SEGL	七段时分显示		Y			7/16 位
FNC75/ARWS	箭头开关	X、Y、M、S、D*.b	[D1]	T、C、D、R、V、Z	K、H	9/16 位
			[D2]	Y		
FNC76/ASC	ASCII 数据输入	"字符串"	T、C、D、R			11/16 位
FNC77/PR	ASCII 码打印	T、C、D、R	Y			5/16 位
FNC78/D FROM P	BFM 的读出	m1	[D]	KnY、KnM、KnS、T、 C、D、R、V、Z	K、H、 D、R	9/16 位 17/32 位
FNC79/D TO P	BFM 的写入	m2 K、H、D、R	[S]	K、H、KnX、KnY、KnM、KnS、 T、C、D、R、V、Z		

1. 十键输入指令 TKY

TKY 指令是用 10 个输入口实现十进制数 0~9 的输入功能。该指令的梯形图格式及物理连接如图4-75所示（[S]是输入数字键的起始位软元件，占用10点，[D1]是保存输入数据的字软元件，[D2]是按键信息为ON的起始位软元件，占用11点）。

键输入及其对应的辅助继电器M的动作时序如图4-76所示。当X30闭合时，执行TKY指令，若以a、b、c、d顺序按数字键，则数据2130以二进制码存于目标[D1]，即D0中。

当X2按下后，M12置1并保持至另一键按下；其他键也一样，M10~M19的动作对应于X0~X11，任一键按下，键信号置1直到该键放开。当两个或更多的键被按下，首先按下的键有效。

X30变为OFF时，D0中输入的数据保持不变，但M10~M20全部变为OFF。

此指令只能用一次。如果送入数据大于9999，则高位溢出并丢失。当用D TKY指令时，D1和D0成对使用，大于99999999溢出。

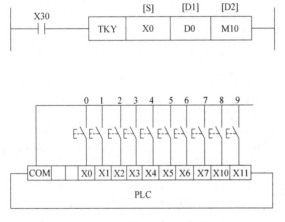

图4-75 TKY指令格式及物理连接

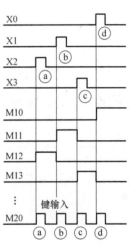

图4-76 动作时序

2. 十六键输入指令HKY

HKY基于分时扫描原理，完成数字键和功能键（十六键）的输入存储，HKY指令的梯形图格式如图4-77所示。

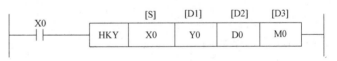

图4-77 HKY指令的梯形图格式

[S]指定4个输入元件的超始位软元件X0，[D1]指定4个扫描输出元件的起始软元件Y0，[D2]指定键输入存储软元件D0，[D3]是按键信息为ON的起始位软元件M0~M7（占用8点）。

扫描全部十六键需8个扫描周期。HKY指令只能用一次。键盘与PLC的连接及HKY指令使用示例如图4-78所示。

十六键输入分为数字键和功能键。

数字键：输入的0~9999数字以BIN码存于[D2]，即D0中，大于9999的数溢出；用D HKY指令时，0~99999999的数字存于D1和D0中；多个键同时按下时，最先按下的键有效。

功能键：功能键A~F与M0~M5存在一一对应关系。按下A键，M0置1并保持；按下D键，M3置1并保持、M0置0，以此类推；同时按下多个键，先按下的有效。

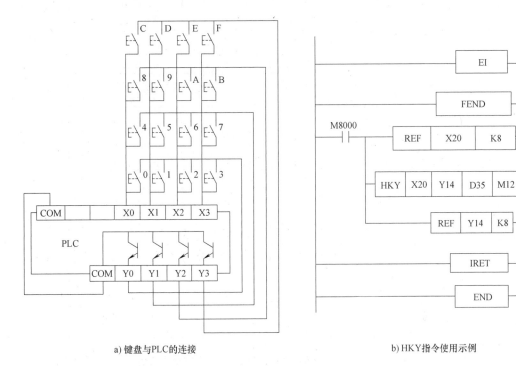

a) 键盘与PLC的连接　　　　　　　　　　　　b) HKY指令使用示例

图 4-78　HKY 指令

键扫描输出：按下键（数字键或功能键）被扫描到后标志 M8029 置 1。功能键 A～F 的任一个键被按下时，M6 置 1（不保持）；数字键 0～9 的任一个键被按下时，M7 置 1（不保持）；当 X0 变为 OFF 时，D0 保持不变，M0～M7 全部为 OFF。

HKY 指令执行所需时间取决于程序执行速度。同时，执行速度将由相应的输入时间所限制。如果扫描时间太长，则必须设置中断，使用中断程序后，必须使输入端在执行 HKY 前及输出端在执行 HKY 后重新工作。这一过程可用 REF 指令来完成。

中断的时间设置要稍长于输入端重新工作时间，对于普通输入，可设置 15ms 或更长，对高速输入设置 10ms 较好。图 4-78b 是使用中断程序来加速输入响应的十六键指令 HKY 的梯形图。

3. 数字开关输入指令 DSW

DSW 是数字开关输入指令，用来读入 1 组或 2 组 4 位 BCD 码的数字开关的设置值。其梯形图格式及与 PLC 的物理连接如图 4-79 所示。[S] 输入的起始软元件为 X10，[D1] 输出选通信号的起始软元件为 Y10，[D2] 为数字开关数据的存储元件，[n] 指定数字开关组数（1 或 2）。

每组开关由 4 个拨盘组成，有时也叫 BCD 码数字开关。若指令格式中 K1＝1，指一组 BCD 码数字开关，第一组 BCD 码数字开关接到 X10～X13，由 Y10～Y13 顺次选通读入，数据以 BIN 码形式存在 [D2] 指定的元件 D0 中；若 K2＝2，有 2 组 BCD 码数字开关，第二组 BCD 数字开关接到 X14～X17 上，由 Y10～Y13 顺次选通读入，数据以 BIN 码存在 D1 中。

当 X0 为 ON 时，Y10～Y13 顺次为 ON，一个周期完成后标志位 M8029 置 1，其时序如图 4-80a 所示。

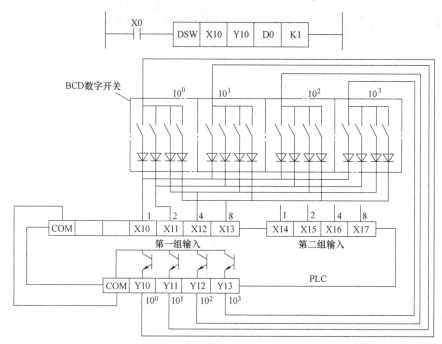

图 4-79　DSW 指令梯形图格式/拨盘与 PLC 的物理连接

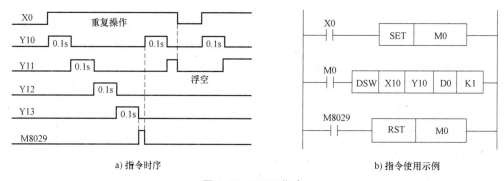

a) 指令时序　　　　　　　　　　b) 指令使用示例

图 4-80　DSW 指令

使用 1 组 BCD 码开关的 DSW 指令使用示例如图 4-80b 所示。需注意，DSW 指令在操作中被中止后再重新开始时，是从循环头开始而不是从终止处开始。

4. 七段译码指令 SEGD

SEGD 指令将［S］的低 4 位（只用低 4 位）0～F 十六进制数译码成 7 段码显示用的数据，驱动并保存到［D］的低 8 位中，［D］的高 8 位保持不变，其梯形图格式如图 4-81 所示。

图 4-81　SEGD 指令的梯形图格式

在梯形图格式中，当 X0 断开时，不执行 SEGD 指令的操作；当 X0 闭合时，每扫描一次该指令，就将数据寄存器 D0 中 16 位二进制数的低 4 位所表示的十六进制数，译码成驱动与输出端 Y0～Y7 相连接的七段数码管的控制信号，其中 Y7 始终为 0（七段译码表见表 4-20）。

表 4-20　七段译码表

源操作数[S]		七段数码管	目标操作数[D]								显示数据
十六进制	二进制		Y7	Y6	Y5	Y4	Y3	Y2	Y1	Y0	
0	0000		0	0	1	1	1	1	1	1	0
1	0001		0	0	0	0	0	1	1	0	1
2	0010		0	1	0	1	1	0	1	1	2
3	0011		0	1	0	0	1	1	1	1	3
4	0100		0	1	1	0	0	1	1	0	4
5	0101	Y0（顶）Y5 Y6 Y1 Y4 Y2 Y3	0	1	1	0	1	1	0	1	5
6	0110		0	1	1	1	1	1	0	1	6
7	0111		0	0	0	0	0	1	1	1	7
8	1000		0	1	1	1	1	1	1	1	8
9	1001		0	1	1	0	1	1	1	1	9
A	1010		0	1	1	1	0	1	1	1	A
B	1011		0	1	1	1	1	1	0	0	b
C	1100		0	0	1	1	1	0	0	1	C
D	1101		0	1	0	1	1	1	1	0	d
E	1110		0	1	1	1	1	0	0	1	E
F	1111		0	1	1	1	0	0	0	1	F

5. 七段时分显示指令 SEGL

SEGL 是控制一组或两组带锁存的七段译码器显示的指令，它的梯形图格式如图 4-82 所示，带锁存的七段显示器与 PLC 的连接如图 4-83 所示。

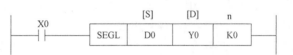

图 4-82　SEGL 指令的梯形图格式

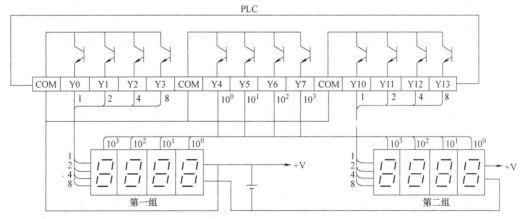

图 4-83　带锁存的七段显示器与 PLC 连接

SEGL 指令执行时，将 [S] 的 4 位数值转换成 BCD 数据，采用时分方式，依次将每 1 位数输出到带 BCD 译码的七段数码管中，完成显示后标志 M8029 置 1。SEGL 指令只能用一次。

显示数据放在 D0（1 组）或 D0、D1（2 组）中。数据的传送和选通在 1 组和 2 组的情况不同。

当 1 组（即 n=0~3）时，D0 中的数据（BIN 码）被转换成 BCD 码（0~9999）顺次送到 Y0~Y3。Y4~Y7 为选通信号。

当 2 组（即 n=4~7）时，与 1 组情况相类似，D0 的数据被送 Y0~Y3，D1 的数据被送 Y10~Y13。D0、D1 中的数据范围为 0~9999，选通信号也用 Y4~Y7。

关于参数 n 的选择与 PLC 的逻辑性质、七段显示逻辑以及显示组数有关，详见表 4-21。

表 4-21　SEGL 指令参数 n 的确定

PLC 输出逻辑	数据输入	选通信号	参数 n	
			4 位数 1 组	4 位数 2 组
负逻辑	负逻辑(一致)	负逻辑(一致)	0	4
		正逻辑(不一致)	1	5
	正逻辑(不一致)	正逻辑(一致)	2	6
		负逻辑(不一致)	3	7
正逻辑	正逻辑(一致)	正逻辑(一致)	0	4
		负逻辑(不一致)	1	5
	负逻辑(不一致)	正逻辑(不一致)	2	6
		负逻辑(一致)	3	7

6. 方向开关指令 ARWS

ARWS 指令用于方向开关的输入和显示。该指令的梯形图格式如图 4-84 所示。

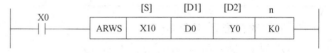

图 4-84　ARWS 指令的梯形图格式

方向开关有 4 个，如图 4-85a 所示。位左移键和位右移键用来指定要输入的位，增加键和减少键来设定指定位的数值。带锁存的七段显示器可以显示当前置数值。显示器与 PLC 输出端的连接如图 4-85b 所示。

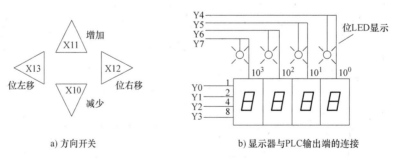

a) 方向开关　　　　　　　　b) 显示器与PLC输出端的连接

图 4-85　ARWS 指令

［S］是输入开关的起始位软元件编号，［D1］是保存 BCD 换算数据的字软元件编号，［D2］是连接七段数码管显示的起始位软元件（Y0），n 是七段数码管显示的位数指定（K0~K3，选择与 SEGL 指令相同）。

当 X0 由 OFF→ON 时，执行指令 ARWS，指定的位是 10^3 位，每按一次右移键 X12，指定位按以下顺序移动：$10^3 \rightarrow 10^2 \rightarrow 10^1 \rightarrow 10^0 \rightarrow 10^3$。按左移键X13，指定位移动顺序：$10^3 \rightarrow 10^0 \rightarrow 10^1 \rightarrow 10^2 \rightarrow 10^3$。指定位可由接到选通信号（Y4~Y7）上的LED来确认。

指定位的数值可由增加键X11、减少键X10来修改。当前值D0由七段显示器显示。

ARWS指令在程序中只能用一次，且必须用晶体管输出型PLC。利用方向开关ARWS指令可将需要的数据写入D0，并在七段显示器上可监视/修改所写入的数据。

7. ASCII码转换指令ASC

该指令是将字符变换成ASCⅡ码并存放在指定元件中。该指令的梯形图格式如图4-86所示。

当X0由OFF→ON，ASCⅡ指令将"FX-64MR!"字符串变换成ASCⅡ码并送到D300~D303中（D300~D303所存放的ASCⅡ码见图4-86）。

8. 打印输出指令PR

PR指令用于ASCⅡ码的打印输出，PR指令和ASC指令配合使用，能把出错信息用外部显示单元显示。该指令的梯形图格式如图4-87所示。

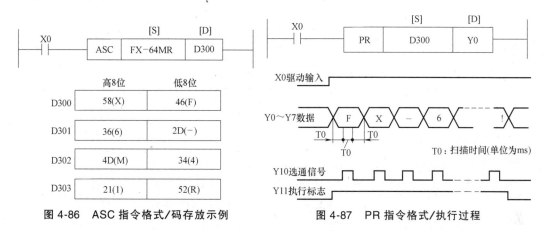

图4-86　ASC指令格式/码存放示例　　　　　图4-87　PR指令格式/执行过程

当X0由OFF→ON，PR指令执行，存于D300~D303的ASCⅡ码（"FX-64MR!"）被送到输出端Y0~Y7。这时选通信号Y10和执行标志Y11也动作，执行过程如图4-87所示。

在指令执行过程中，X0由ON→OFF时，送数操作停止。当X0再次ON时，要从头开始送数。PR指令在程序中只能用一次，且必须用晶体管输出型PLC。

特殊辅助继电器M8027＝OFF时，PR为8个字节的串行输出（固定为8个字符），M8027＝ON时，PR为16个字节的串行输出（1~16个字符）。

9. 读/写特殊功能模块指令FROM/TO

读/写特殊功能模块指令FROM/TO的梯形图格式如图4-88所示。

m1是特殊功能单元/模块的单元号（从离基本单元右侧扩展总线上最近的模块开始依次编号为0~7）。

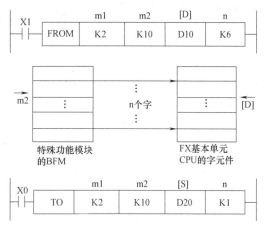

图4-88　FROM指令格式/执行过程/TO指令格式

m2 是传送源缓冲存储区（BFM）的首元件号，缓冲存储区的编号为 0～32766，其内容由各设备控制目的而决定（在 32 位指令中处理 BFM 时，指定的 BFM 为低 16 位）。

n 是待传送数据的字数（K1～K32767，16 位指令中的 n = 2 和 32 位指令中的 n = 1 具有相同的效果）。

当 X1 由 OFF→ON，读特殊功能模块指令 FROM 开始执行，将编号为 m1 的特殊功能模块内，从缓冲寄存器（BFM）编号为 m2 开始的 n 个数据读入基本单元，并存入 [D] 指定的元件中的 n 个数据寄存器中。

当 X0 闭合后，写特殊功能模块指令 TO 执行，将 PLC 基本单元中 D20 内容写到 2 号特殊模块的第 10 个数据缓冲区中。

关于中断：当设定 M8028 = OFF，在 FROM/TO 指令执行过程中，自动变为禁止中断状态，不执行输入中断和定时器中断。在此期间产生的中断会在执行完 FROM/TO 指令之后立即被执行。此外，FROM/TO 指令也可以在中断程序中使用。当设定 M8028 = ON，在 FROM/TO 指令执行过程中若产生中断，则中断执行，执行中断程序。但是，不能在中断程序中使用 FROM/TO 指令。

九、外围设备 SER 指令（FNC80～FNC89）

表 4-22　外围设备 SER 指令表

指令名称	功能\操作数	[S]	[D]	n/m	程序步
FNC80/　RS	串行通信	D、R	D、R	K、H、D、R	9/16 位
FNC81/ D PRUN P	并行数据传送	KnX、KnM	KnY、KnM		5/16 位 9/32 位
FNC82/　ASCI P	ASCI 变换	K、H、KnX、KnY、KnM、KnS、T、C、D、R、V、Z	KnY、KnM、KnS、T、C、D、R	K、H、D、R	7/16 位
FNC83/　HEX P	十六进制转换		KnY、KnM、KnS、T、C、D、R、V、Z		7/16 位
FNC84/　CCD P	校验码	KnX、KnY、KnM、KnS、T、C、D、R	KnY、KnM、KnS、T、C、D、R		7/16 位
FNC85/　VRRD P	电位器读出	K、H、D、R	KnY、KnM、KnS、T、C、D、R、V、Z		5/16 位
FNC86/　VRSC P	电位器刻度				
FNC87/　RS2	串行通信				11/16 位
FNC88/ D PID P	比例积分微分	[S1][S2][S3] D、R	D、R		9/16 位

1. 串行通信指令 RS

该指令通过安装在基本单元上的 RS-232C、RS-485 串行通信口（仅通道 1）及 FX-232ADP 特殊适配器进行无协议通信，从而执行数据的发送和接收，指令的梯形图格式及设备通信连接示意如图 4-89 所示。

[S] 是待发送数据的数据寄存器的起始软元件，m 是发送数据的字节数（0～4096），[D] 是数据接收结束时，

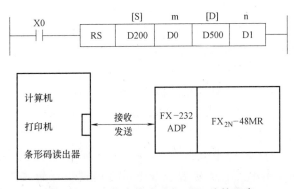

图 4-89　RS 指令格式/232ADP 连接示意

保存接收数据的数据寄存器的起始软元件，n 是接收数据的字节数（0~4096）。

在两个串行通信设备进行通信之前，必须设置相互可辨认的参数，只有设置一致，才能进行可靠通信。这些参数包括波特率、停止位和奇偶校验等，它们通过位组合方式来选择，存放在特殊数据寄存器 D8120 中（具体规定见表 4-23）。而交换数据的个数、地址由 RS 指令设置，并通过 PLC 的数据寄存器和文件寄存器实现数据交换。

表 4-23　通信模式设置

D8120 的位	说　明	位　状　态	
		0（OFF）	1（ON）
b0	数据长度	7 位	8 位
b1 b2	校验（b2 b1）	（00）：无校验 （01）：奇校验	（11）：偶校验
b3	停止位	1 位	2 位
b4 b5 b6 b7	波特率（b7 b6 b5 b4）	（0011）：300bit/s （0100）：600bit/s （0101）：1200bit/s （0110）：2400bit/s	（0111）：4800bit/s （1000）：9600bit/s （1001）：19200bit/s
b8	起始字符	无	D8124
b9	结束字符	无	D8125
b10	控制线	无顺序用	
b11	控制线	常规与计算机通信设定	
b12	不可使用		
b13~b15	计算机链接通信连接时的设定项目		

针对 D8120＝0F9EH＝［0000，1111，1001，1110］B 设定说明：

E——7 位数据位、偶校验、2 位停止位

9——波特率为 19200bit/s

F——起始字符、结束字符、硬件握手信号

起始字符和结束字符在发送时自动加到发送的信息上，可以根据用户的需要自行修改。在接收信息过程中，除非接收到起始字符，不然数据将被忽略；数据将被连续不断地读进直到接到结束字符或接收缓冲区全部占满为止（因此，必须将接收缓冲区的长度与所要接收的最长信息的长度设定得一样）。

RS 指令使用说明：

发送和接收缓冲区的大小决定了每传送一次信息所允许的最大数据量，缓冲区的大小在下列情况下可加以修改。

发送缓冲区——在发送之前，即 M8122 置 ON 之前。

接收缓冲区——信息接收完后，且 M8123 复位前。

在信息接收过程中不能发送数据，发送将被延迟（M8121 为 ON）。

在程序中可以有多条 RS 指令，但在任一时刻只能有一条被执行。

RS 指令自动定义的软元件见表 4-24。

表 4-24　RS 指令自动定义的软元件表

数据元件	说　　明	操作标志	说　　明
D8120	存放通信参数。详细介绍见通信参数设置	M8121	为 ON 表示传送被延迟，直到目前的接收操作完成
D8122	存放当前发送的信息中尚未发出的字节	M8122	该标志置 ON 时，用来触发数据的传送
D8123	存放接收信息中已收到的字节数	M8123	该标志为 ON 时，表示一条信息已被完整接收
D8124	存放表示一条信息起始字符串的 ASCⅡ 码，默认值为"STX"，$(02)_{16}$	M8124	载波检测标志，主要用于采用调制解调器的通信中
D8125	存放表示一条信息结束字符串的 ASCⅡ 码，默认值为"ETX"，$(03)_{16}$	M8161	8 位或 16 位操作模式。ON = 8 位操作模式，在各个源或目标元件中只有低 8 位有效；OFF = 16 位操作模式，在各个源或目标元件中全部 16 位有效

【例 4-11】　通信模式

将数据寄存器 D100～D105 中的数据按 16 位通信模式传送出去；并将接收来的数据转存在 D300～D309 中。有关程序梯形图及注释如图 4-90 所示。

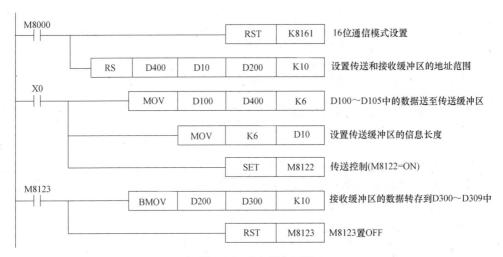

图 4-90　RS 指令示例

2. 八进制传送指令 PRUN

PRUN 指令是将被指定了位数的［S］和［D］的软元件编号作为八进制数处理，并传送数据。［S］是位数指定，［D］是传送目标软元件编号，16 位运算的 PRUN 指令梯形图格式及使用说明如图 4-91 所示，32 位运算指令同理。

3. ASCⅡ变换指令 ASCⅡ

该指令是把十六进制数值（HEX）转换成 ASCⅡ 码的指令，此外，将二进制 BIN 数据转换成 ASCII 码的指令是 BINDA（FNC261），将二进制浮点数据转换成 ASCII 码的指令是 ESTR（FNC116）。

ASCⅡ 指令的梯形图格式如图 4-92 所示。［S］是要转换的 HEX 源操作数软元件的起始地址，［D］是保存转换后的 ASCII 码的软元件的起始地址，n 是要转换的 HEX 的字符数（位数 1～256）。

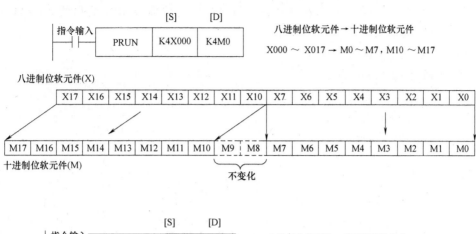

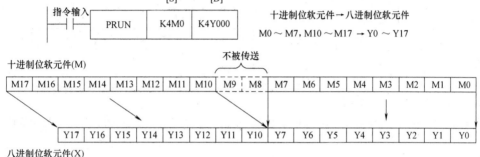

图 4-91 PRUN 指令梯形图格式及指令使用说明

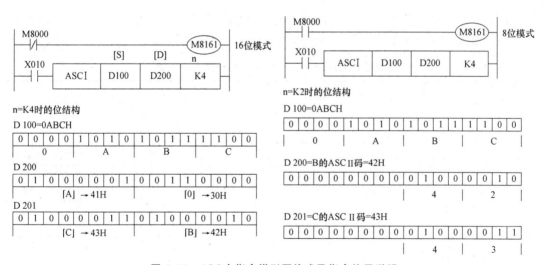

图 4-92 ASCⅠ指令梯形图格式及指令使用说明

当 X10 闭合时，执行 ASCⅠ指令，设置特殊辅助继电器 M8161 = OFF，转换后的数据存储形式是 16 位模式；设置特殊辅助继电器 M8161 = ON，转换后的数据存储为 8 位模式。ASCⅠ指令的 8 位形式和 16 位形式存储如图 4-92 所示。

4. 十六进制转换指令 HEX

该指令是将 ASCII 码表示的信息转换成用十六进制表示的信息（刚好和 ASCⅠ指令相

反）。此外，DABIN（FNC 260）指令也有是将 ASCII 码转换成 BIN 数据的，EVAL（FNC 117）指令是将 ASCII 码转换成二进制浮点数。

ASCⅡ码到十六进制的转换指令 HEX 是串行通信指令 RS 的有力补充，通过和串行通信模块 FX-232ADP 相结合，可把数据传到更多外围设备中去，为主机和外围设备间的通信提供更多便利。

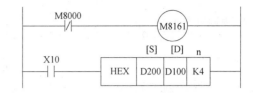

HEX 指令的梯形图格式如图 4-93 所示，[S] 是待转换 ASCII 码软元件的起始地址，[D] 是储存转换后的 HEX 数据的软元件的起始地址，n 是要转换的 ASCII 码的字符数（字节数 1~256）。

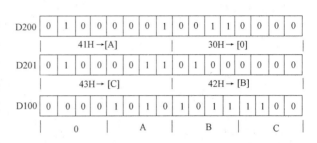

图 4-93　HEX 指令格式/源与目标转换对应图

M8161＝OFF 时为 16 位模式。X10 由 OFF 为 ON 后，[S] 即 D200 中的高低各 8 位的 ASCⅡ码字符转换成 HEX 数据，每 4 位向 [D] 即 D100 传送，转换的字符数用 n 指定。

M8161＝ON 是 8 位模式，即 [S] 低 8 位中存储的 ASCⅡ字符转换 HEX 数据，每 4 位向 [D] 传送

表 4-25 为 ASCⅡ码到十六进制数 HEX 的转换表，特别要指出的是，在 HEX 指令中，存入 [S] 数据不是 ASCⅡ码，则运算要出错，不能进行 HEX 转换。

表 4-25　ASCⅡ码到十六进制数 HEX 的转换表

[S]	ASCⅡ码	HEX 转换	n ＼ [D]	D102	D101	D100
D200 下	30H	0	1			0H
D200 上	41H	A	2			0AN
D201 下	42H	B	3			0ABH
D201 上	43H	C	4			0ABCH
D202 下	31H	1	5		0H	ABC1H
D202 上	32H	2	6		0AH	BC12H
D203 下	33H	3	7		0ABH	C123H
D203 上	34H	4	8		0ABCH	1234H
D204 下	35H	5	9	0H	ABC1H	2345H

5. 校验码指令 CCD

CCD 指令是对一组数据寄存器中的十六进制数进行水平校验与和校验（CRC 循环冗余校验请使用 CRC 指令），该指令的梯形图格式如图 4-94 所示。M8161＝OFF 时是 16 位模式，

当 X10 接通时，执行 CCD 指令，进行水平校验与求和校验。也就是说，由于 n = 6，数据寄存器 D20 ~ D22 高低 8 位共 6 个字节进行水平校验与求和，和值与水平校验值分别存储到数据寄存器 D45 和 D46 中。

M8161 = ON 时是 8 位模式，CCD 指令如图 4-95 所示。

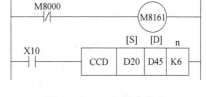

图 4-94　CCD 指令格式

M8161=OFF ，16位形式，n=6

	高位	低位
D20	5A	93
	01011010	10010011
D21	74	0F
	01110100	00001111
D22	B2	4D
	10110010	01001101

M8161=ON，8位形式，n=6

	高位	低位
D20		93
		10010011
D21		5A
		01011010
D22		0F
		00001111
D23		74
		01110100
D24		4D
		01001101
D25		B2
		10110010

数据位形式
$$
\left\{
\begin{array}{ll}
1001001① & \leftarrow 1 \\
01011010 & \\
0000111① & \leftarrow 2 \\
01110100 & \\
0100110① & \leftarrow 3 \\
10110010 &
\end{array}
\right.
$$

校验 =0100110 ①← 4

求和 =93+5A+74+0F+4D+B2=26F　HEX

结果存放于 D45、D46 中

	高位	低位
D45	02	6F
求和	00000010	01101111
D46	/	4D
水平校验	00000000	01001101

图 4-95　CCD 指令执行过程

6. 电位器读出指令 VRRD

VRRD 指令用于读出可编程序控制器基本单元上安装的模拟电位器板的模拟值。［S］源元件指定电位器序号 0 ~ 7，对应电位器 VR0 ~ VR7，［D］从电位器读的模拟量值转换为 8 位 BIN 数据送到的 D0，其梯形图格式如图 4-96 所示。

当 X0 闭合后，执行 VRRD 指令，从内附 8 点电位器适配器 FX-8AV 的 0 号（K0）变量读到的模拟量转换成 8 位二进制数，并传送到目标元件 D0 中。

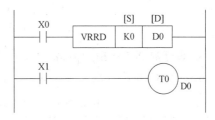

图 4-96　VRRD 指令格式

VRRD 指令顺序读出电位器 VR0 ~ VR7 的应用说明如图 4-97 所示。

7. 电位器刻度指令 VRSC

VRSC 指令也叫电位器刻度指令，该指令的作用是以 0 ~ 10 的数值从内附 8 点电位器的适配器 FX-8AV 的设定值读出并取整值，［S］是电位器的编号（0 ~ 7），［D］是读出目标的软元件，该指令的梯形图格式如图 4-98 所示。

当 X0 闭合时，执行 VRSC 指令，将 FX-8AV 的 1 号变量以二进制码存在 D1 中。如果设定值不是刚好在设定刻度处，则读入值以四舍五入方式取 0 ~ 10 的整数。

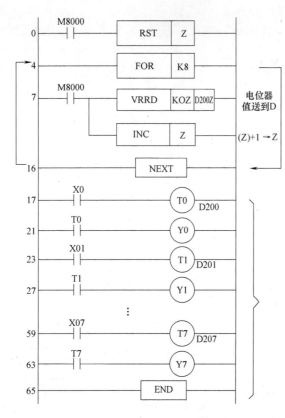

图 4-97　VRRD 应用说明

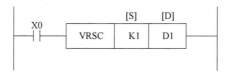

图 4-98　VRSC 指令格式

8. 串行数据传送指令 RS2

RS2 与 RS 指令区别见表4-26。

表 4-26　RS2（FNC 87）指令和 RS（FNC 80）指令的区别

项目	RS2 指令	RS 指令	备注
报头点数	1~4 个字符(字节)	最大 1 个字符(字节)	用 RS2 指令，报头或报尾中最多可以指定 4 个字符(字节)
报尾点数	1~4 个字符(字节)	最大 1 个字符(字节)	
和校验的附加	可以自动附加	请用用户程序支持	用 RS2 指令，可以在收发的数据上自动附加和校验。但是，请务必在收发的通信帧中使用报尾
使用通道编号	通道 0 通道 1 通道 2	通道 1	用 RS2 指令时如下所示： 通道 0 只适用于 FX3G、FX3GC 可编程序控制器。FX3G 可编程序控制器（14点、24 点型）或 FX3S 可编程序控制器时，不能使用通道 2

9. 比例积分微分控制指令 PID

该指令（见图 4-99）用于执行根据输入的变化量而改变输出值的 PID 控制。［S1］是源操作数 1，存放目标设定值（SV），［S2］是源操作数 2，存放测量当前值（PV），［S3］是源操作数 3，保存设置参数的首地址（从［S3］开始的 25 个数据寄存器，此例中为 D100～D124。其中［S3］～［S3］+6 是设置控制参数）。

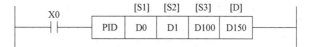

图 4-99　PID 指令格式

［D］是目标元件，存放运算结果（MV）输出值（这里的［D］为非电池保持型，若是电池保持型的，则开始时要用程序清零）。

PID 控制指令中控制用参数的设定值（见表 4-27）在 PID 运算前必须预先通过 MOV 等指令写入。若指定停电保持区域数据寄存器时，PLC 的电源 OFF 之后设定值仍保持，不需再次写入。

表 4-27　PID 参数设定一览表

设定项目			设定内容	备注
［S3］	采样时间（TS）		1～32767ms	比运算周期短的值无法执行
［S3］+1	动作设定（ACT）	bit0	0:正动作 1:逆动作	动作方向
		bit1	0:无输入变化量报警;1:输入变化量报警有效	
		bit2	0:无输出变化量报警;1:输出变化量报警有效	bit2 和 bit5 请勿同时置 ON
		bit3	不可以使用	
		bit4	0:自整定不动作;1:执行自整定	
		bit5	0:无输出值上下限设定;1:输出值上下限设定有效	bit2 和 bit5 请勿同时置 ON
		bit6	0:阶跃响应法;1:极限循环法	选择自整定的模式
		bit7～bit15	不可以使用	
［S3］+2	输入滤波常数（α）		0～99［%］	0 时表示无输入滤波
［S3］+3	比例增益（KP）		1～32767［%］	
［S3］+4	积分时间（TI）		0～32767［×100ms］	0 时作为 ∞ 处理（无积分）
［S3］+5	微分增益（KD）		0～100［%］	0 时无微分增益
［S3］+6	微分时间（TD）		0～32767［×10ms］	0 时无积分
［S3］+7～+19	被 PID 运算的内部处理占用,请不要更改数据			
［S3］+20	输入变化量(增加侧)报警设定值		0～32767	动作方向（ACT）:［S3］+1 bit1 = 1 时有效
［S3］+21	输入变化量(减少侧)报警设定值			
［S3］+22	输出变化量(增加侧)报警设定值		0～32767	动作方向（ACT）:［S3］+1,bit2 = 1,bit5 = 0 时有效
	输出上限的设定值		−32768～32767	动作方向（ACT）:［S3］+1,bit2 = 0,bit5 = 1 时有效
［S3］+23	输出变化量(减少侧)报警设定值		0～32767	动作方向（ACT）:［S3］+1,bit2 = 1,bit5 = 0 时有效
	输出下限的设定值		−32768～32767	动作方向（ACT）:［S3］+1,bit2 = 0,bit5 = 1 时有效

（续）

设定项目			设定内容	备注
[S3]+24	报警输出	bit0	0:输入变化量(增加侧)未溢出;1:输入变化量(增加侧)溢出	动作方向(ACT): [S3]+1 bit1 = 1 或是 bit2 = 1 时有效
		bit1	0:输入变化量(减少侧)未溢出;1:输入变化量(减少侧)溢出	
		bit2	0:输出变化量(增加侧)未溢出;1:输出变化量(增加侧)溢出	
		bit3	0:输出变化量(减少侧)未溢出;1:输出变化量(减少侧)溢出	
[S3]+25	PV 值临界值(滞后)宽度(SHPV)		根据测量值(PV)的波动而设定	动作设定(ACT)b6: 选择极限循环法 (ON)时占用
[S3]+26	输出值上限(ULV)		输出值(MV)的最大输出值(ULV)设定	
[S3]+27	输出值下限(LLV)		输出值(MV)的最小输出值(LLV)设定	
[S3]+28	从自整定循环结束到 PID 控制开始为止的等待设定参数(KW)		−50~32717	

一个程序中用到 PID 指令的多少是没有限制的，但每一条 PID 指令都必须用独立的一组参数数据寄存器，即 [S3] 和 [D] 软元件号不要重复。

PID 指令在定时器中断、子程序、步进梯形指令和跳转指令中也可使用。在这种情况下，执行 PID 指令前需清零 [S3]+7 后再使用。

采样时间 T_S 必须大于 PLC 的扫描周期；若 T_S 小于扫描周期（PID 运算会出错误，这种情况，应在定时器中断中使用 PID 指令），则程序以 T_S 等于扫描周期执行 PID 运算。

输入滤波常数能使当前值变化平滑，而微分增益有缓和输出值急剧变化的效果。

为了使 PID 控制得到良好的结果，需求得 PID 的三个常数 K_P、T_I、T_D 的最佳值，常用的方法是单位阶跃法。用单位阶跃法自动设定重要常数，即动作方向：[S3]+1 的 bit0；比例增益：[S3]+3；积分时间：[S3]+4；微分时间：[S3]+6。

自动调节在系统处于稳定状态开始，传送自动调节用输出值至 [D]，该值是输出设备输出最大值的 50%~100%；另外还要设定自动调节不能设定的参数（采样时间、输入滤波、微分增益等）和设定值；要说明的是，设定值和当前值的差应大于 150 以上才能开始初态的自动调节，而自动调节时的采样时间也应在 1s 以上；当控制参数设定值或 PID 运算中发生错误时，则运算错误码 M8067 为 ON。

PID 指令是根据速度形、当前值微分形运算式进行 PID 运算。PID 控制根据 [S3] 中指定的动作方向的内容，执行正与反动作的运算式。PID 基本运算式见表 4-28。

表 4-28 PID 基本运算

动作方向	PID 运算方式	
正动作	$\Delta M_V = K_P \left[(EV_n - EV_{n-1}) + \dfrac{T_S}{T_1} EV_N + D_N \right]$ $EV_n = PV_{nf} - SV$ $D_n = \dfrac{T_D}{T_s + a_D \cdot T_D} (-2PV_{nf-1} + PV_{nf} + PV_{nf-2}) +$ $\dfrac{a_D \cdot T_D}{T_s + a_D \cdot T_D} D_{n-1}$ $MV_n = \Sigma \Delta M_V$	EV_n:本次采样时的偏差 EV_{n-1}:1 个周期前的偏差 SV:目标值 PV_{nf}:本次采样时的测定值(滤波后) PV_{nf-1}:1 个周期前的测定值(滤波后) PV_{nf-2}:2 个周期前的测定值(滤波后) ΔM_V:输出变化量 MV_n:本次的操作量

（续）

动作方向	PID 运算方式	
反动作	$\Delta M_V = K_P\left[\left(EV_n - EV_{n-1}\right) + \dfrac{T_s}{T_1}EV_N + D_N\right]$ $EV_n = SV - PV_{nf}$ $D_n = \dfrac{T_D}{T_s + a_D T_D}\left(2PV_{nf-1} - PV_{nf} - PV_{nf-2}\right) +$ $\dfrac{\alpha_D T_D}{T_s + \alpha_D T_D}D_{n-1}$ $MV_n = \Sigma\Delta M_V$	D_n：本次的微分项 D_{n-1}：1 个周期前的微分项 K_P：比例增益 T_s：采样周期 T_1：积分常数 T_D：微分常数 α_D：微分增益

【例 4-12】 PID 指令的使用见炉温自动调节系统（见图 4-100）

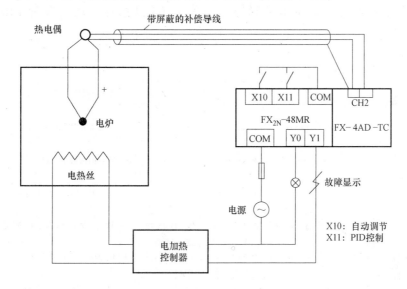

图 4-100　炉温自动调节系统示意图

PID 指令的参数设定参见表 4-29。图 4-101 是系统中电加热控制器的动作规律示意图。

表 4-29　PID 指令参数设定

			自动调节中	PID 控制中
目标值		<[S3]>	500℃	−500℃
参数	采样时间（T_s）	<[S3]>	3000ms	500ms
	输入滤波（α）	<[S3]+2>	70%	70%
	微分增益（K_D）	<[S3]+5>	0%	0%
	输出值上限	<[S3]+22>	2000（2s）	2000
	输出值下限	<[S3]+23>	0	0
	动作方向（ACT） 输入变化量报警	<[S3]+1 bit 1>	无	无
	输出变化量报警	<[S3]+1 bit 2>	无	无
	输出值上下限设定	<[S3]+1 bit 5>	有	有
输出值		<[D]>	1800	根据运算

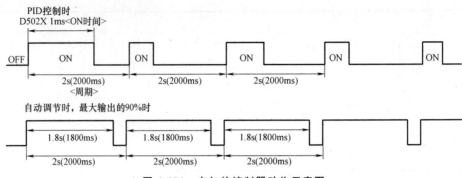

图 4-101　电加热控制器动作示意图

图 4-102 是仅执行自动调节的梯形图。图 4-103 是执行自动调节和 PID 控制的梯形图。

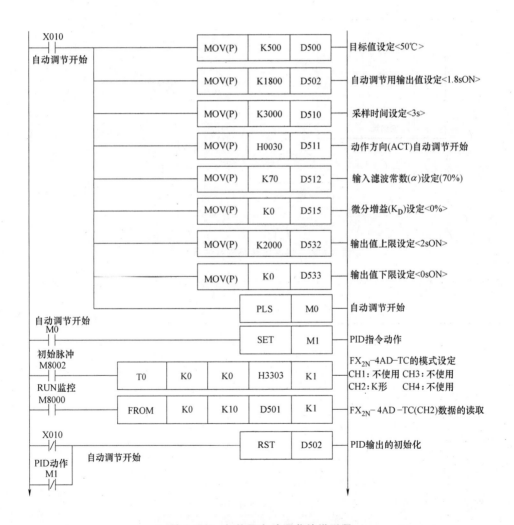

图 4-102　仅执行自动调节的梯形图

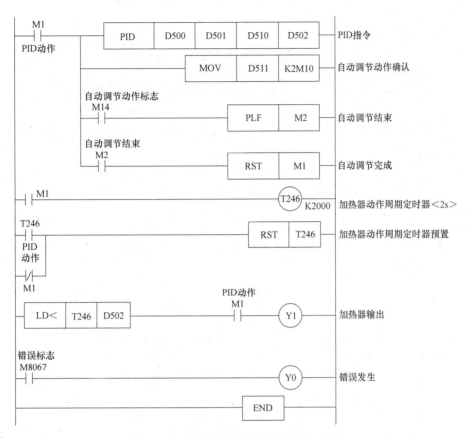

图 4-102 仅执行自动调节的梯形图（续）

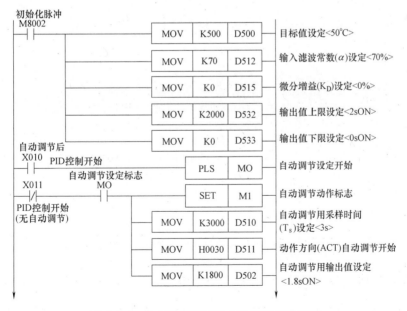

图 4-103 执行自动调节和 PID 控制的梯形图

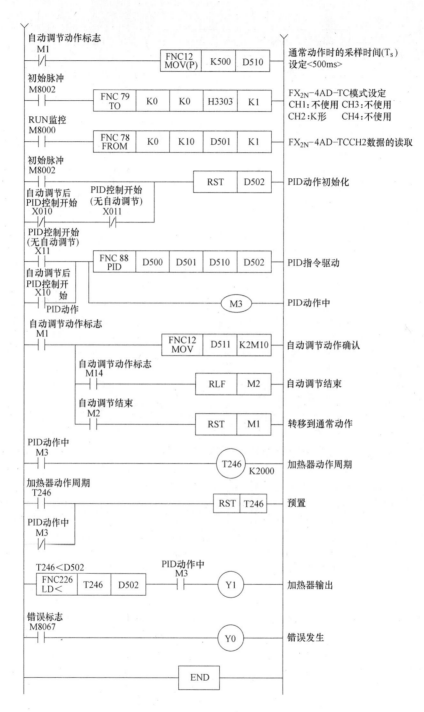

图 4-103 执行自动调节和 PID 控制的梯形图 （续）

十、浮点数功能指令 （FNC110~FNC139）

浮点运算的转换、比较、四则运算、开方运算、三角函数等功能。

表 4-30 浮点数功能指令表

指令名称	功能\操作数	[S]		[D]	程序步
FNC110/ D ECMP P	浮点数比较	[S1][S2]	K、H、E、D、R	Y、M、S、D*.b	13/32 位
FNC111/ D EZCP P	浮点数区间比较	[S1][S2][S]			17/32 位
FNC118/ D EBCD P	浮点二→十进制转换	D、R		D、R	9/32 位
FNC119/ D EBIN P	浮点十→二进制转换				
FNC120/ D EADD P	浮点数加法	[S1][S2]	K、H、E、D、R	D、R	13/32 位
FNC121/ D ESUB P	浮点数减法				
FNC122/ D EMUL P	浮点数乘法				
FNC123/ D EDIV P	浮点数除法				
FNC127/D ESOR P	浮点数开方	K、H、E、D、R		D、R	9/32 位
FNC129/D INT P	浮点→BIN 整数转换	D、R		D、R	5/16 位,9/32 位
FNC130/ D SIN P	浮点数 SIN	E、D、R		D、R	9/32 位
FNC131/ D COS P	浮点数 COS				
FNC132/ D TAN P	浮点数 TAN				

1. 二进制浮点比较指令 ECMP

该指令的梯形图格式如图 4-104 所示，它有两个源操作数 [S1] 和 [S2] 和一个目标操作数 [D]。[S1]、[S2] 和 [D] 里放的都是二进制浮点值，如果 [S1] 和 [S2] 里是常数 K 和 H，会自动转换成二进制浮点处理。

因为是二进制浮点运算，本例中 [S1] 即（D11，D10），[S2] 即（D21，D20）。当 X1 为 ON 时，执行 ECMP 指令，比较

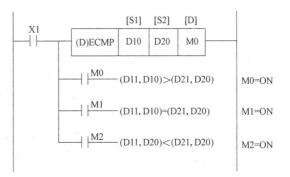

图 4-104 ECMP 指令使用说明

[S1] 和 [S2] 二进制浮点值的大小结果送 [D]，即 M0、M1、M2。当二进制浮点值（D11，D10）大于二进制浮点值（D21、D20）时，M0 为 ON；二进制浮点值（D11，D10）等于二进制浮点值（D21，D20）时，M1 为 ON；二进制浮点值（D11，D10）小于二进制浮点值（D21，D20）时，M2 为 ON。X1 为 OFF 时，不执行 ECMP 指令，M0～M2 保持 X1 为 OFF 前的状态。

2. 二进制浮点区间比较指令 EZCP

该指令对两个二进制浮点值的大小进行比较，其梯形图格式如图 4-105 所示。

当 X0 为 ON 时，执行 EZCP 指令。当二进制浮点值（D21，D20）>二进制浮点值（D1，D0）时，M3 为 ON；当二进制浮点值（D21，D20）≤二进制浮

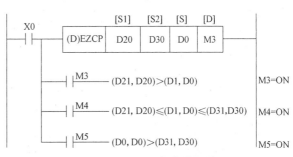

图 4-105 EZCP 指令使用说明

点值（D1，D0）≤二进制浮点值（D31，D30）时，M4 为 ON；当二进制浮点值（D1，D0）>二进制浮点值（D31，D30）时，M5 为 ON。常数 K、H 被指定为源数据时，会自动转换成二进制浮点值处理。X0 为 OFF 时，不执行 EZCP 指令，M3～M5 保持 X0 为 OFF 以前的指令。

3. 二进制浮点到十进制浮点转换指令 EBCD／十进制浮点到二进制浮点转换指令 EBIN

两条指令的梯形图格式及说明如图 4-106 所示。

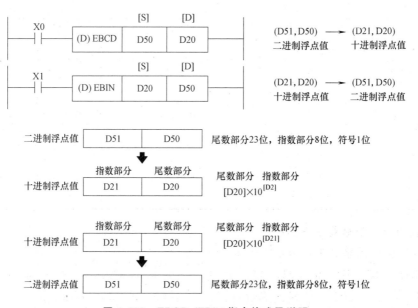

图 4-106　EBCD／EBIN 指令格式及说明

当 X0 闭合后，执行（D）EBCD 指令，把源元件（D51，D50）内的二进制浮点值转换为十进制浮点值存入目标元件（D21，D20）中。

当 X1 闭合时，执行 EBIN 指令，源元件（D21，D20）中的十进制浮点值转换为二进制浮点值存入目标元件（D51，D50）中。

图 4-107 是 EBIN 指令的应用说明，把含有小数点的数值 3.14 直接转换为二进制浮点值。

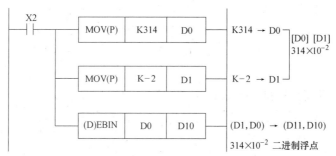

图 4-107　EBIN 指令应用示例

4. 二进制浮点四则运算指令

浮点加法 EADD（FNC120）／浮点减法 ESUB（FNC121）／浮点乘法 EMUL（FNC122）／浮点除法 EDIV（FNC123）指令的梯形图格式如图 4-108 所示。

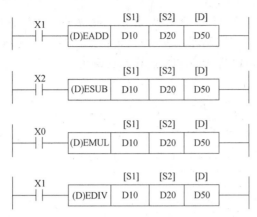

图 4-108 二进制浮点四则运算指令格式

当输入条件满足时，执行指令，源元件（D11，D10）内的二进制浮点值与源元件（D21，D20）内的二进制浮点值进行运算，结果存入目标元件（D51，D50）中。当常数 K、H 被指定为源数据时，会自动转换成二进制浮点值处理。注意除法运算时，除数不能为 0。

5. 二进制浮点数开方指令 ESOR

该指令的梯形图格式如图 4-109 所示。当 X0 闭合时，执行（D）ESOR 指令，源元件（D11，D10）内的二进制浮点值开二次方，二进制浮点值结果存入目标元件（D21，D20）中去。常数 K、H 被指定为源数据时，会自动转换成二进制浮点值处理，源元件 [S] 的数只有正数时有效，负数时运算会出错，M8067 动作，指令不能执行。

6. 二进制浮点到 BIN 整数变换指令 INT

该指令的梯形图格式如图 4-110 所示。当 X0 闭合时，执行（D）INT 指令，源元件（D11，D10）内的二进制浮点值转换为 BIN 整数，存入目标元件（D21，D20）中（舍去小数点以后的值）。该指令是 FLT（FNC49）指令的逆变换。

图 4-109 二进制浮点数开二次方 ESOR 指令格式   图 4-110 二进制浮点到 BIN 整数变换指令 INT

7. 浮点三角函数指令

正弦运算 SIN（FNC130）/余弦运算 COS（FNC131）/正切运算 TAN（FNC132）指令的梯形图格式如图 4-111 所示。

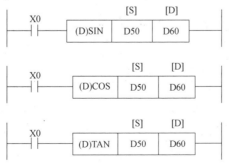

图 4-111 浮点三角函数运算指令格式

当输入条件满足时，执行三角函数指令，源元件（D51，D50）中所指定的角度（RAD）的三角函数值（以二进制浮点表示），传送到目标元件（D61，D60）中去，也是以二进制浮点值表示。图 4-112 是浮点 SIN 运算示例说明。

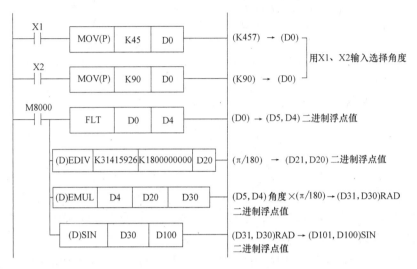

图 4-112　SIN 指令应用示例说明

十一、数据处理（浮点）指令（FNC140～FNC149）

表 4-31　数据处理指令表

指令名称	功能\操作数	[S]	[D]	程序步
FNC147/ D SWAP P	高低字节互换	KnY、KnM、KnS、T、C、D、R、V、Z		3/16 位 5/32 位

上下字节变换指令 SWAP（FNC147）既能处理 16 位数据，也能处理 32 位数据；既能连续执行，也能脉冲执行。当 X0 闭合时，SWAP 指令处理 16 位数据（低 8 位与高 8 位交换）说明如图 4-113 所示，SWAP 指令处理 32 位数据（各个低 8 位与高 8 位交换）说明如图 4-114 所示。

图 4-113　SWAP 指令处理 16 位数据

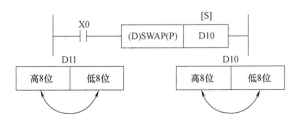

图 4-114　SWAP 指令处理 32 位数据

十二、定位控制指令（FNC150~FNC159）

表4-32　定位控制指令表

指令名称	功能\操作数	[S]		[D]		程序步	
FNC155/ D　ABS	读出ABS当前值	X、Y、M、S、D*.b		[D1]	Y、M、S、D*.b	13/32位	
				[D2]	KnY、KnM、KnS、T、C、 D、R、Z		
FNC156/ D　ZRN	原点回归	[S1][S2]	K、H、KnX、KnY、KnM、KnS、T、C、D、R、V、Z		Y	9/16位　17/32位	
		[S3]	X、Y、M、S、D*.b				
FNC157/ D PLSV	可变速脉冲输出	K、H、KnX、KnY、KnM、 KnS、T、C、D、R、V、Z		[D1]	Y	7/16位　13/32位	
				[D2]	Y、M、S、D*.b		
FNC158/ D DRVI	相对定位	[S1]	K、H、KnX、KnY、 KnM、KnS、T、C、 D、R、V、Z	[D1]	Y	9/16位　17/32位	
FNC159/ D DRVA	绝对定位	[S2]		[D2]	Y、M、S、D*.b		

这是一组使用可编程序控制器内置的脉冲输出功能进行定位控制的指令。

1. 当前值读取指令ABS

这是一条连续执行的处理32位数据的指令，它的梯形图格式如图4-115所示。

图4-115　ABS指令格式

该指令仅适用晶体管输出型PLC，与三菱电机公司生产的MR-J4□A、MR-J3□A、MR-J2（S）□A或MR-H□A的伺服放大器（带绝对位置检测功能）连接后，使用本指令读取绝对位置（ABS）数据（数据以脉冲换算值形式被读出）。

该指令的[S]是源元件首地址，占有[S]~[S]+2的3点，和伺服放大器的输入信号（PF、ZSP、TLC）相连；[D1]目标元件占有[D1]~[D1]+2共3点，从PLC传送至伺服放大装置的控制信号；目标元件[D2]占有[D2]（低位）、[D2]+1（高位）两点。这两点是存放从伺服放大器装置读取的ABS 32位二进制数据。由于读取的ABS数据必须写入当前值数据寄存器D8141、D8140，因此[D2]通常指定[D8140]。

2. 原点回归指令ZRN

该指令执行原点回归，仅适用晶体管输出型PLC，使机械位置与可编程序控制器内的当前值寄存器一致，它的梯形图格式如图4-116所示。

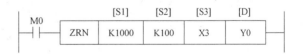

图4-116　ZRN指令格式

[S1]是原点回归速度；

[S2]是爬行速度；

[S3]是近点信号；

[D]是脉冲输出起始地址Y0/Y1。

当M0为ON时，执行ZRN原点回归指令，以1000Hz的速度回归原点。当接近点信号（DOG）为ON时，低速部分爬行速度是100Hz。

正常运行时，机械位置始终保持着，但当 PLC 断电时会消失。因此上电时和初始运行时，必须执行原点回归（这里须将机械动作的原点位置的数据事先写入）。

3. 可变速脉冲输出指令 PLSV

这是一条附带旋转方向的可变速脉冲输出指令，有一个源元件［S］和两个目标元件［D1］、［D2］。［S］是指定输出脉冲频率，［D1］是指定脉冲输出地址，仅能指定 Y0 或 Y1，［D2］指定旋转方向信号输出起始地址。

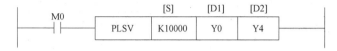

图 4-117　PLSV 指令格式

4. 相对位置控制指令 DRVI（FNC158）和绝对位置控制指令 DRVA

DRVI 是以相对驱动方式执行单速定位的指令，是用带正/负的符号指定从当前位置开始的移动距离的方式（也称为增量/相对驱动方式）。DRVA 是以绝对驱动方式执行单速定位的指令，用指定从原点（零点）开始的移动距离的方式（也称为绝对驱动方式）。

两指令有两个源操作数［S1］和［S2］，两个目标操作数［D1］和［D2］。

［S1］：相对指定输出脉冲数；

［S2］：指定输出脉冲频率；

［D1］：指定脉冲输出元件起始地址，Y0 或 Y1；

［D2］：指定旋转方向信号输出元件起始地址。

两条指令的梯形图格式如图 4-118 所示，具体应用请参阅数据手册。

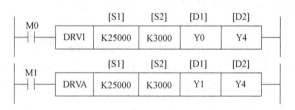

图 4-118　DRVI/DRVA 指令格式

十三、时钟运算指令（FNC160～FNC169）

表 4-33　时钟运算指令表

指令名称	功能\操作数	[S]		[D]	程序步
FNC160/ TCMP P	时钟数据比较	[S1][S2][S3]	K、H、KnX、KnY、KnM、KnS、T、C、D、R、V、Z	Y、M、S、D＊.b	11/16 位
		[S]	T、C、D、R		
FNC161/ TZCP P	时钟数据区域比较	[S1][S2]	T、C、D、R		9/16 位
		[S]			
FNC162/ TADD P	时钟数据加法	[S1][S2]		T、C、D、R	7/16 位
FNC163/ TSUB P	时钟数据减法	[S1][S2]			
FNC166/ TRD P	读出时钟数据				3/16 位
FNC167/ TWR P	写入时钟数据		T、C、D、R		
FNC169/ D HOUR	计时表	K、H、KnX、KnY、KnM、KnS、T、C、D、R、V、Z	[D1]	D、R	7/16 位
			[D2]	Y、M、S、D＊.b	13/16 位

此类指令是针对时钟数据进行运算、比较的指令，还可以执行可编程序控制器内置实时时钟的时间校准以及时间数据的格式转换。

1. 时钟数据比较指令 TCMP

该指令的功能是将指定时间与时间数据进行大小比较，有四个源操作数和一个目标操作数，使用说明如图 4-119 所示。

[S1]：指定比较基准时间的"时"；

[S2]：指定比较基准时间的"分"；

[S3]：指定比较基准时间的"秒"；

[S]：指定时钟数据的"时"；

[S]+1：指定时钟数据的"分"；

[S]+2：指定时钟数据的"秒"；

[D]：存放比较结果的软元件首地址，三个连号元件。

"时"的设定范围为 0～23；"分"的设定范围为 0～59；"秒"的设定范围为 0～59。

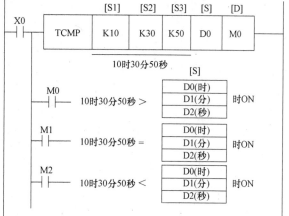

图 4-119 TCMP 指令使用说明

当 X0 闭合后，执行 TCMP 指令；若 [S]，即（D2，D1，D0）中的时间数据小于 10 时 30 分 50 秒，则 M0 为 ON；若（D2，D1，D0）中的时间数据等于 10 时 30 分 50 秒，则 M1 为 ON；若（D2，D1，D0）中的时间数据大于 10 时 30 分 50 秒，则 M2 为 ON。

当 X0 断开时，不执行 TCMP 指令，M0～M2 保持 X0 断开前的状态。

2. 时钟数据区域比较指令 TZCP

TZCP 指令的功能是将时间数据与指定的时间区域进行大小比较有三个源操作数和一个目标操作数，使用说明如图 4-120 所示。

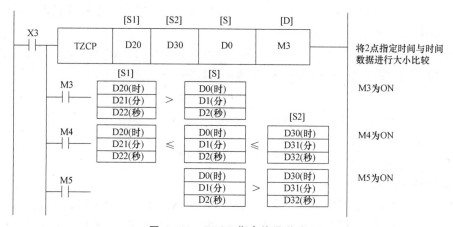

图 4-120 TZCP 指令使用说明

[S1]，[S1]+1，[S1]+2：以"时""分""秒"方式指定比较基准时间下限；

[S2]，[S2]+1，[S2]+2：以"时""分""秒"方式指定比较基准时间上限；

[S]，[S]+1，[S]+2：以"时""分""秒"方式指定时钟数据；

［D］，［D］+1，［D］+2：根据比较结果的区域位软元件 3 点输出。

"时"的设定范围为 0~23；"分"的设定范围为 0~59；"秒"的设定范围为 0~59。

3. 时钟数据加法指令 TADD

该指令的功能是进行时钟数据加法运算，使用说明如图 4-121 所示。

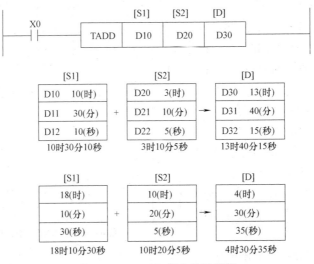

图 4-121　TADD 指令使用说明

当 X0 闭合时，执行 TADD 指令，将保存于［S1］起始的 3 点（D10、D11、D12）内的时钟数据同［S2］起始的 3 点（D20，D21，D22）内的时钟数据相加，并将结果保存于以［D］起始的 3 点（D30，D31，D32）软元件内。即（D10，D11，D12）+（D20，D21，D22）→（D30，D31，D32）。

当运算结果超过 24h，进位标志位变为 ON，进行加法运算结果减去 24h 后将该值作为运算结果保存。

"时"的设定范围为 0~23；"分"的设定范围为 0~59；"秒"的设定范围为 0~59。

4. 时钟数据减法指令 TSUB

该指令的功能是进行时钟数据减法运算，操作数和动作与 TADD 指令类似（TADD 是相加，而 TSUB 是相减）。它的梯形图格式如图 4-122 所示。

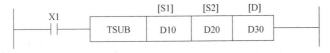

图 4-122　TSUB 指令格式

5. 时钟数据读取指令 TRD

TRD 指令是将 PLC 的实时时钟读入 7 点数据寄存器，读取源为保存时钟数据的特殊数据寄存器 D8013~D8019（设置 D8018 可以将年格式切换成 4 位模式）。使用说明如图 4-123 所示。

6. 时钟数据写入指令 TWR

TWR 指令是 TRD 指令的逆运算，是将时钟数据写入 PLC 的实时时钟的指令（为了写入时钟数据，必须预先设定由［S］指定的元件地址号起始的 7 点元件），使用说明如图 4-124 所示。

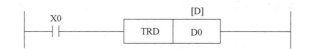

a) TRD指令格式

元件	项目	时钟数据		元件	项目
实时时钟用特殊数据寄存器	D8018	年(公历)	0~99(公历后两位) →	D0	年(公历)
	D8017	月	1~12 →	D1	月
	D8016	日	1~31 →	D2	日
	D8015	时	0~23 →	D3	时
	D8014	分	0~59 →	D4	分
	D8013	秒	0~59 →	D5	秒
	D8019	星期	0(日)~6(六) →	D6	星期

b) TRD指令使用说明

图 4-123　TRD 指令格式及使用说明

a) TWR指令格式

元件	项目	时钟数据		元件	项目	
时钟设定用数据	D10	年(公历)	0~99(公历后两位) →	D8018	年(公历)	实时时钟用特殊数据寄存器
	D11	月	1~12 →	D8017	月	
	D12	日	1~31 →	D8016	日	
	D13	时	0~23 →	D8015	时	
	D14	分	0~59 →	D8014	分	
	D15	秒	0~59 →	D8013	秒	
	D16	星期	0(日)~6(六) →	D8019	星期	

b) TWR指令使用说明

图 4-124　TWR 指令格式及使用说明

7. 计时表指令 HOUR

该指令以 1 个小时为单位，实现对输入触点持续 ON 的时间进行累加检测的功能，有两个目标元件，一个源元件。能进行 16 位数据处理，也能进行 32 位数据处理，它的格式如 4-125 所示。

图 4-125　HOUR 指令格式

[S]：使 [D2] 变为 ON 的时间，以 h 为单位指定（本例 [S] =300h）；

[D1]：是以 h 为单位的当前值；

[D1]+1：不满 1h 的当前值（以 s 为单位）；

［D2］：报警输出地址。当前值［D1］超过［S］指定的时间变为 ON。

当 X0 为 ON 的时间超过 300h，Y5 变为 ON。为了 PLC 失电后仍能使用当前值数据，［D1］要选用停电保持的数据寄存器。

【例 4-13】 实时时钟应用

图 4-126 是一个进行实时时钟的设定操作梯形图。时间是 2000 年 4 月 25 日（星期二）15 时 20 分 30 秒。

在进行时钟设定时，预先写入分钟设定时间数据，当到达正确时间时接通 X0，则将设定值写入实时时钟中，修改当前时间。当 X1 接通时，能够进行 ±30s 的修正操作。

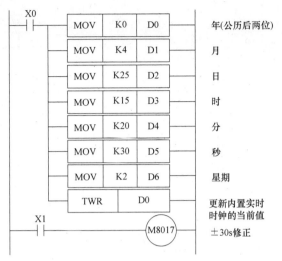

图 4-126　TWR 指令应用示例

十四、外围设备指令（FNC170～FNC171、FNC176～FNC177）

表 4-34　外围设备指令表

指令名称	功能\操作数	［S］		［D］	程序步
FNC170/ D　GRY　P	格雷码的转换	K、H、KnX、KnY、KnM、KnS、T、C、D、R、V、Z		KnY、KnM、KnS、T、C、D、R、V、Z	5/16 位
FNC171/ D　GBIN　P	格雷码的逆转换				9/32 位
FNC176/　RD3A　P	模拟量模块的读出	M1，m2	K、H、KnX、KnY、KnM、KnS、T、C、D、R、V、Z		7/16 位
FNC177/ WR3A P	模拟量模块的写入	KnY、KnM、KnS、T、C、D、R、V、Z	M1，m2	K、H、KnX、KnY、KnM、KnS、T、C、D、R、V、Z	

FNC170 和 FNC171 是使用绝对型（绝对位置）旋转编码器对应的格雷码转换指令；FNC176 和 FNC177 是模拟量模块的读写指令。

1. 格雷码转换指令 GRY

当控制系统中要用绝对型旋转编码器进行二进制数到格雷码转换时就要用 GRY 指令，该指令的使用说明如图 4-127 所示。

当 X0 为 ON 时，将源元件［S］中的二进制数转换为格雷码并传送到目标元件［D］

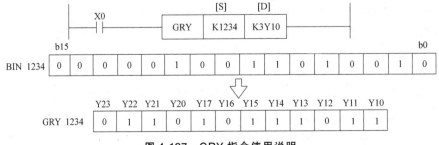

图 4-127　GRY 指令使用说明

中。若用 DGRY 指令时，可进行 32 位的格雷码转换。[S] 的取值范围，16 位运算时为 0~32767；32 位运算时为 0~2147483647。

2. 格雷码逆转换指令 GBIN

GBIN 指令是 GRY 指令的逆运算，该指令的使用说明如图 4-128 所示。

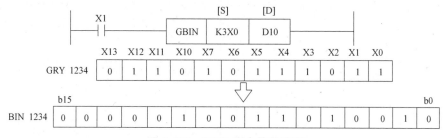

图 4-128　GBIN 指令使用说明

当 X1 为 ON 时，将源元件 [S] 中的格雷码转换为 BIN 数据并传送到目标元件 [D] 中去。

源元件指定的输入继电器（X）的响应延迟是 PLC 的扫描周期加输入滤波时间常数，这时可用 FNC51（REFF）指令调节滤波时间常数，减小滤波时间常数带来的延迟。

DGBIN 指令也可进行 32 位格雷码转换，取值范围与 GRY 指令相同。

3. 模拟量模块读取指令 RD3A

RD3A 是读取 FX_{ON}-3A 以及 FX_{2N}-2AD 模拟量模块的模拟量输入值的指令。FX_{ON}-3A 模拟量输入和输出模块提供 8 位分辨率精度，配备 2 路模拟量输入（0~10V 直流或 4~20mA 交流）通道和 1 路模拟量输出通道。RD3A 指令的梯形图格式如图 4-129 所示。

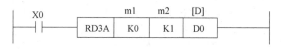

图 4-129　RD3A 指令格式

m1：指特殊模块号，取值范围 K0~K7；

m2：是 FX_{ON}-3A 模块模拟量通道号，K1 或 K2；

[D]：存放读取的数据。

因为 m1=K0，故 FX_{ON}-3A 是 0 号位置，当 X0 为 ON 时，PLC 从 FX_{ON}-3A 的 1 号模拟量输入通道（K1）读取数据，保存在 D0 中。

4. 模拟量模块写入指令 WR3A

WR3A 是用于向 FX_{ON}-3A 模拟量模块写入数据的指令，它的梯形图格式如图 4-130 所示。

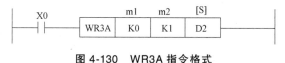

图 4-130　WR3A 指令格式

m1：指定特殊模块号，K0~K7；

m2：模拟量通道号，仅 K1 有效；

[S]：指定写入 FX_{ON}-3A 模拟量模块的数据。

因为 m1 为 K0，故 FX_{ON}-3A 是在 0 号位置，当 X0 为 ON 时，PLC 向 FX_{ON}-3A 输出通道

写入数据。

十五、触点比较指令（FNC224～FNC246）

表 4-35　触点比较指令表

指令名称	功能\操作数		指令名称	功能\操作数	
FNC224/ D LD＝	触点比较 指令运算	［S1］=［S2］时导通	FNC240/ D OR＝	触点比较 指令并联	［S1］=［S2］时导通
FNC225/ D LD＞		［S1］>［S2］时导通	FNC241/ D OR＞		［S1］>［S2］时导通
FNC226/ D LD＜		［S1］<［S2］时导通	FNC242/ D OR＜		［S1］<［S2］时导通
FNC228/ D LD<>		［S1］≠［S2］时导通	FNC244/ D OR<>		［S1］≠［S2］时导通
FNC229/ D LD≤		［S1］≤［S2］时导通	FNC245/ D OR≤		［S1］≤［S2］时导通
FNC230/ D LD≥		［S1］≥［S2］时导通	FNC246/ D OR≥		［S1］≥［S2］时导通
FNC232/ D AND＝	触点比较 指令串联	［S1］=［S2］时导通			
FNC233/ D AND＞		［S1］>［S2］时导通			
FNC234/ D AND＜		［S1］<［S2］时导通			
FNC236/ D AND<>		［S1］≠［S2］时导通			
FNC237/ D AND≤		［S1］≤［S2］时导通			
FNC238/ D AND≥		［S1］≥［S2］时导通			

FNC224～FNC246 共 18 条指令，是使用 LD、AND、OR 触点符号进行触点比较的指令。操作数可选 K、H、KnX、KnY、KnM、KnS、T、C、D、R、V、Z，程序步 5/16 位、9/32 位。

1. 触点比较指令

LD ＝（FNC224）、LD ＞（FNC225）、LD ＜（FNC226）、LD ＜＞（FNC228）、LD ≤（FNC229）和 LD ≥（FNC230）这 6 条指令都是连续执行型，即可进行 16 位二进制数运算（5 步），又可进行 32 位二进制数运算（9 步）。每条指令有两个源操作数［S1］、［S2］，它们的取值范围为 K、H、KnX、KnY、KnM、KnS、T、C、D、R、V、Z。图 4-131 是触点比较指令的使用说明。

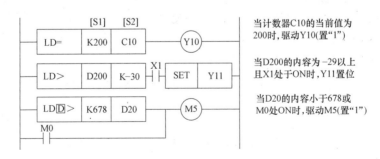

图 4-131　触点比较指令使用示例

触点比较指令每一条指令对两个源数据内容进行 BIN 比较，对应其结果执行后段的运算；当源操作数最高位（16 位指令：b15；32 位指令：b31）为 1 时，将该数值作为负数进行比较；当源操作数是 32 位计数器时，必须以 32 位指令来进行，即 LD 后面加 D，否则出错。

2. 触点比较串联指令

AND＝（FNC232）、AND＞（FNC233）、AND＜（FNC234）、AND＜＞（FNC236）、AND≤（FNC237）和 AND≥（FNC238）这 6 条都是连续型指令，即可进行 16 位二进制数的运算（5 步指令），又可进行 32 位二进制数的运算（9 步指令）。每条指令都有两个源操作数，操作数的取值范围与触点比较指令相同。这 6 条指令的形式与导通条件与触点比较指令相类似。其使用说明如图 4-132 所示。

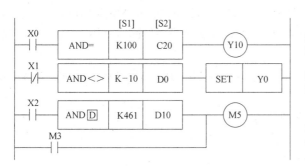

当X0处于ON，且计数器C20的当前值为100时，驱动Y10（置"1"）

当X1为OFF，且数据寄存器D0的内容不等于−10时，Y0置位（"1"）

当X2处于ON，数据寄存器D11、D10的内容小于461时，或者M3处于ON时，驱动M5（置"1"）

图 4-132　触点比较串联指令使用示例

当 PLC 扫描到该指令的梯形图时，指令的两个源操作数的内容进行 BIN 比较，对应其结果执行后段的运算。

当源操作数的最高位为 1 时，将该数值作为负数进行比较。源操作数的内容是 32 二进制数时，必须以 32 位指令来进行即 AND 后加 D，否则出错。

3. 触点比较并联指令

OR＝（FNC240）、OR＞（FNC241）、OR＜（FNC242）、OR＜＞（FNC244）、OR≤（FNC245）和 OR≥（FNC246）这 6 条指令都为连续型，可进行 16 位二进制数运算（5 步指令）也可进行 32 位二进制数运算（9 步指令）。每条指令都有两个源操作数，其取值范围与触点比较指令相同，6 条指令的操作形式和导通条件也与触点比较指令相类似。其使用说明如图 4-133 所示。

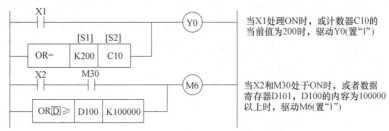

当X1处理ON时，或计数器C10的当前值为200时，驱动Y0（置"1"）

当X2和M30处于ON时，或者数据寄存器D101，D100的内容为100000以上时，驱动M6（置"1"）

图 4-133　触点比较并联指令使用示例

当 PLC 扫描到该指令的梯形图时，两个源操作数的内容进行 BIN 比较，对应其结果执行后段的运算。

源操作数的最高位为 1 时，将该数作为负数进行比较，源操作数的内容是 32 位数时，必须以 32 位指令来进行即 OR 后 D，否则出错。

以上是 FX 系列 PLC 常用功能指令的使用方法简介，其他功能指令的使用可查阅有关手册。

习题及思考题

4-1 填空

（1）K2 M0 表示的是由＿＿＿＿到＿＿＿＿组成的＿＿＿＿位数据。

（2）K2 X0 表示的是由＿＿＿＿到＿＿＿＿组成的＿＿＿＿位数据。

（3）K4 M20 表示的是由＿＿＿＿到＿＿＿＿组成的＿＿＿＿位数据。

4-2 C0 的计数脉冲和复位信号分别由 X1 和 X2 提供，在 X0 为 ON 时，将计数器 C0 的当前值转换为 BCD 码后送到 Y0～Y13，设计出梯形图程序。C0 的计数值应限制在什么范围？

4-3 用 ALT 指令设计用按钮 X0 控制 Y0 的电路，用 X0 输入 4 个脉冲，从 Y0 输出一个脉冲，画梯形图。

4-4 试分析图 4-134 中梯形图的功能。

4-5 试画出图 4-135 中 Y0 的波形。

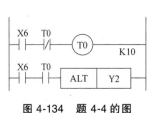

图 4-134 题 4-4 的图

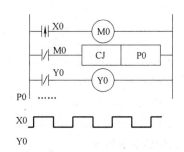

图 4-135 题 4-5 的图

4-6 求出 D20～D22 中最大的数，存放在 D50 中，设计梯形图。

4-7 设计一个用户程序，控制两台交流异步电动机 M1 和 M2 运行，其控制要求如下：M1 可单独起动、点动和停止，M2 必须在 M1 运行后，才能起动，但 M2 可单独点动和停止。

4-8 编制一个温度给定曲线的用户程序，其要求如下：按下启动按钮（与开关量输入端 X10 连接）后，温度给定值从 20℃ 开始，每 1min 加 1℃，加到 80℃ 后，保温 20min，然后每 30s 加 1℃，加到 200℃ 后，再保温 10min，停止运行。温度给定值存放在数据寄存器 D10 内，当停止运行时，温度给定值变为零。

4-9 编制一个控制十字路口交通信号灯动作的用户程序。按下起动按钮（与开关量输入端 X20 相连接）后，按如下指标运行：

（1）南北向的绿灯亮 20s，东西向的红灯亮。

（2）南北向的绿灯亮 20s 后，改为闪烁 5 次，每次通、断各 0.5s。

（3）闪烁 5 次后，南北向的绿灯灭，南北向的黄灯亮。

（4）南北向的黄灯亮 5s 后，该灯灭；同时，南北向的红灯亮，东西向的红灯灭，东西向的绿灯亮 30s。

（5）东西向的绿灯亮 30s 后，改为闪烁 5 次，每次通、断各 0.5s。

（6）闪烁 5 次后，东西向的绿灯灭，东西向的黄灯亮。

（7）东西向的黄灯亮 5s 后，该灯灭，同时，南北向的红灯灭，重复（1）的内容。

第五章

三菱FA工程软件

三菱 SWOPC-FXGP/WIN-C 编程软件包专门用于三菱小型 FX 系列 PLC。GX Developer 可以为 FX 系列、A 系列、QnA 系列、Q 系列 PLC 生成程序,支持梯形图、指令表、SFC、ST 及 FB、Label 语言程序设计,支持网络参数设定,可进行程序的在线更改、监控及调试,具有异地读写 PLC 程序功能。

GX Works 是 GX Developer 的升级版本,具有简单工程(Simple Project)和结构化工程(Structured Project)编程方式(GX WORKS2 支持 MELSEC-Q 系列、MELSEC-L 系列和 MELSEC-F 系列 PLC,GX Works3 支持 MELSEC iQ-R 系列、MELSEC iQ-F 系列)。

GT Works3 是显示器 GOT 的画面制作综合软件(核心模块 GT Designer3/ GT Designer2),它支持图形更加丰富的画面制作,具有"简单""美观""易用"的功能,提高了编程效率。

第一节　编程软件 GX Developer

三菱 PLC 编程软件 GX Developer 基本覆盖全系列三菱电机的 PLC 设备(Q、QnU、QS、QnA、AnS、AnA、FX 等系列),支持梯形图、指令表、SFC、ST 及 FB、Label 语言程序设计和网络参数设定,可进行程序的线上更改、监控及调试,具有异地读写 PLC 程序功能。

一、GX Developer 工程

GX Developer 按提示要求安装后,启动运行,初始交互界面如图 5-1 所示(图形指令仅"新建"和"打开"按钮使能)。

1. 新建工程

执行图形"新建"或选择菜单【工程】→【创建新工程】命令,可进入一个创建新工程窗体(见图 5-1),该窗体有 3 部分选项供填写(①PLC 设备系列及类型;②创建程序类型;③工程管理的设定),填写完成将进入图 5-2 所示的工程窗体。

对于工程,GX Developer 将程序、参数和注释以工程的形式进行统一管理(工程数据列表见图 5-2 左下),我们既可以录入程序,也可以编辑参数,修改注释等(可通过菜单【显示】→【工程数据列表】的选择将该列表显示打开或关闭)。

2. 打开已有工程

可通过"打开"或【工程】→【打开工程】来读取磁盘上已有的工程文件。

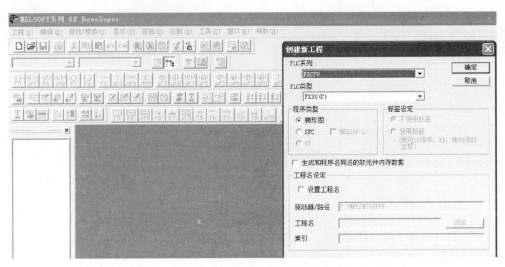

图 5-1　GX Developer 初始交互界面/新建工程

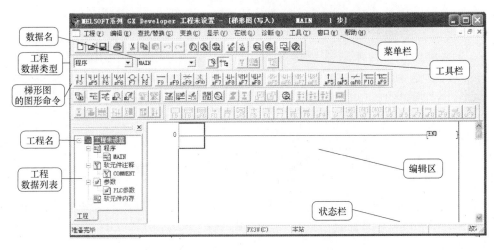

图 5-2　工程窗体

3. 保存当前工程

为将当前编辑工程文件保存到磁盘，可通过"保存"或【工程】→【保存工程】来实现。

4. 关闭工程

关闭当前编辑中工程文件，可通过【工程】→【关闭工程】或单击窗体关闭图标实现。

5. 读取/写入兼容格式的文件

GX Developer 可读取/写入 GPPQ、GPPA、FXGP（DOS）和 FXGP（WIN）格式的文件，通过【工程】→【读取/写入其他格式文件】→【读取/写入?? 格式文件】操作，兼容 GP-PQ/GPPA/FXGP（DOS）/FXGP（WIN）的编程软件。

二、GX Developer 功能

1. 创建梯形图程序

创建或修改梯形图程序时，要确保 PLC 程序编辑处于写入模式。模式变换可通过"模

式"按钮或菜单【编辑】→【写入模式】操作实现。

（1）用工具按钮输入 使用画面上的工具按钮进行编程的方法如图 5-3 所示（①选取标记工具按钮；②输入软元件及参数；③确定并转换）。

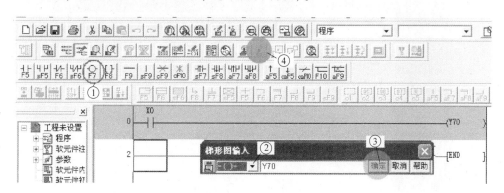

图 5-3　工具按钮输入

转换按钮将梯形图程序进行变换，生成指令列表，表现为新录入（修改）部分的灰色底色变白。通过转换的程序才能写入 PLC。

（2）用回路输入窗口输入 双击程序上的指令输入位置，弹出指令输入窗体，在梯形图指令输入窗口输入软元件、参数或指令编程。回路输入发与工具按钮输入发类似，区别仅在第一步定位双击触发还是工具按钮触发指令输入窗体。

（3）用功能键输入 功能键输入给出了又一种编程录入手段，部分功能键都已在工具按钮上标出，操作方法与使用工具按钮输入时类似。

功能键有 GPPA、GPPQ 和 MEDOC 格式，可通过 GX Developer 的菜单【工具】→【按键定制】变更。表 5-1 为 GPPA 方式的按键排列。

表 5-1　GPPA 方式的按键排列

按键组合	F1	F2	F3	F4	F5	F6	F7	F8	F9	F10	C	V	X
	—	写入	监控	转换	╢├	╢╨	╌( )╌	╌[ ]╌	—	│	—	—	—
Alt	回路列表切换	—	停止监控				—		删除格线	写入格线			
Ctrl	—	—	开始监控 1		显示注释	—	显示语句	显示注释	删除横线	删除竖线	复制	粘贴	剪贴
Shift	—	读出	监控（写入模式）	转换（运行中写入）	╢╱├	╱╲	—	—	—	—			
Ctrl+Shift	—	—	停止监控 1	转换 2	—	显示设备名							

2. GX Developer 与 PLC 通信

三菱 PLC 的通信方式有多种：串行，USB，MELSEC NET 插板，CPU 插板，CC-Link 插

板，Ethernet 插板等。通过单击菜单【在线】→【传输设置】可选择不同方式（见图5-4）进行设置及通信测试。

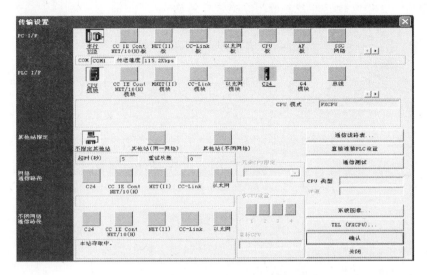

图 5-4　GX Developer 与 PLC 的通信设置

3. 写入、读取

单击菜单【在线】→【PLC 写入】，进入图 5-5 所示 PLC 写入窗体，可选择写入内容。

程序：当前工程的程序。

软元件注释：当前工程的软元件注释。

参数：当前工程的参数。

注意，通过远程操作，可启动和停止 PLC 的运行。

程序写入的步数也可选择，可设定程序写入的起始步和结束步（节省写入时间）。

PLC 程序写入时建议先停止其运行，读取操作是写入的逆向操作。

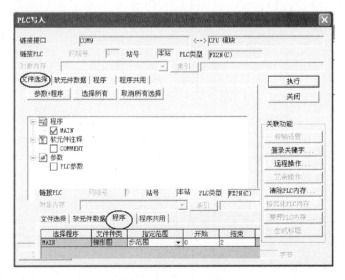

图 5-5　PLC 写入窗体

4. 程序说明

为了使程序更加易于理解，可以在回路程序中添加说明，类型有 3 类。

注释：给每个元件添加功能、用途等说明，适用于程序内使用的全部同类元件。

注解：给每 1 个输出（线圈、应用指令）添加控制内容/输出的目的、用途等说明，尤其能使应用指令的处理内容更加易于理解，适用于程序内添加注解的输出部分。

行间声明：给每 1 个回路模块添加控制内容/目的等行间声明，使整个程序的过程更加易于理解，适用于程序内添加行间声明的回路模块部分。

（1）梯形图输入说明（见图 5-6）

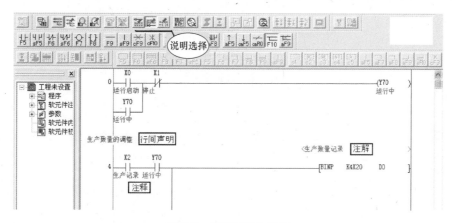

图 5-6 梯形图输入说明

（2）列表形式输入说明（见图 5-7）

图 5-7 列表形式输入说明

5. 其他

（1）PLC 的监控 GX Developer 提供了对 PLC 运行程序实时监视功能，通过单击【在线】→【监视】→【监视模式】，在梯形图程序上可清晰地观测到位软元件 ON/OFF 状态、字软元件的数字变化等。

（2）强制开关 单击【在线】→【调试】→【软元件测试】，可调出软元件测试窗体（见图 5-8），可强制选定软元件是"ON"或"OFF"（强制 ON：指定的位软元件强制 ON；强制 OFF：指定的位软元件强制 OFF；强制 ON/OFF 取反：指定的位软元件反转置为 ON /OFF）。

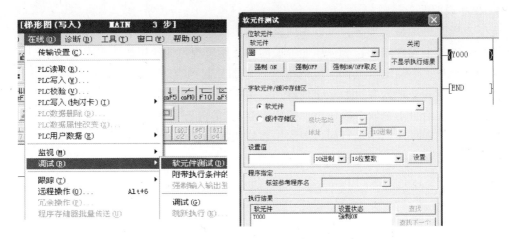

图 5-8　软元件测试

（3）参数设定　参数设定通过工程列表中的"PLC 参数"选项完成（见图 5-9）。

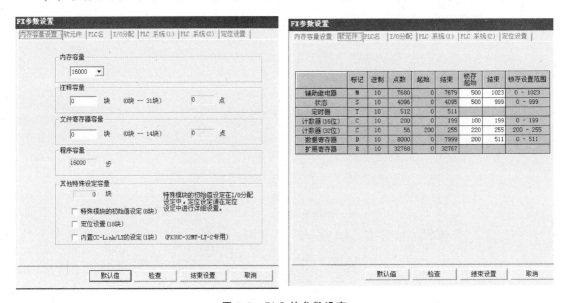

图 5-9　PLC 的参数设定

内存容量设置：设置内存容量、注释容量、文件寄存器容量、程序容量。

软元件：设定锁存软元件范围。

PLC 名：PLC 程序的说明标题。

I/O 分配：输入/输出继电器的起始及终值。

PLC 系统（1）：电池不足设定，调制解调器设定，RUN 输入端子选择。

PLC 系统（2）：相关通信协议设定。

定位设置：各类速度及加减速设定。

三、GX Simulator 模拟

将 GX Simulator 与 GX Developer 安装在同一台计算机上后，利用虚拟 CPU 即可体验顺

控程序的模拟操作。

1. 启动/停止 GX Simulator

单击菜单【工具】→【梯形图逻辑测试启动/停止】或按钮可实现启停（见图5-10）。

2. 位、字元件的监控和测试

对计算机（虚拟CPU模块）上运行的顺控程序所使用的元件存储器进行监控、测试（位元件的强制ON/OFF、字元件当前值的变更等）。

测试操作选菜单启动内【继电器内存监视】，出现设备内存监控新窗体，进一步选择【软元件】或【时序图】进入测试方式（见图5-11）。

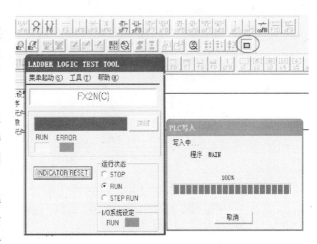

图 5-10　GX Simulator 的启动/停止

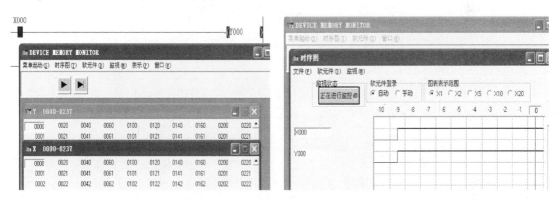

图 5-11　软元件或时序图的测试方式

3. 外部设备动作的模拟

利用模拟功能，使来自外部设备的输入信号 ON/OFF 后，对程序的动作进行监控、测试。外部信号通过元件值输入、时序图输入进行模拟，区别见表5-2。

表 5-2　元件值输入与时序图输入

I/O 系统设定功能	条件设定		动作图
元件值输入	条件1:ON 时	X0,X1 均变 ON	
	条件2:ON 时	X0 变 OFF	
		X0 动作	
		X1 动作	
时序图输入	条件:ON 时序图动作		
		X0 动作	
		X1 动作	

测试操作选菜单启动内【I/O 系统设定】，出现 I/O 系统设定新窗体，完成元件值输入或时序图输入设定与测试监控（见图 5-12）。

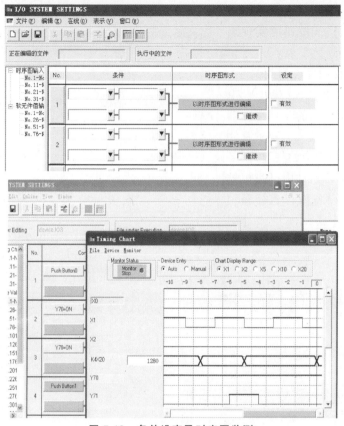

图 5-12　条件设定及时序图监测

GX Simulator 的功能还有很多，详细可参考相关手册。

第二节　GX Works3

三菱的 FA（Factory Automation）整合解决方案"e-F@ctory"以实现贯穿开发、生产和维护的"成本全面降低"为最大理念，通过整合、协同，控制生产系统的控制器 &HMI、工程环境和网络，在客户的设计、启动/运用、维护等所有阶段实现成本削减。

iQ Works（见图 5-13）是一款整合了以系统管理软件 MELSOFT Navigator 为核心的各类工程软件（可编程序控制器工程软件 GX Works3/GX Works2、运动控制器工程软件 MT Works2、显示器画面制作软件 GT Works3、机器人工程软件 RT ToolBox2 mini、变频器安装软件 FR Configurator2）。从系统设计到维护都可以通过该软件直观地操作、编辑，通过在整个控制系统中共享系统设计和编程等设计信息，降低总体编程工时，实现全面成本降低。

一、GX Works3

新一代的 GX Works 具有简单工程（Simple Project）和结构化工程（Structured Project）两种编程方式，支持梯形图、指令表、SFC、ST 及结构化梯形图等编程语言，可实现程序编

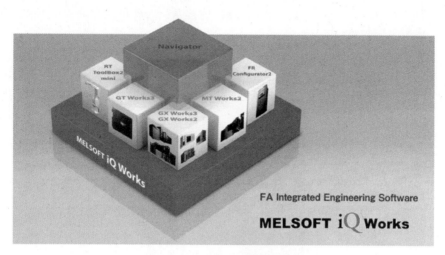

图 5-13　iQ Works 的整合平台

辑、参数设定、网络设定、程序监控、调试及在线更改、智能功能模块设置等功能。GX Works2 在继承 GX Developer 中积累的程序资产的基础上，通过对使用习惯的功能精益求精，追求舒适的操作性，适用于 MELSEC-Q 系列、MELSEC-L 系列、MELSEC-F 系列可编程序控制器；GX Works3 利用图形直观操作，增加了模拟仿真功能，改善软件的运行速度，支持 MELSEC iQ-R 系列、MELSEC iQ-F 系列 PLC。

1. 主要程序语言及方式

GX Works3 支持以 IEC 为标准的主要程序语言（梯形图，ST，FBD/LD，SFC 等）。在同一工程中，可以同时使用不同的程序语言。另外，程序中使用的标签和软元件，可以在不同语言的程序里共享使用（见图 5-14）。

GX Works3 可以使用全局标签、局部标签和模块标签。全局标签可在多个程序间和 MELSOFT 软件里共同使用。局部标签可在登录过的程序和 FB 中使用。模块标签持有各种智

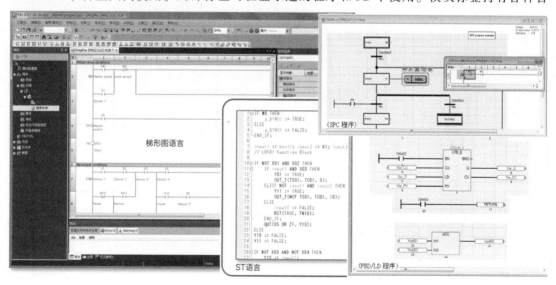

图 5-14　主要编程语言

能功能模块的输入输出信号的信息及缓冲存储器的信息，因此可以在编程中不在意缓冲存储器地址。标签功能如图 5-15 所示。

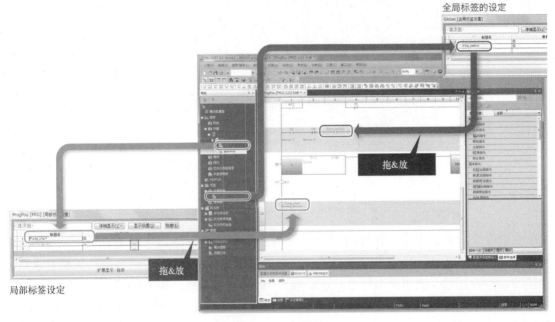

图 5-15　标签功能

2. 使用部件库的系统设计

GX Works3 中只需进行拖 & 放操作选择部件就可以做成模块构成图，轻松进行系统设计（见图 5-16）。制作模块构成图时，只需双击模块，即可自动生成模块参数，可在对话工作窗口中显示并设定相关的参数。

图 5-16　系统设计及模块参数自动生成

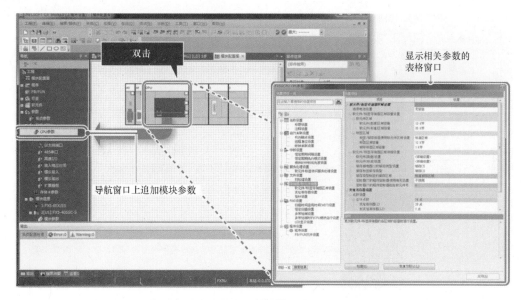

图 5-16　系统设计及模块参数自动生成（续）

3. 运动模块的软件设定工具

GX Works3 中配套了简易运动控制的软件设定工具，通过 GX Works3 就可设定简易运动控制模块的参数、定位数据、伺服参数，可轻松地实现对伺服启动和调整控制（见图 5-17）。

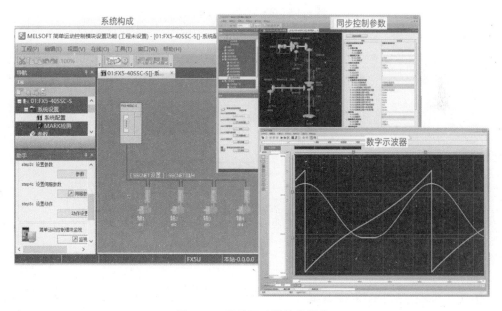

图 5-17　简易运动模块的操作

二、系统设计、设置

GX Works3 启动创建工程，全窗体如图 5-18 所示，如同装配实际模块的配置窗体如图 5-19 所示。

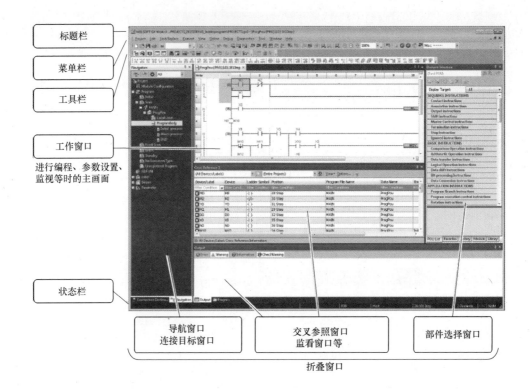

标题栏

菜单栏

工具栏

工作窗口

进行编程、参数设置、
监视等时的主画面

状态栏

导航窗口
连接目标窗口

交叉参照窗口
监看窗口等

部件选择窗口

折叠窗口

图 5-18　GX Works3 全窗体

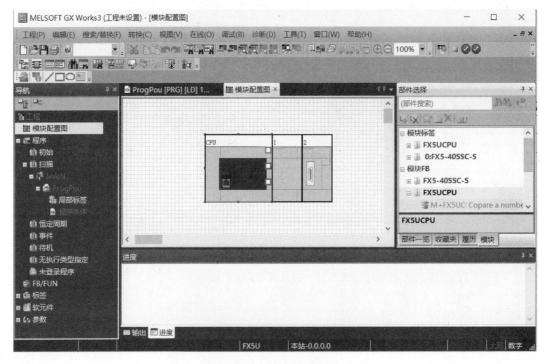

图 5-19　模块配置窗体

三、编程

梯形图的编程各类手册都有介绍，新增功能参见 MELSEC iQ-F FX5 编程手册。

ST 语言（国际标准 IEC61131-3 中定义的语言）具有与 C 语言等相似的语法结构，适用于对梯形图语言难以表现的复杂处理进行编程的情况。操作窗体如图 5-20 所示。各部分说明见表 5-3。

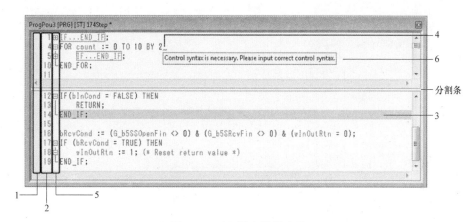

图 5-20　ST 语言编辑窗体

表 5-3　ST 语言编辑窗体说明

	项目	内容	相关操作
1	图标显示区域	显示图标的区域	图标的类型：➡ ✖ 跳转行中显示
2	行号	程序的行号	显示内容的更改：【工具】【选项】【程序编辑器】【ST 编辑器】【编辑器显示项目】
3	高亮行显示	高亮显示光标所在行	
4	错误位置显示	显示程序的语法错误	
5	结构图显示	显示文本块的折叠/展开符号	显示/隐藏：【工具】【选项】【程序编辑器】【ST 编辑器】【编辑器显示项目】【显示】【结构图】【显示/隐藏结构图】
6	工具提示	显示鼠标光标所在位置的信息	显示内容的更改：【工具】【选项】【程序编辑器】【ST 编辑器】【工具提示】

四、调试、运行

使用 GX Simulator3 模拟单 CPU（见图 5-21），无需连接实际设备即可进行调试、确认。

打开 ST 编辑器，选择［Online（在线）］［Monitor（监视）］［Start Monitoring（监视开始）］（）/［Stop Monitoring（监视停止）］，可对 ST 程序进行监视（见图 5-22）。

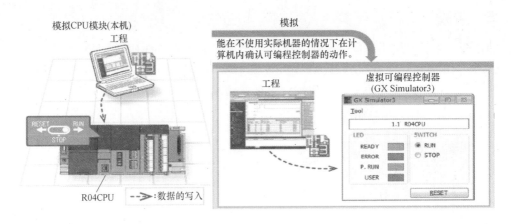

图 5-21　单 CPU 模拟

图 5-22　ST 程序的监视

第三节　触摸屏设计软件 GT Works3

GT Works3 是显示器 GOT 的画面制作综合支持软件，它支持图形更加丰富的画面制作，具有"简单""美观""易用"的特点，提高了编程效率。GT Works3 软件包见表5-4。

表 5-4　GT Works3 软件包 SW1DNC-GTWK3-C

产品名称	说　明	产品名称	说　明
GT Designer3	GOT 画面设计软件	GOTModemConnector	GOT 调制解调器连接工具
Data Transfer	GOT 数据传送支援软件	PCRemoteOperation	计算机远程操作驱动程序
Document Converter	文件显示功能用转换软件	BkupRstrDataConv	备份数据转换工具
GT Converter2	GOT 画面数据转换软件	GDevlib	GOT SoftGOT1000 内部软元件接口模块,示范程序
GT SoftGOT1000	计算机用的 GOT 软件	EnvMEL	Environment of MELSOFT
GT Designer2 Classic	GOT900 系列用的 GOT 画面设计软件	MESDB/ MMR	MESDB 连接服务和设置工具/多媒体相关工具的安装程序
OperatorMgrlnfoCony	GOT 操作员管理信息转换`	GTM1000/ GTM900	GOT-1000/ GOT-900

一、GT Designer3

GT Designer3 可编辑 GOT 画面，进行连接设置等；可将编辑后的 GOT 画面，连接设置，选项功能等相关运行数据下载安装到 GOT 中，主窗体如图 5-23 所示。

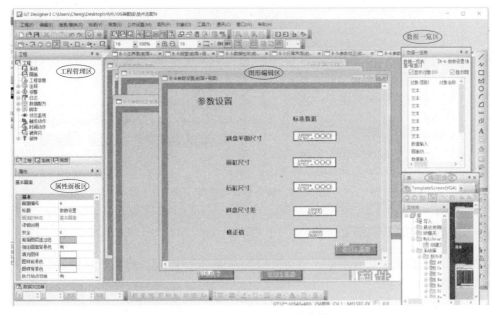

图 5-23　GT Designer3 主窗体

GT Designer3 具有画面自动对齐、连续复制、成批更改图形对象、编辑区自由配置功能，具有内嵌仿真、快速浏览画面、图库便捷选用、工程数据和选择设置自动安装等功能。

二、工程创建流程

创建工程需确定系统设置：GOT 机种；连接机器设置：设备厂商及设备种类（含通信方式）；最后画面切换进入初始编辑窗体（创建工程窗体见图 5-24）。

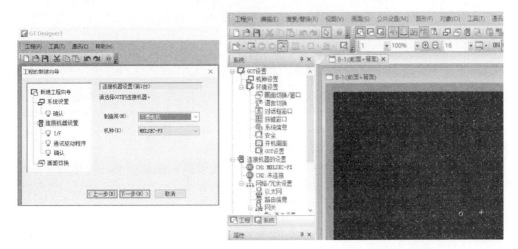

图 5-24　创建工程

三、画面编辑

基于软件提供的图库选择及绘图功能可设计画面（见图5-25），可完成设置切换图形和输入输出显示。

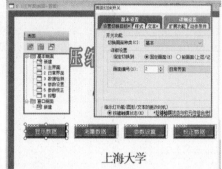

图 5-25 画面编辑与切换设置

四、触摸屏仿真

GT Simulator 提供了仿真功能，启动模拟器（或 Ctrl+F10），可进行画面的动作确认/修改（见图5-26）。

图 5-26 仿真测试

五、其他

GT Designer3 可导入 ACAD 图形、JPEG 图形；可备份、恢复数据，通过【通信】菜单可与 GOT 等外部设备建立通信，完成工程文件等的传送。

GT Works3 功能强大，详细资料可查阅相关手册或借助 e-Manual Viewer 帮助。

习题及思考题

5-1 理解 MELSORT IQ Works 软件集成关系。

5-2 学习安装本章介绍的3类软件，建立工程。

第六章

三菱PLC的特殊功能模块和通信网络

第一节 特殊功能模块和特殊适配器

FX 系列 PLC 配有多种特殊功能模块和特殊适配器供用户选用，以适应不同场合控制的需求，表 6-1 所示为部分常用功能模块及适配器。

表 6-1 FX 系列特殊功能模块及适配器

名 称	适 配 器	模 块
模拟量输入	FX_5-4AD-ADP，FX_{3U}-4AD-ADP	FX_{3U}-4AD，FX_{2N}-4AD，FX_{2N}-2AD，FX_{2N}-8AD
模拟量输出	FX_5-4DA-ADP，FX_{3U}-4DA-ADP	FX_{3U}-4DA，FX_{2N}-4DA，FX_{2N}-2DA
模拟量输入/输出	FX_{3U}-3A-ADP	FX_{2N}-5A
温度传感器	FX_{3U}-4AD-PT-ADP FX_{3U}-4AD-PTW-ADP FX_{3U}-4AD-TC-ADP FX_{3U}-4AD-PNK-ADP	FX_{2N}-4AD-PT，FX_{2N}-4AD-TC，FX_{3U}-4LC，FX_{2N}-2LC
高速输入/输出模块	FX_{3U}-4HSX-ADP FX_{3U}-2HSY-ADP	FX_5-16ET/ES-H， FX_5-16ET/ESS-H， FX_{3U}-2HC， FX_{2N}-1HC
脉冲输出		FX_{3U}-1PG，FX_{2N}-10PG
定位控制单元	FX_5-40SSC-S，FX_{3U}-20SSC，FX_{2N}-1PG FX_{2N}-10PG，FX_{2N}-20GM，FX_{2N}-10GM，FX_{2N}-1RM-SET	
通信接口	FX_5-232ADP FX_{3U}-232ADP-MB	FX_{2N}-232-BD，FX_{2N}-422-BD，FX_{2N}-232IF，RS-232C
	FX_5-485ADP	FX_{3U}-485ADP-MB，FX_{2N}-485-BD，FX-485PC-IF-SET
	FX232-CF-ADP	
	FX_{3U}-ENET-ADP	FX_{3U}-ENET-L
		FX_5-CCLIEF，FX_{3U}-64CCL，FX_{3U}-16CCL-M，FX_{2N}-64CL-M

一、模拟量输入、输出处理

根据转换速度、转换精度、通道数以及性价比等的要求，用户可灵活的选择模拟量特殊适配器、模拟量特殊功能模块和模拟量扩展板。

1. 模拟量输入模块

FX$_5$-4AD-ADP 是 4 通道 14 位适配器，FX$_{3U}$-4AD-ADP 是 4 通道 12 位适配器；FX$_{3U}$-4AD 是 4 通道 15 位，FX$_{2N}$-4AD 是 4 通道 12 位，FX$_{2N}$-2AD 是 2 通道 12 位，FX$_{2N}$-8AD 是 8 通道 15 位 A/D 转换模块，部分模块的主要技术指标见表 6-2。

根据外部接线需要和 PLC 功能指令对这些模块进行初始化设置（可选择电压输入或电流输入，借助伏安表通过模块的切换调整，或者借助指令，可以方便地改变模拟量输入范围），瞬时值和设定值等数据可以用 FROM/TO 指令读出或写入。

只要选择合适的传感器及前置放大器，就可用于温度、压力、流量、速度、电流和电压等系统模拟信号的监视与控制（见图 6-1）。

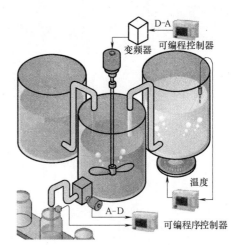

图 6-1　混料控制示例

2. 模拟量输出模块

FX$_5$-4DA-ADP 是 4 通道 14 位适配器，FX$_{3U}$-4DA-ADP 是 4 通道 12 位适配器；FX$_{3U}$-4DA 是 4 通道 15 位 D-A 转换模块，FX$_{2N}$-4DA 是 4 通道 12 位 D-A 转换模块，FX$_{2N}$-2DA 是 2 通道 12 位 D-A 转换模块，部分模块的主要技术指标见表 6-2。

设备的瞬时值和设定值等数据的读出和写入可用 FROM/TO 指令，输出通道接收数字信号并转换成等价的模拟信号，输出的电压、电流选择通过用户配线完成。

3. 温度传感器模拟量输入模块

某些模块内附带温度传感器的前置放大器、附带可校正传感器的非线性的补偿输入、附带自动调谐的 PID 控制功能。连接外部传感器后，可构成具有智能的温度调节控制模块（见表 6-3）。

表 6-2　模拟量输入、输出适配器/模块

项　　目		模拟量输入/出范围		数值输出值	分辨率
FX$_5$-4AD-ADP 4 通道 14 位 模拟量输入 适配器	电压	DC-10～+10V （1MΩ）	0～10V	0～16000	625μV
			0～5V	0～16000	312.5μV
			1～5V	0～12800	312.5μV
			−10～+10V	−8000～+8000	1250μV
	电流	DC-20～+20mA （250Ω）	0～20mA	0～16000	1.25μA
			4～20mA	0～12800	1.25μA
			−20～+20mA	−8000～+8000	2.5μA
FX$_{3U}$-4AD 4 通道 15 位	电压	DC-10～+10V	−10～+10V	−3200～+32000	312μV
	电流	DC-20～+20mA （250Ω）	−20～+20mA	0～32000	1.25μA
			4～20mA	0～32000	0.63μA

（续）

项 目		模拟量输入/出范围		数值输出值	分辨率
FX_{2N}-4AD 4通道12位	电压	DC-10~+10V	-10~+10V	-2000~+2000	5mV
	电流	DC-20~+20mA	-20~+20mA	-1000~+1000	20μA
FX_5-4DA-ADP 4通道14位 模拟量输出 适配器	电压	DC-10~+10V (1k~1MΩ)	0~10V	0~16000	625μV
			0~5V	0~16000	312.5μV
			1~5V	0~16000	250μV
			-10~+10V	-8000~+8000	1250μV
	电流	DC-20~+20mA (500Ω)	0~20mA	0~16000	1.25μA
			4~20mA	0~16000	1μA
FX_{3U}-4DA 4通道15位	电压	DC-10~+10V	-10~+10V	-3200~+32000	312μV
	电流	DC-20~+20mA (<500Ω)	0~+20mA	0~32000	0.63μA
			4~20mA	0~32000	0.63μA
FX_{2N}-4DA 4通道12位	电压	DC-10~+10V	-10~+10V	-2000~+2000	5mV
	电流	DC-20~+20mA	0~+20mA	-1000~+1000	20μA

表6-3 温度传感器输入用模块

型号 (通道数)	选用传感器	输入规格	
		项目	温度输入
FX_{3U}-4LC (4通道)	铂金测温电阻 Pt100、JPt100、PT1000	输入范围	Pt100：-200~600℃；Pt1000：-200.0~650.0℃
		分辨率	0.1℃/1℃
	热电偶 K/J/R/S/E/T/B/N⋯.	输入范围	K：-200.0~1300℃；J：-200.0~1200℃
		分辨率	0.1℃/1℃
	低压输入	输入范围	DC0~10mV；DC0~100mV
		分辨率	0.5μV/5.0μV
FX_{2N}-2LC (2通道)	铂金测温电阻 Pt100、JPt100	输入范围	Pt100：-200~600℃ JPt100：-200~500℃
	热电偶 K/J/R/S/E/T⋯	分辨率	K：-100.0~1300℃；J：-100.0~800℃
FX_{2N}-4AD-PT (4通道)	铂金测温电阻 Pt100 三线式	输入范围	-100~600℃ 数字量输出(-1000~6000)
		分辨率	0.2~0.3℃
FX_{2N}-4AD-TC (4通道)	热电偶 K/J	输入范围	K：-100.0~1200℃；数字量输出(-1000~12000) J：-100.0~600℃；数字量输出(-1000~6000)
		分辨率	K：0.4℃；J：0.3℃
FX_{2N}-8AD (8通道)	热电偶 K/J/T	输入范围	K：-100.0~1200℃；数字量输出(-1000~12000) J：-100.0~600℃；数字量输出(-1000~6000) T：-100.0~350℃；数字量输出(-1000~3500)
		分辨率	0.1℃
FX_{3U}-4AD-PT-ADP	铂金测温电阻 Pt100 三线式	输入范围	-50~250℃；数字量输出(-500~2500)
		分辨率	0.1℃

（续）

型号 （通道数）	选用传感器	输入规格	
		项目	温度输入
FX$_{3U}$-4AD- TC-ADP	热电偶 K/J	输入范围	K：-100.0~1000℃；数字量输出（-1000~10000） J：-100.0~600℃；数字量输出（-1000~6000）
		分辨率	K：0.4℃ ；J：0.3℃

4. 模拟量输入输出模块的使用

（1）模块的连接与编号说明　如图 6-2 所示，接在 FX$_{3U}$ 基本单元右边扩展总线上的特

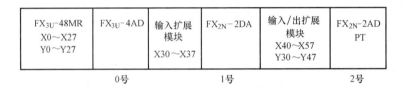

图 6-2　功能模块的连接与编号

殊功能模块（如模拟量输入模块 FX$_{3U}$-4AD、模拟量输出模块 FX$_{2N}$-2DA、温度传感器模拟量输入模块 FX$_{2N}$-2DA-PT 等，仅对特殊功能模块），从最靠近基本单元的那一个开始顺次编为 0~7 号。

（2）FX$_{3U}$-4DA 模块的使用　该模块有 4 个输出通道，接在主机右侧的扩展接口，需 24V 电源；该模块模拟通道之间没有隔离，模拟和数字电路之间用光耦合器隔离；该模块占用扩展总线 8 个点，这 8 点可以分配成输入或输出；该模块电压、电流模式（见图 6-3）由可编程序控制器发出的命令选择，所选择的电压/电流输出模式决定了所用输出端子。

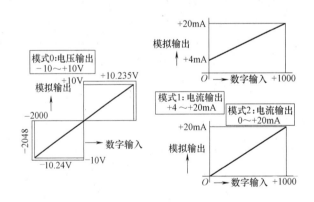

图 6-3　D/A 模块的工作模式

（3）尽量使用特殊功能适配器　特殊功能适配器接在 FX$_{3U}$ 基本单元左边，可通过软件参数设置设定特殊功能适配器的初始值；适配器与模块的数据处理方式不同，模拟量特殊功能适配器直接使用 PLC 的特殊软元件，将数据与主机中指定的特殊数据寄存器自动进行交换（见图 6-4），特殊辅助继电器决定了输出模式等工作方式（通道模式切换继电器设定为 OFF 时，通道为电压输出；设定为 ON 时，通道为电流输出；通道输出保持设定为 OFF 时，

PLC 运行停止时，保持当前输出；设定为 ON 时，停止时输出偏置值）。

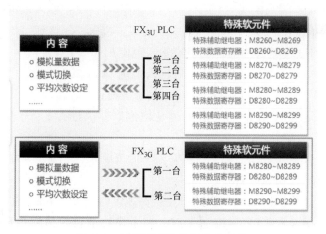

图 6-4　适配器直接使用的软元件

（4）缓冲寄存器（BFM）　模块 BMF 缓冲区记忆着模块获得的数据和模块的工作参数等数据，是同 PLC 基本单元进行数据通信的区域，使用 FROM/TO 指令可读入/改写 BFM 内的数据。

FX$_{2N}$-4AD 的 BFM 由 32 个 16 位的寄存器组成，编号为 BFM#0～#3（见表 6-4），FX$_{3U}$-4AD 的 BFM 增加到了 7000 个，增强了处理功能，增加了历史数据记录功能。

表 6-4　FX$_{2N}$-4AD 模块 BFM 分配表

＊#0		\multicolumn{8}{c}{通道初始化　默认设定值 = H0000}
＊#1～＊#4	通道 1～通道 4	\multicolumn{8}{c}{平均值取样次数　默认值 = 8}
#5～#8	通道 1～通道 4	\multicolumn{8}{c}{平均值}
#9～#12	通道 1～通道 4	\multicolumn{8}{c}{当前值}
＊#20		\multicolumn{8}{c}{重置为默认设定值　默认设定值 = H0000}
＊#21		\multicolumn{8}{c}{禁止零点和增益调整　默认设定值 = 0.1（允许）}
＊#22	零点、增益调整	b7	b6	b5	b4	b3	b2	b1	b0
		G4	O4	G3	O3	G2	O2	G1	O1
＊#23		\multicolumn{8}{c}{零点值　默认设定值 = 0}
＊#24		\multicolumn{8}{c}{增益值　默认设定值 = 5000}
#25～28		\multicolumn{8}{c}{空置}
#29		\multicolumn{8}{c}{出错信息}
#30		\multicolumn{8}{c}{识别码 K2010}
#13～19#31		\multicolumn{8}{c}{不能使用}

表中带 ＊ 号的缓冲寄存器中的数据可由 PLC 通过 TO 指令改写，改写带 ＊ 号的 BFM 的设定值即可改变 FX$_{2N}$-4AD 模块的运行参数，调整其输入方式、输入增益和零点等。

从指定的模拟量输入模块读入数据前应先将设定值写入，否则按默认设定值执行。PLC 用 FROM 指令可将不带 ＊ 号的 BFM 内的数据读入。

1）输入模式的设定（BFM#0）。由 4 位十六进制数字 H□□□□使各通道初始化，最低位数字控制通道1，最高位控制通道4，□各位字符设置意义如下：

　　□＝0，设定输入范围－10～＋10V　　　　□＝1，设定输入范围＋4～＋20mA

　　□＝2，设定输入范围－20～＋20mA　　　　□＝3，关闭该通道

　　例如：BFM#0＝H3310，则　CH1：设定输入范围－10～＋10V；

　　　　　　　　　　　　　　　　CH2：设定输入范围＋4～＋20mA；

　　　　　　　　　　　　　　　　CH3、CH4：关闭该通道。

2）采样次数设定（BFM#1～4）。各通道平均值取样次数指定（1～4096），默认设定值8处理。

3）输入的平均值单元（BFM#5～8）；输入当前值单元（BFM#9～12）。

4）转换速度设定（BFM#15）。

0——正常速度（默认）15ms/通道；1——高速（默认）6ms/通道。

5）调整增益和偏移量。BFM#20置1时，整个模块的设定值均恢复到默认值。这是快速地擦除零点和增益的非默认设定值的方法。

若BFM#21的（b1，b0）分别置为（1，0），则增益和零点的设定值禁止改动。要改动零点和增益的设定值时，必须令（b1，b0）的值分别为（0，1），默认设定为（0，1）。

在BFM#23和BFM#24内的增益和零点设定值会被送到指定的输入通道的增益和零点寄存器中，需要调整的输入通道由BFM#22的G、O（增益-零点）位的状态来指定。例如：若BFM#22的G1、O1位置1，则BFM#23和#24的设定值即可送入通道1的增益和零点寄存器。各通道的增益和零点既可统一调整，也可独立调整。

BFM#23和#24中设定值以mV或μA为单位，但受FX_{2N}-4AD的分辨率影响，其实际响应以5mV/20μA为步距。

FX_{2N}-4AD和FX_{2N}-2DA的零点和增益调整很方便，两种模块上均有零点、增益调整开关，可利用这些开关直接调整，也可通过TO指令改写相应BFM的值，调整零点和增益。

6）模块识别码（BFM#30）。BFM#30中存有模块识别码，PLC可用FROM指令读入（FX_{2N}-4AD识别码为K2010）。用户在程序中可以方便地利用这一识别码在传送数据前先确认该特殊功能模块。

7）状态信息（BFM#29）。BFM#29中各位的状态是FX-4AD运行正常与否的信息。例如：b2为OFF时，表示DC24V电源正常，b2为ON时，则电源有故障。用FROM指令将其读入，即可做相应处理。

【例6-1】　模拟量输入模块

FX_{2N}-4AD的模块编号地址为0，仅开通CH1和CH2两个通道作为电压量输入通道，计算4次取样的平均值，结果存入PLC的数据寄存器D0和D1中。

题解梯形图如图6-5所示。

【例6-2】　模拟量输出模块

FX_{2N}-2DA的模块编号地址为2，CH1设定为电压输出，CH2设定为电流输出，要求当PLC从RUN转为STOP状态后，最后的输出值保持不变，试编写程序（BFM参照数据手册）。

题解梯形图如图6-6所示。

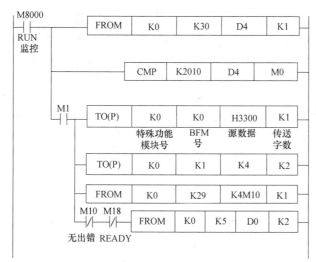

图 6-5 【例 6-1】题解梯形图

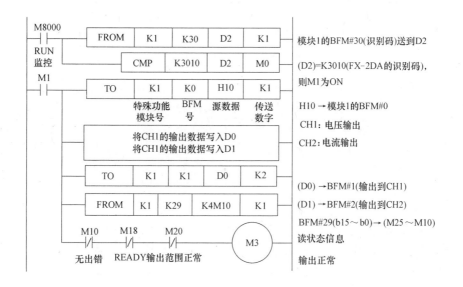

图 6-6 【例 6-2】题解梯形图

二、高速模块

由于主机高速 I/O 端口有限，需增加高速端口，可供选择的模块或适配器见表 6-5。

表 6-5 高速计数、输入输出模块/适配器

模块	计数 FX_{2N}-1HC	计数 FX_{3U}-2HC	输入输出 FX_5-16ET/ES□-H
输入信号	5V、12V、24V DC/7mA	5V、12V、24V、DC/12.5mA、8mA	24V DC/5.3mA
输入	单相 2 路、双相 1 路	单相 1/2 路，双相 2 路，内部时钟（1MHz）	

（续）

模块	计数 FX$_{2N}$-1HC	计数 FX$_{3U}$-2HC	输入输出 FX$_5$-16ET/ES□H
最高频率 kHz	50	200	200
计数方式	增、减、循环	增、减	—
计数值	16bit：0～65535，32bit：－2147483648～＋2147483647		—
输出	2 晶体管	4 晶体管	8 晶体管入/8 晶体管出
占用 I/O 点	8		16
与 PLC 的通信	FROM/TO 指令经由缓冲存储器执行		—
适配器	FX$_{3U}$-2HSY-ADP		FX$_{3U}$-4HSX-ADP
输入/输出	2 路输出		4 路输入（单相 1/2 路、双相 1 路）
最高频率 KHz	200		
输入/输出规格	差动线性输出（正反向脉冲或脉冲加方向）		差动线性输入 3
最多使用量	2		
占用 I/O 点	0		

三、定位控制

定位控制可选用高性价比的具有内置定位功能的可编程序控制器或高性能的特殊扩展设备（脉冲输出型模块及高速、高精度的 SSCNET 模块），表 6-6 为常见模块的定位运行模式。

表 6-6　常见模块的定位运行模式

定位指令/运行模式	内容	FX$_5$/FX$_3$内置	FX$_5$/FX$_3$高速 I/O	FX$_5$-40SSC	FX$_{3U}$-20SSC	FX$_{2N}$-20GM	FX$_{2N}$-10GM	FX$_{3U}$-1PG	FX$_{2N}$-10PG	FX$_{2N}$-1PG
JOG 运行	正/反转指令输入 ON 时，电动机正/反转	○	○	○	○	○	○	○	○	○
机械原点复位	由机械原点复位指令，以原点复位速度开始动作（有 DOG 搜索功能）。原点复位结束后，输出清零信号	○	○	○	○	○	○	○	○	○

（续）

定位指令/运行模式	内容	FX₅/FX₃ 内置	FX₅/FX₃ 高速 I/O	FX₅-40SSC	FX₃U-20SSC	FX₂N-20GM	FX₂N-10GM	FX₃U-1PG	FX₂N-10PG	FX₂N-1PG
单速定位 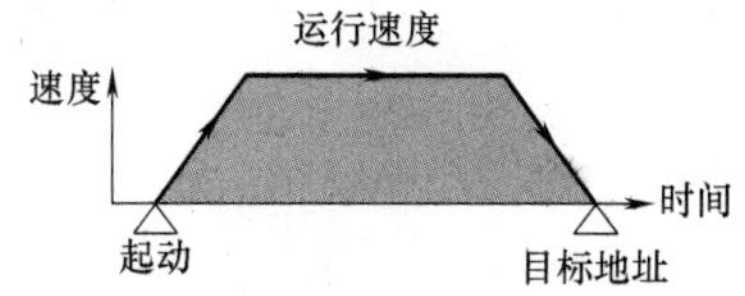	起动后以运行速度动作,到达目标位置停止	○	○	○	○	○	○	○	○	○
2速定位 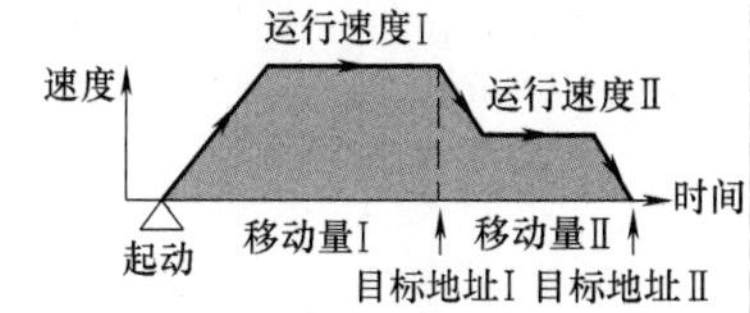	起动后以运行速度①移动移动量①,此后以运行速度②移动移动量②	○/X	○/X	○	○	○	○	○	○	○
多段速定位 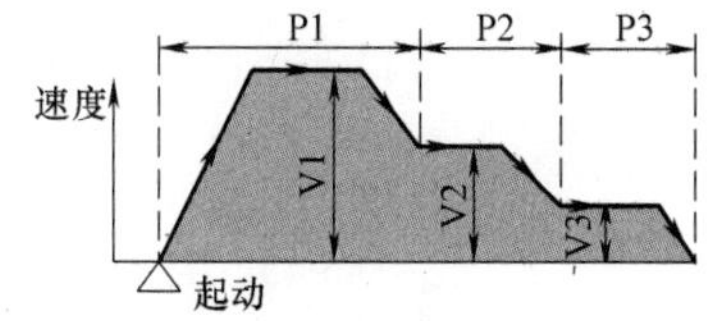	通过连续轨迹控制多个表格进行多段速运行(左图为3个表格示例)	○/X	○/X	○	○	○	○	X	X	X
中断停止 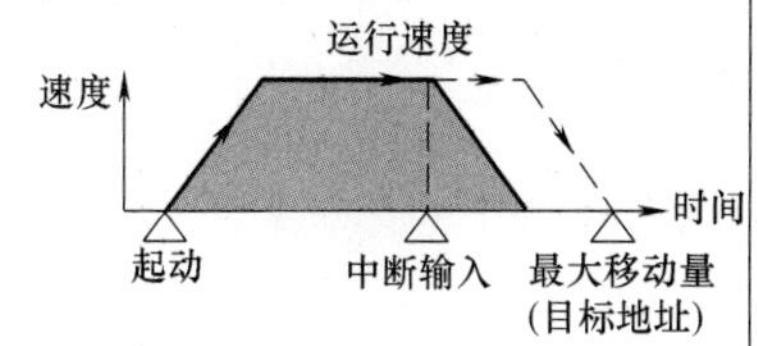	按开始指令开始运行,在目标位停止,但运行中中断输入ON,则减速停止	○/X	○/X	X	X	X	X	○	○	○
中断单速定位/固定进给 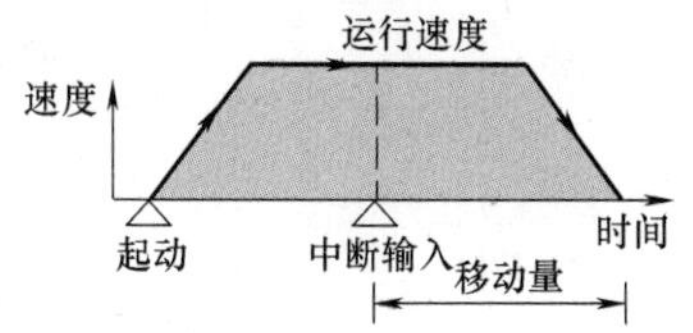	当运行中中断输入ON,则以相同速度移动指定移动量后减速停止	○	○	○	○	○	○	○	○	○
中断2速定位/固定进给 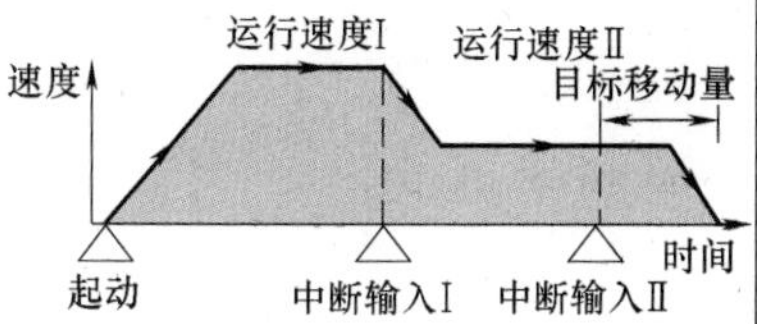	运行中中断输入①ON时,减速至第②段速度;中断输入②ON时,则移动指定移动量后减速停止	○/X	○/X	○	○	○	○	○	○	○

（续）

定位指令/运行模式	内容	FX5/FX3 内置	FX5/FX3 高速 I/O	FX5-40SSC	FX3U-20SSC	FX2N-20GM	FX2N-10GM	FX3U-1PG	FX2N-10PG	FX2N-1PG
中断 2 速定位/外部指令 （运行速度①、运行速度②、起动、减速指令 DOG 输入、停止指令 STOP 输入）	按照开始指令以速度①运行，并按减速指令减速到停止指令前的运行速度②运行	O/X	O/X	X	X	X	X	O	O	O
可变速度运行 （运行速度、起动、速度变更、速度变更、速度变更）	以 PLC 指定的运行速度运行	O	O	O	O	X	X	O	O	O
线性插补 （Y 轴、目标地址（X、Y 轴）、X 轴）	以指定的矢量速度向目标移动	O/X	O/X	O	O	X	O	X	X	X
圆弧插补 （CW 顺时针方向、目标地址（X、Y 轴）、CCW 逆时针方向、中心（i、j）、起点、中心指定、大圆(b)、CW 顺时针方向、半径-r、小圆(a)、起点、半径+r、半径指定）	按圆弧插补指令以指定的线速度向目标位置（x, y）移动（可指定中心坐标运行或指定半径运行）	X	X	O	O	X	O	X	X	X
表格运行 编号 位置 速度 … 1 200 500 2 500 1000 3 1000 2000	可根据表格（表）编写定位控制程序	O/X	O/X	O	O	O	O	X	X	X
脉冲发生器输入运行 （输入脉冲、A 相、B 相、手动脉冲发生器编码器等、伺服放大器驱动单元、倍率分频比）	可用手脉或编码器输入外部脉冲同步比例运行	X	X	O	O	O	O	O	O	X

1. 内置定位

三菱 PLC 可利用性价比极高的 PLC 内置定位功能，轻松实现定尺寸进给或重复往返等定位动作。晶体管输出型基本单元内置 2~4 轴定位功能，系统构成如图 6-7 所示（IQ-FX$_5$ 系列具有 200kpps，4 轴的内置定位参见图 2-19）。

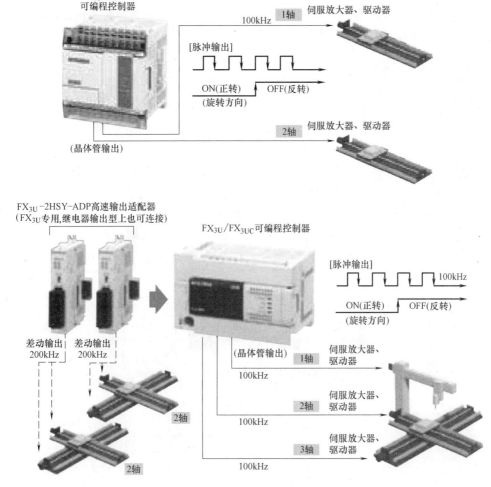

图 6-7　PLC 定位系统构成

2. 脉冲发生器模块

脉冲发生器模块通过向伺服或步进电动机的驱动放大器输出指定数量的脉冲来实现一个独立轴的简单定位；该类模块为需要高速响应和采用脉冲列输出的定位操作提供连接终端，需要和控制单元配合使用，一台 PLC 主机可连接数个模块（实现多轴控制），每个模块占用 8 个 PLC 的输入或输出点；定位控制时通常连接人机界面特殊功能模块实现数据存取，所有用于定位控制的程序都在 PLC 中执行，使用 FROM/TO 指令与 PLC 进行数据传输。

FX$_{3U}$-1PG 可实现 200kpps 的脉冲输出，FX$_{2N}$-1PG 是 100kpps，FX$_{2N}$-10PG 是 1000kpps。

3. 定位控制单元

（1）FX$_{2N}$-20GM　该类模块也叫脉冲序列输出单元，通过使用步进电动机或伺服电动机的驱动单元进行定位控制（FX$_{2N}$-10GM 单独控制 1 轴，FX$_{2N}$-20GM 独立 2 轴控制，而且支持 XY 轴直线插补和圆弧插补）。模块输出频率可达 200kpps，占用系统输入输出 8 点，可以单独使用，也可和控制单元配合使用，可使用专用定位语言（代码指令）及其本指令和功能指令，性能指标参见数据手册。

（2）FX$_5$-40SSC-S/FX$_{3U}$-20SSC-H　该类模块采用新一代高速同步网络 SSCENTⅢ，连接带该网络接口的伺服放大器，实现高速、高精度的伺服电动机定位控制。图 6-8 所示是系统构成，系统的限位及 DOG 限位连接到伺服驱动器，光缆连接主机及数个该类模块，系统的运行、配置、监测由人机交互模块实现。

由于采用光缆连接，系统构成简便、可靠、抗噪音强，系统数据传输高速、模块间距加大，控制模式众多，功能强大。模块每 1.777ms 可扫描一次，实现高性价比高精度耐噪音性能优越的定位控制，定位参数伺服参数表格信息都可保存在闪存中（模块主要参数见表6-7，详细资料参见数据手册）。

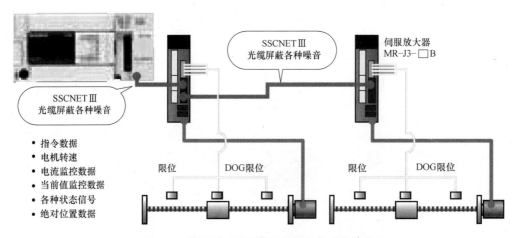

图 6-8　基于 SSCENTⅢ网络的定位系统构成

表 6-7　基于 SSCENTⅢ的定位模块主要参数

项　目		FX$_5$-40SSC-S	FX$_{3U}$-20SSC-H
控制轴数		4 轴	2 轴
伺服总线		SSCNETⅢ/H	SSCNETⅢ
扫描周期		1.777ms	
插补功能		2/3/4 轴直线插补;2轴圆弧插补	2 轴直线插补;2轴圆弧插补
控制方式		PTP、轨迹、速度、速度 * 位置切换、位置 * 速度切换、速度 * 转矩控制	
控制单位		mm、inch、degree、pulse	
备份		参数、定位数据、块起动数据通过闪存保存(无需电池)	定位参数伺服参数表格信息都可保存在闪存中。写入次数最大 10 万次
定位控制	定位方式	增量、绝对	
	定位范围	–2147483648 ~ 2147483647PLS	
	速度指令	Hz、cm/min, inch/min, 10deg/min	
	加减速处理	梯形加减速S 形加减速	梯形加减速;S 形加减速在 1 ~ 5000ms 插补时,实施梯形加减速
I/O 占用点数		8	
总延长(最大距离)/m		400	100
站间距离(最大)/m		100	50

第二节　通信与网络

可编程序控制器是一种新型的工业控制装置，它已从单一的开关量控制功能发展到连续PID控制等多种功能，从独立单台运行发展到数台连成PLC网络。也就是说，把PLC与PLC、PLC与计算机及其他智能装置通过传输介质连接起来，实现通信，可构成功能更强、性能更好的控制系统。

一、PLC的通信

1. PLC之间、PLC与计算机之间、PLC与对象设备之间的数据通信

RS-485（或RS-422，RS-232）网络是现在流行的一种布网方式，至少在低端市场RS-485是最主要的组网方式（见图6-9），其特点是实施简单方便，且支持RS-485接口的设备及仪表众多。

（1）N:N网络（FX系列PLC）最多可连接8台FX系列PLC，各PLC之间自动交换数据。该网络通过链接软元件，在各PLC间执行数据通信，并且所有连接的PLC可共享（监控）链接用软元件。

（2）并联链接（同一系列的PLC之间）2台PLC间，自动更新位软元件（M）和字软元件（D）。

（3）计算机链接（专用协议）1台计算机最多可连接16台FX、A、Q系列PLC。作为主站的计算机以及子站PLC间可执行数据链接。

（4）通信对象为计算机　1台计算机与1台带有RS-232C接口的FX系列PLC连接。作为主站计算机可以与子站PLC执行数据链接。

（5）无协议通信（RS、RS2）PLC与具有RS-232/485/422接口的设备（打印机、条码阅读器等）进行无协议串行通信。

（6）编程通信（计算机、人机界面、编程工具等）从RS-232C/RS-422/USB设备接口连接通信对象，进行顺控程序的传输与监控。

（7）变频器通信　采用RS-485连接

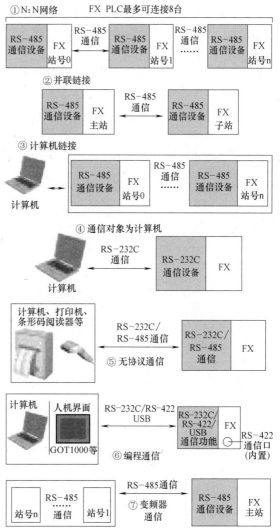

图6-9　PLC通信

变频器（最多8台）进行运行控制、参数修改、各种指令等。

2. 省配线系统

（1）AnyWireASLINK（省配线系统+传感器诊断） AnyWireASLINK 是在继承传统 2/4 芯 AnyWire 省配线系统的优越性以及特点上，又增加了革新的 I/O 模组的省配线及传感器的诊断功能。

革新的省配线使得 I/O 模组小型化（可分散到 1 至 2 点的 I/O 模块，端子板型的 8 点输入输出模组）及推行不需中继盒化；对传感器链路而言，可从上位控制器监控或简单判定传感器处于未检测状态还是发生了电缆断线。

传感器的诊断化具有"感应水平的监视"（ON/OFF 切换的余量）的功能，诊测实测值的 ASLINKSENSOR 可由上位监视掌握传感器的状态，可由上位对传感器设定感度及阈值。

AnyWireASLINK 的基本传输规格见表 6-8，系统构成示例如图 6-10 所示。

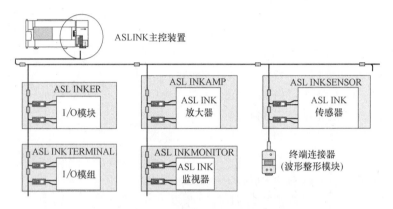

图 6-10 AnyWireASLINK 系统构成示例

表 6-8 AnyWireASLINK 的基本传输规格

传送时钟	27kHz
最长传送距离	200m
连接台数	最多 128 台
传送方式	DC 电源重叠总帧数循环方式
连接形态	总线形式(多点分支、T 形分支、星形配线、树分支)
传送协议	AnyWireASLINK 专用协议
错误控制	双重核对、校验和
连接 I/O 点数	最多 512 点(输入 256/输出 256)
	FX_{3U}-128ASL-M 最多 128 点
	FX_5-ASL-M 最多 384 点
RAS 功能	传输线断线、短路检测功能、传输电路驱动电源降低、ID 重复/未设定检测功能
与 PLC 通信	按照 FROM/TO 指令经由缓冲存储器执行(也可由缓冲存储器直接指定)
使用电线	通用 2/4 线电缆(VCTF、VCT, 0.75～1.25mm², 额定 70℃)
	通用线电缆(0.75～1.25mm², 额定 70℃)
	专用扁平电缆(0.75～1.25mm², 额定 90℃)

（2）SSCNET（Servo System Control NETwork） SSCNET 是三菱公司开发的，用来连接三菱运动控制器 CPU 与伺服放大器的高速串行通信网络，是专为运动控制所制定的网络通信协议，由三菱电机名古屋制作所于 20 世纪 90 年代初期研发。最新的一代 SSCNETIII 网络采用光纤系统（见图 6-8），可配合更高性能的 J3B 伺服驱动器。

采用光纤通信的网络可以大幅度节省配线，抗干扰性能大幅提升，基于 SSCNET3/H 与伺服电动机通信的速度高达 150MHz，是传统脉冲型速度的 800 倍，通过 SSCNETIII/H 可实现真正的同步通信，不存在传统脉冲型控制多路脉冲滞后不同步现象。

二、PLC 网络

典型 PLC 厂家（三菱电机、西门子、欧姆龙、A-B 等公司）推出的 PLC 自动控制系统通信及网络解决方案各不相同，各有各的特点，繁多的协议见表 6-9。在亚太地区，基于以太网的 CC-Link IE 工业网络和运用现场总线的 CC-Link 已经成为最普及的开放网络。表 6-10 是三菱最具代表性的三种网络：信息与管理层的以太网（Ethernet）、管理与控制层的局域网（CC-Link IE）、开放式现场总线设备网（CC-Link），随着 CC-Link 网络向上/向下的延伸，CC-Link IE 已具有了"一网打尽"的能力（见图 6-11），该解决方案将极大节省开发成本，缩短开发周期。

表 6-9 程序自动化通信协议（部分）

BSAP	CC-Link	CIP	CAN
CANopen	ControlNet	DeviceNet	DF-1
DirectNET	EtherCAT	Ethernet Global Data（EGD）	Ethernet Powerlink
EtherNet/IP	FINS	FOUNDATION fieldbus	GE SRTP
HART Protocol	Honeywell SDS	Hostlink	INTERBUS
MECHATROLINK	MelsecNet	Modbus	Optomux
PieP	Profibus	PROFINET IO	SERCOS interface
SERCOS III	Sinec H1	SyngNet	TTEthernet

1. Ethernet

Ethernet 是 LAN（Local Area Network）规格的一种，是企业信息系统中管理者对生产现场进行远程生产管理、远程在库/资料管理时处理各种数据的开放式网络（通信速率从 10Mbit/s、100Mbit/s 发展到 1Gbit/s）。

IP 地址（Internet Protocol Address：32 位）是为了区分连接在 IP 网络中的各台设备、计算机等而分配给它们的识别号码，相当于寄信时的地址和打电话时的电话号码。

TCP 和 UDP 是通信两端的设备、计算机处理的协议，通过端口号（0~FFFF，相当于地址的某一层）来识别哪一个应用程序与哪一个应用程序在进行通信。TCP 适合于需要可靠地发送数据的场合，而 UDP 适用于在计算机画面中进行实时监控等场合。

FX_5 内置 Ethernet 接口，FX_{3U}-ENET（通信速度 100Mbit/s）是 FX_3 系列 PLC 主机接入以太网的接口模块。基于 RJ45 连接器构成网络，可实现各种数据通信及程序维护（完成程序的上传和下载，监控程序的运行，便捷的数据交换）。

表 6-10 三菱 PLC 的网络

信息 OA 层网络	信息管理（Ethernet）	最高级的网络一般会充分利用 Ethernet。收集、管理各种生产信息，实现生产的高效化	
控制 FA 层网络	生产控制（CC-Link IE）（MELSECNET/□）	连接多台生产设备的控制网络。通过高速通信和大容量链接元件，在所控制设备之间对与设备运转、动作直接相关的数据进行实时通信	
设备层网络	装置控制（CC-Link）	在设备内的控制装置和驱动装置等之间进行实时通信，能够同时完成控制和信息处理的高速网络	
省配线网络	设备、I/O 控制（CC-Link/LT）（RS232/RS485）	为减少现场复杂的配线作业以及误配线等，以机床、装置内的省配线为目的的网络	

2. MELSECNET

MELSECNET 是三菱为其产品开发的专用数据链路系统，包括/10 /B /H 等多种规格，速度可达 10M 或 25M，通信介质有同轴电缆、双绞线、光缆等，每个网络中最大可连接 64 个站，总距离可达 30km。

MELSECNET/10（H）网络使用令牌传递的通信方式，因此，即使网络上连接的站数增加，数据收发仍可高速稳定地进行。网络可构成冗余结构，网络中可有 PLC、远程 I/O 模块、浮动主站、人机界面等，采用 B、W 寄存器来交换数据；站与站的通信使用共享数据区的概念，故编程异常简便，对网络通信的编程如同对本地站编程一样方便；上述特点使 MELSECNET/10（H）获得了很高的市场评价。

3. CC-link 与 CC-link IE 网络

（1）CC-link CC-Link（Control & Communication Link，控制与通信链路系统）是一个基于 rs485 的、一种开放式现场总线。它数据容量大，通信速度多级可选；它提供了快速、稳定的输入/输出响应，具有很大的扩展潜力和高度的灵活性；它是一个以设备层为主的网络，同时也可覆盖较高层次的控制层和较低层次的传感层。

一般情况下，CC-Link 整个一层网络可由 1 个主站和 64 个从站组成。网络中的主站由 PLC 担当，从站可以是远程 I/O 模块、特殊功能模块、带有 CPU 和 PLC 本地站、人机界面、变频器及各种测量仪表、阀门等现场仪表设备。CC-Link 具有较长的传输距离和高达 10 Mbit/s 的数据传输速度（见图 6-12），具有完善的 RAS（Reliability，Availability，Serviceability）功能（见图 6-13）。

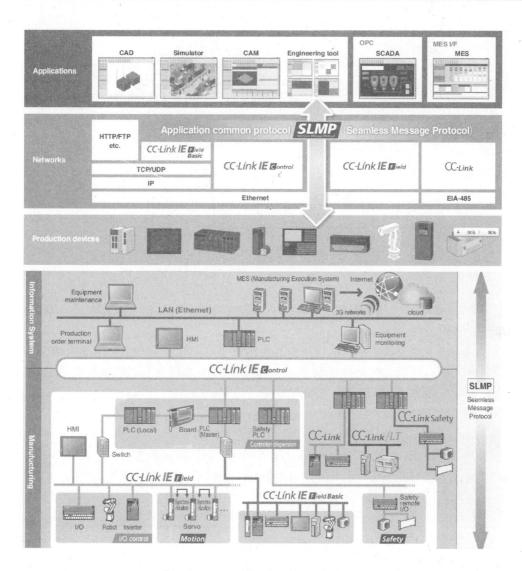

图 6-11　三菱 PLC 的网络结构

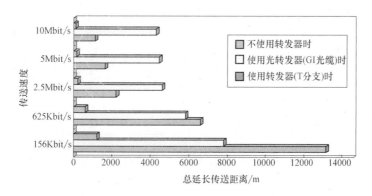

图 6-12　CC-Link 的传输距离及传输速度

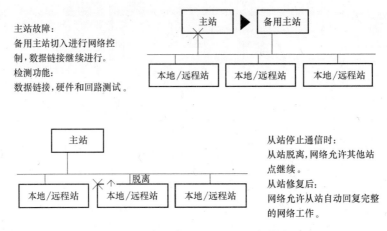

主站故障：
备用主站切入进行网络控制，数据链接继续进行。
检测功能：
数据链接，硬件和回路测试。

从站停止通信时：
从站脱离，网络允许其他站点继续。
从站修复后：
网络允许从站自动回复完整的网络工作。

脱离

图 6-13　CC-Link 的 RAS 功能

CC-Link 的底层通信协议遵循 RS-485，主要采用广播-轮询的方式进行通信（不停地进行数据交换），也支持主站与本地站、智能设备站之间的瞬间通信（由专用指令 FROM/ TO 来完成）。

CC-Link/LT 专门为传感器、执行器和其他小型 I/O 的应用而设计。它简化和减少了现场设备和控制柜的配线，并消除了误配线。CC-Link/LT 是建立在 CC-Link 技术基础上的。它具有开放性、高速运行和优异的抗噪音性能。

CC-Link V2 通过 2 倍、4 倍或 8 倍等扩展循环设置，最大可以达到 RX、RY（各 8192 点）和 RWw，RWr（各 2048 字）。每台最多可链接点数（占用 4 个逻辑站时）从 128 位、32 字扩展到 896 位、256 字。与 CC-Link Ver.1 相比，通信容量最大增加到 8 倍。

CC-link 常用主站模块有 FX_{3U}-16CCL-M 和 FX_{2N}-16CCL-M，端口模块主要有 FX_{3U}-64CCL 和 FX_{2N}-32CCL，主要参数见表 6-11。

表 6-11　CC-Link 通信模块

主站模块	FX_{3U}-16CCL-M	FX_{2N}-16CCL-M
可连接从站数	16	15
传输速度	156kbit/s/625kbit/s/2.5Mbit/s/5Mbit/s/10Mbit/s	
每从站控制点数	I/O：≤256；寄存器：≤64	I/O：32；寄存器：8
最大 I/O 点数	≤512	128（FX_{1N}）；256（FX_{2N}）；384（FX_{3U}）
占用 I/O 点数	8	
从站模块	FX_{3U}-64CCL	FX_{2N}-32CCL
传输速度	156kbit/s/625kbit/s/2.5Mbit/s/5Mbit/s/10Mbit/s	
每从站通信点数	I/O：≤256；寄存器：≤64	I/O：32；寄存器：8
占用 I/O 点数	8	

（2）CC-link IE　CC-Link IE Control 作为控制层网络，冗余环路拓扑，是基于千兆以太网的工业以太网系统，用于车间级的网络系统连接，其超高速、大容量的特性可满足客户将工业网络同生产管理有机结合，通过实时通信机制实时控制生产现场的设备，并收集实时生产数据，以便于生产现场的集中控制、数据分析和生产监控，有效实现了柔性生产、定制化

生产，并从生产管理层面进行生产品质分析。

CC-Link IE Field 是基于以太网的整合网络（FX$_5$-CCLIEF 是 FX$_5$ 系列端口模块，参数见表 6-12），秉承了 CC-Link 的功能，同时在设备管理（设定监视）、设备保全（监视故障检测）、数据收集（动作状态）等功能上满足系统整体最优的这一工业网络的新的需求，实现从信息层到生产现场的无缝数据传送网络整合，能够适应较高的管理层网络到较低的传感器层网络的不同范围。

表 6-12　CC-Link IE 通信模块

FX$_5$-CCLIEF		CC-Link IE 通信模块（对应 FX$_5$ CPU 模块）
编号		1~120（由参数或程序设定）
速度		1Gbit/s
拓扑结构		线型、星型、环型
通信方式		令牌传递
最长站间距		100m
级联连接段数		20
最大链接点数	RX	384 点，48B
	RY	384 点，48B
	RWr	1024 点，2048B
	RWw	1024 点，2048B
I/O 占用点数		8
与 PLC 通信		按 FROM/TO 指令经由缓冲存储器执行或由缓冲存储器直接指定

CC-Link IE Field Basic 是 CC-Link IE 的一部分，适合对网络速度没有过高要求的小规模系统。只需要通过软件的开发即可实现通信的兼容性，更加容易实现控制设备的网络化，简单地构建起网络。对开发者而言，主从站无需专用芯片和硬件，仅软件即可实现通信控制，缩短开发时间及成本。

CC-Link IE Safety 网络结合 CC-Link Safety，实现不同生产工序之间的安全数据传输，完成控制器和控制器之间的安全数据实时交换，以实现不同工序之间的安全同步控制，从而实现整个生产流程的安全管理和安全生产。

CC-Link IE Motion 通过增加同步功能，实现多轴插补等运动控制，还能够通过传送延迟计算和补正功能，进行高精度同步控制，结合其他 CC-Link 协议家族，能够实现运动控制网络与 IT 网络的有机结合。

随着工业以太网技术的不断发展壮大，PROFINET、EtherCAT、CC-Link IE 等带给用户诸多惊喜的同时也带去了诸多困扰。作为不同种类的以太网标准，安装了 PROFINET、EtherCAT、CC-Link IE 等的设备、机器和系统网络之间无法进行数据交互。因此，制造商往往被迫为不同用户配置不同的网络，而且还常常受到网络的限制，无法选择更恰当的设备。

而在工业 4.0 和工业用 IoT（Internet of Things）上实现相应的生产系统，CC-Link IE 和 PROFINET 等各种网络之间的互联互通必不可少。基于工业用开放式网络的普及，CC-Link 协会（CLPA）和 PI（PROFIBUS & PROFINET International）将努力实现 CC-Link IE 和 PROFINET 之间的网络互通。

习题及思考题

6-1　FX_{2N}-4AD 通道 1 的输入量程为 4~20mA，通道 2 的输入量程为 -10~+10V，3 和 4 通道要禁止。FX_{2N}-4AD 模块的位置编号为 1，平均值滤波的周期数为 8，数据寄存器 D20 和 D21 用来存放通道 1 和通道 2 的数字量输出的平均值，请设计模拟量输入的梯形图程序。

6-2　简述 RS-232C 和 RS-485 在通信中的异同。

第七章

三菱触摸屏与变频器

第一节 三菱触摸屏

很多设备上，操作人员需要了解设备的工作状态、故障信息，需要设定工作参数、给予动作命令，人机交互设备为此提供了一种便利直观的途径。人机界面作为 FA 相关领域可编程序控制器的 HMI（Human Machine Interface）设备，其用途主要为操作显示面板、POP 终端和信息数据显示终端等。

一、触摸屏的型号及主要类型

1. 触摸屏型号

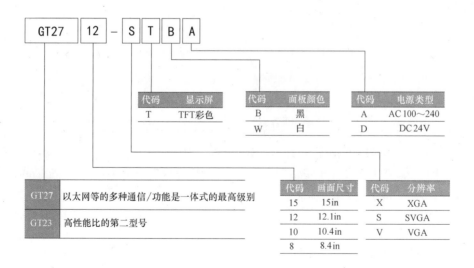

代码	显示屏
T	TFT彩色

代码	面板颜色
B	黑
W	白

代码	电源类型
A	AC 100~240
D	DC 24V

GT27	以太网等的多种通信/功能是一体式的最高级别
GT23	高性能比的第二型号

代码	画面尺寸
15	15in
12	12.1in
10	10.4in
8	8.4in

代码	分辨率
X	XGA
S	SVGA
V	VGA

2. 触摸屏主要类型

（1）GOT1000 系列　GOT1000 系列型号繁多（16/15/14/12/11/10，见表7-1），尺寸从 3.7~15in（1in = 2.54cm），分辨率从 160×64 点到 1024×768 点，颜色从单色、多及灰度到 65536 色，方式有单点触屏和多点触屏，通信方式有以太网、总线、USB、串行等，供电有直流电源或交流电源，具有丰富的选件，可以满足任何系统或预算的需求，具体型号及参数可查阅手册。目前 GOT1000 已停产，各类产品正全面升级到 GOT2000 系列。

（2）GOT2000 系列　GOT2000 系列使用新一代处理器，将基本性能推向极至。其响应速度更快（提升 2 倍多）；增大了内存容量（约 9 倍）；通过手势操作可缩放、滚动画面；采用轮廓字体和 PNG 图像，放大或缩小时保持字体和图像的平滑度；产品阵容丰富（GT21、GT23 为高性价比），见表 7-1。

表 7-1　GOT2000（新一代中高端）/GT1000 主要型号

型号	尺寸/in		
GT27	15、12.1、10.4、8.4、5.7	以太网、RS232、RS-422/485、CC-Link、Q 总线、MELSECNET	GT2715-XTBA GT2715-XTBD 分辨率:1024×768 颜色:65536
GT25	12.1、10.4、8.4		
GT23	10.4、8.4	以太网 RS-232 RS-422/485	GT2310-VTBA GT2310-VTBD 分辨率:640×480 颜色:65536
GT21	4.3、3.8		
GT16	15、12.1、10.4、8.4、5.7	丰富的功能配置;高效率和用户友好功能两者兼备;各种机型充实,为客户提供更多的选择	GT1695M-XTBA GT1695M-XTBD 分辨率:1024×768 颜色:65536
GT15	15、12.1、10.4、8.4、5.7		
GT14	5.7 QVGA[320×240 点]		
GT12	10.4 VGA[640×480 点]		GT1020 分辨率:160×64 单色(黑/白) 3 色 LED(绿/橙/红)
GT11	5.7 QVGA[320×240 点]		
GT10	5.7、4.7、4.5、3.7		

（3）GOT Simple　简洁机型且功能强大，高信赖性且操作简便（见表 7-2）。

表 7-2　GOT Simple（经济型）主要型号规格

型号	尺寸				
GS2110-WTBD	10in(WVGA800×480)		GS2110-WTBD 分辨率:800×480 颜色:65536		GS2107-WTBD 分辨率:800×480 颜色:65536
GS2107-WTBD	7in(WVGA800×480)				

（4）GT SoftGOT　利用软件（GT SoftGOT2000；GT SoftGOT1000），USB 许可密钥，三菱提供将联网的个人计算机或平板电脑充当 GOT，分辨率支持 640×480、800×600、1024×768、1280×1024、1600×1200，显示颜色为 65536 色，应用方案如图 7-1 所示。GT Works3 软件套装中包含 GT SoftGOT1000 Version3 软件，也可沿用 GT Designer3 制作的画面数据。

二、触摸屏编程示例

【例 7-1】　三电动机 M1、M2、M3 运行要求：起动命令 X1 控制电动机 M1 起动，延迟 5s（D1）和 3s（D2）后分别起动 M2、M3；停止命令 X2 控制电动机 M3 停止，延迟 4s（D3）和 2s（D4）后分别停止 M2、M1。PLC 的梯形图编程可参考第三章和第四章。触摸屏与 PLC 通信控制要求：触摸屏画面 1 为 logo，画面 2 为电动机起动/停止延时间隔设置，画面 3 为起动和停止按钮，三张画面有切换按钮。

应用 GT designer：

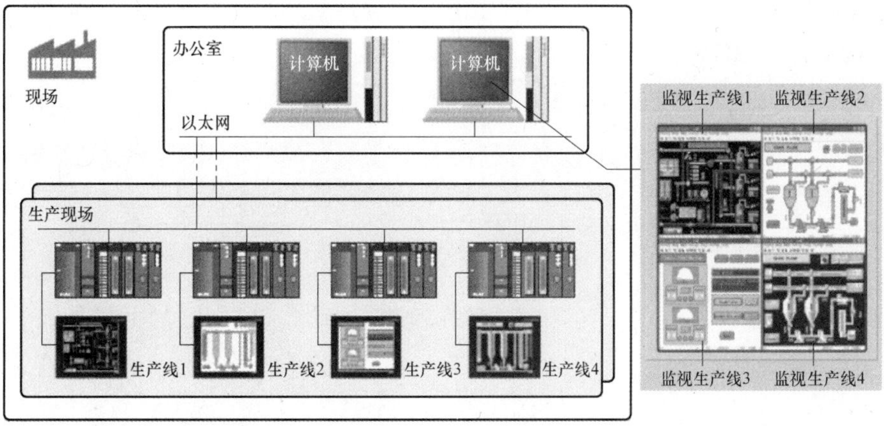

图 7-1　GT Soft 应用示例

1. 创建工程及编辑画面（见图 7-2）

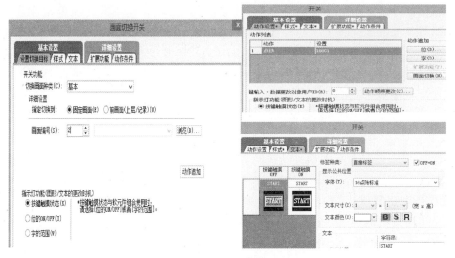

图 7-2　创建工程及编辑画面

2. 画面切换及开关设置（见图 7-3）

图 7-3　画面切换及开关设置

3. **数据输入设置**（见图 7-4）

4. **下载图片到 GOT**（见图 7-5）

连接 PLC 上电运行，可验证设计。

图 7-4　数据输入设置

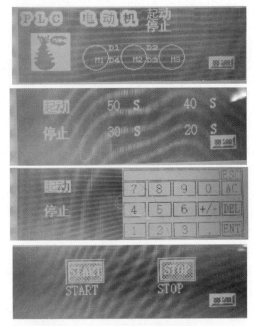

图 7-5　GOT 实际显示图片

第二节　三菱变频器

在电气传动控制领域，交流电动机通常被用于恒速或调速性能要求不高的场合，但引发其变革的就是变频器的出现。

变频器又称变频调速器（Variable-frequency Drive，VFD），是一种电能控制装置。它利用功率半导体器件，将固定频率的交流电转换为可控的可变频率的交流电来驱动交流电动机。变频器可根据电动机的实际需要提供其所需要的电源电压和频率，进而达到节能、调速的目的；变频器可从零频率、零电压开始逐步起动，以减少对电网的冲击；变频器可按照用户需要平滑地加减速；变频器的操作方便可靠，可按要求控制电动机的起停，可通过 PLC 方便地实现远程控制。

一、变频器的基本原理

变频器是 PLC 控制系统中重要的执行器件，通过变频器的控制可以实现交流异步电动机的变频调速。

1. 变频器调速原理

三相异步电动机的转速公式为

$$n = n_0(1-s) = \frac{60f}{p}(1-s) \tag{7-1}$$

式中 n_0——同步转速；

 f——电源频率（Hz）；

 p——电动机的极对数；

 s——电动机转差率（额定运行时，$s=0.01\sim0.05$。停止时相当于 $s=1$）。

由转速公式可见，电动机的转速由供给电动机的电源频率和电动机极对数决定，电动机的极对数是不能自由、连续改变的，工频电源的频率是固定（50Hz 或 60Hz）的。但若能自由改变频率，那么，电动机的转速也就能自由地改变了。变频器正是着眼于这一点，以自由改变频率为目的而构成的装置。

另外，对三相异步电动机进行调速时，希望主磁通保持不变。如果磁通太弱，铁心利用不充分，同样转子电流下转矩会较小，电动机的负载能力下降；若磁通太强，波形变坏，铁心会发热。由三相异步电动机定子每相电动势的有效值公式（7-2）可知，对 E_1 及 f_1 进行适当控制，即可维持磁通量不变。因此，异步电动机的变频调速必须按照一定的规律同时改变其定子电压和频率，即变频器是一种电压和频率均可调节的供电电源。

$$E_1 = 4.44 f_1 N_1 \phi_m \tag{7-2}$$

式中 f_1——电动机定子电源频率（Hz）；

 N_1——定子每相绕组的有效匝数；

 ϕ_m——定子每相的磁通量（Wb）。

2. 变频器结构

变频可分为交-交和交-直-交两种模式，交-交变频器将工频交流电源直接转换成频率、电压均可控制的交流电源；交-直-交变频器则先将工频交流电源转换成直流，其后再将直流转换成频率、电压均可控制的交流电源，目前市售的通用变频器多采用此结构（见图 7-6）。

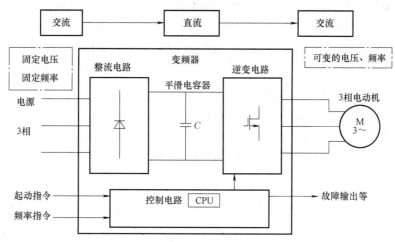

图 7-6 交-直-交变频器的基本结构

整流电路：利用二极管等半导体元件，将电网交流电转换为直流电。

平滑电容器：具有对通过整流电路转换为直流的电压进行平滑滤波及储能作用。由于变频器的负载通常为电动机，属于感性负载，所以运行中会有无功功率交换，这种无功功率将由中间滤波储能元件缓冲。

逆变电路：将直流电转换为交流电，是整流器的逆向转换，称为逆变器。利用 ON/OFF

控制半导体开关元件（IGBT 等）将转换后的可变电压、频率的电源供给电动机。

控制电路：对逆变电路进行开关控制，对整流器的电压控制及完成各种保护功能。变频器的输入输出波形如图 7-7 所示（因变频器内半导体元件的通断作用转换所致）。

输入电流：呈现出形似兔耳的电流波形（含高谐波成分）。

输出电压：长方形聚集（矩形）的波形（含高谐波成分或电压浪涌成分）。

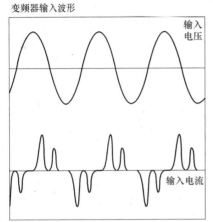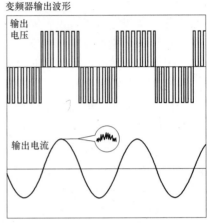

图 7-7　变频器的输入输出波形

3. 变频器的控制方式

早期，通用变频器仅限"V/F 控制"，但从 20 世纪 90 年代开始，以提高"V/F 控制"的低速转矩为目的，导入了"无（速度）传感器控制"的方式。随着半导体等硬件技术和控制理论技术的进步，控制性能得以飞速提高，"带 PLG 矢量控制"的变频器可应对需要更高精度的速度控制领域。

（1）V/F 控制方式　如图 7-8 所示，仅靠改变频率会因电流增大而使电动机发热、烧坏，因此保持 V（输出电压）和 F（频率）的比率恒定的方式就是 V/F 控制（普通功能变频器）。该方式控制电路简单、成本较低、机械特性硬度也较好，在工业领域的应用示例很多。

但恒压频比控制方式在低速时由于连线及电动机绕组的电压降引起有效电压衰减，使电动机转矩不足（低速时非常明显），对此，V/F 控制方式可通过补偿（转矩提升）电压降低的部分来补偿低速时的转矩不足。

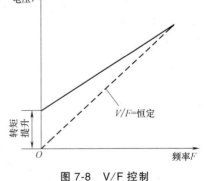

图 7-8　V/F 控制

（2）矢量控制（VC）方式　如图 7-9 所示，矢量控制变频调速是对感应电动机的电流参数进行坐标变换及计算，模仿直流电动机的控制方式，对感应电动机的励磁电流和转矩电流各自独立地控制，从而对电动机转矩进行瞬时控制，实现高响应、高性能的控制方式。

矢量控制变频调速需求出正确的电动机电气参数，须采用带 PLG（编码器）电动机，检测实际电动机速度，通过计算电动机的"转差频率"来推断负载的大小。根据该负载的大小，按照磁通电流分量和产生转矩电流分量分解变频器输出电流，分别加以计算、控制，以获得高响应性和稳定的低速转矩。矢量控制除可进行速度控制和转矩控制外，还可进行位置控制。

图 7-9　VC 控制

（3）无传感器矢量控制　"矢量控制"性能比较优越，但必须使用速度传感器来获得正确的电动机电气参数。近年来，由于变频器本身自动测量电动机参数的功能已实用化，感应电动机的数学模型可在线获得，因此，针对无传感器的通用感应电动机（笼型）的矢量控制已有多种（见表7-3）。

表 7-3　无传感器矢量控制

通用磁通矢量控制	将电动机电流分解为励磁电流分量和转矩电流分量加以计算，补偿低速转矩降低和旋转速度的波动。即便电动机参数稍有差异，也无需进行特别的电动机参数设定或调节便可稳定使用，因此实现了诸多领域的高通用性
先进磁通矢量控制	进一步提升"通用磁通矢量控制"的性能，使其自动补偿输出频率，以便根据转矩分量电流推断实际速度，以便设定速度的控制方式
无传感器矢量控制	根据电动机参数、电压及电流推断出来的电动机速度，进行矢量控制。因有电流控制环路，故可以控制转矩

（4）节能控制模式　为了更好的使用变频器，充分了解负载的特性是非常重要的，以便基于不同的负载特性（见表7-4）选用最佳的控制方式，从而可以实现大幅节能和提高加工特性等。

表 7-4　负载特性

分类	变转矩负载	恒转矩负载	恒功率负载
特性			
特征	负载转矩与转速的 2 次方成正比；所需功率与转速的 3 次方成正比	不论转速如何都需恒定的负载转矩。所需的动能在转速降低时，成正比减小。（输送机、研磨机等）	需要与转速成反比的负载转矩（机床的主轴等）

节能变频器控制方式见表7-5。对节能领域来讲，一般无需太大的低速转矩，因此与产生转矩相比更看重电动机效率。节能变频器在"变转矩负载（风扇、泵等）""低转矩负载（输送机等）"，降低转速可实现节能；尤其在"变转矩负载"时，所需电能大幅减少，节能效果更为显著。

通常坚固、价廉的通用感应电动机被广泛地应用于工业领域，但如从节能角度来考虑感应电动机，则会发现由于励磁电流和转子侧二次铜损导致能量的损失。

表 7-5　节能变频器控制

最佳励磁控制

　　将变频器输出电流分为励磁分量电流和转矩分量电流进行控制,以使电动机自身损失最小

降低转矩 V/F 模式

　　为驱动变转矩负载时的控制模式。与恒定转矩模式相比,可将节能效果提高 3% ~ 5%

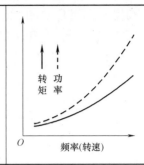

　　IPM(内置永磁体)电动机改正了这个缺点,因此与感应电动机相比更加高效(见表7-6)。通过 IPM 电动机和专用变频器的组合,在风扇、泵以及鼓风机等变转矩负载时,可实现超过变频器驱动高效感应电动机的节能效果。

表 7-6　IPM 电动机与感应电动机

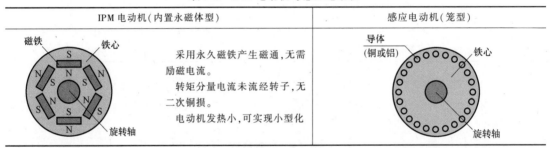

IPM 电动机(内置永磁体型)		感应电动机(笼型)
磁铁　铁心 N S N N S N S N 旋转轴	采用永久磁铁产生磁通,无需励磁电流。 转矩分量电流未流经转子,无二次铜损。 电动机发热小,可实现小型化	导体 (铜或铝)　铁心 旋转轴

　　表 7-7 是以速度控制为核心的变频器的代表性控制方式,大体上说,从左到右,其性能、精度是越来越高的控制方式,而通用性、经济性则与此方向相反。

表 7-7　变频器的代表性控制方式

控制方式	V/F 控制	无传感器矢量控制		带 PLG 矢量控制
		磁通矢量控制	实时无传感器矢量控制	
速度控制 范围	1:10 (6~60Hz: 动力运行)	1:120 (0.5~60Hz: 动力运行)	1:200 (0.3~60Hz: 动力运行)	1:1500 (1~1500r/min: 动力运行和再生)
响应/(rad/s)	6~60	20~30	120	300
速度控制	○	○	○	○
转矩控制	×	×	○	○
位置控制	×	×	×	○

二、FR-E700 变频器

　　FR-E700 系列为经济型高性能变频器,具有多种磁通矢量控制方式。非常适合从低速开始即需要高转矩的自动仓库等升降机控制,转矩转速特性如图 7-10 所示。

　　在 0.5Hz 下,使用先进磁通矢量控制模式可以使转矩提高到 200%(3.7kw 以下)。

　　短时超载增加到 200% 时允许持续时间为 3s,误报警将更少发生。

FR-E7 2 0 0.1K

代号	电压	代号	电源相熟	代号	变频器容量	符号	规格
2	220V	无	3相输入	0.1-15K	（KW）	CHT	中国版
4	400V	S	单相输入			无	日本版

经过改进的限转矩及限电流功能可以为机械提供必要的保护。

提供了 USB 接口，可使用计算机通过 FR-Configurator 简单设定。

可用于 EIA-485（RS-485）、ModbusRTU（标准装配）、CC-Link、PROFIBUS-DP、DeviceNet®、LONWORKS® 网络。

可安装各种内置选件。

并排（贴紧安装）安装，节省空间，可简单更换冷却风扇。

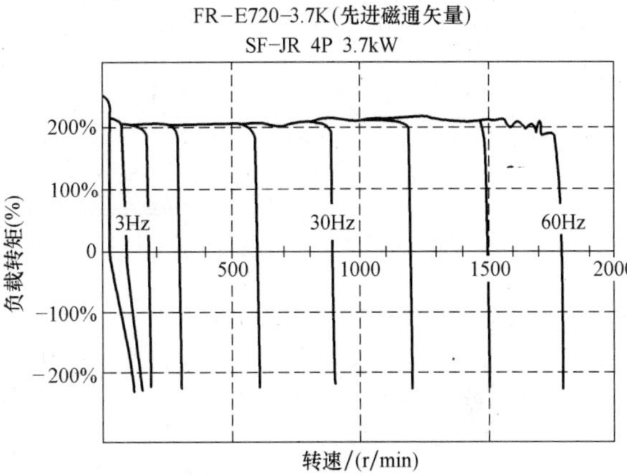

FR-E720-3.7K（先进磁通矢量）
SF-JR 4P 3.7kW

图 7-10　速度转矩特性示例

1. 变频器接线

主回路的参考接线如图 7-11 所示。
相电源线接主电路的 R、S、T 端子，电动机线接主电路端子的 U、V、W 端子（请注意，电动机的旋转方向是否与正转指令、反转指令一致），A、B、C 为继电器异常输出（可通过参数设置变更端子功能）。详细说明请查阅数据手册。

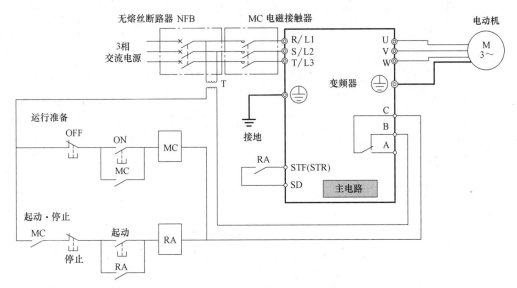

图 7-11　变频器的主回路接线

变频器外接线端如图 7-12 所示。

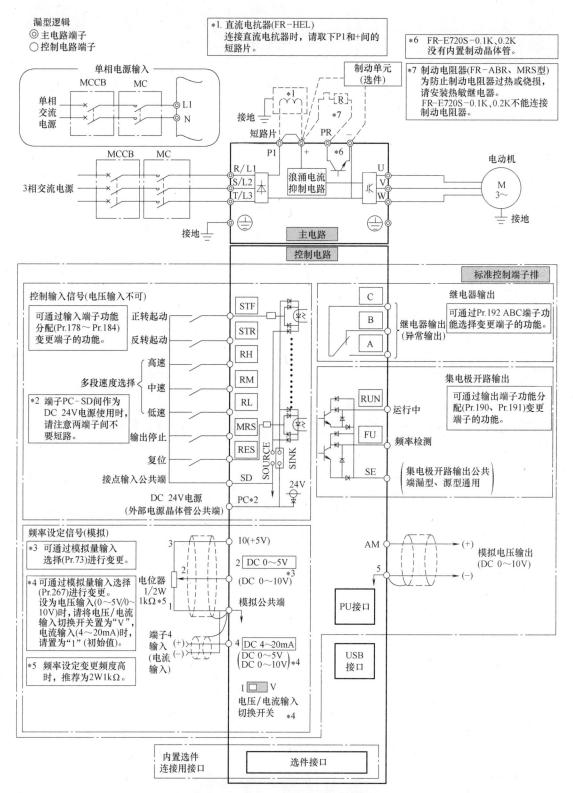

图 7-12　FR-E700 变频器的外接线端

2．操作模式

变频器的操作必须有"起动指令"和"频率指令"。当起动指令 ON 时，电动机上电旋转，但电动机转速由频率指令来决定。

变频器操作命令来源有操作面板（PU 运行模式）、外部（开关及模拟器件）和控制网络。通过交叉组合我们可得到的模式如图 7-13 所示。

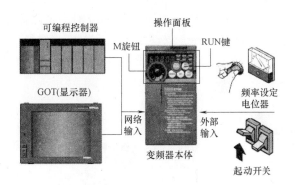

运行模式	起动指令	频率指令
PU 模式	面板（RUN键）	面板（M旋钮）
外部模式	外部（开关）	外部（电位器）
组合模式 1	外部（开关）	面板（M旋钮）
组合模式 2	面板（RUN键）	外部（电位器）
NET 模式	网络设备	网络设备

图 7-13　变频器的操作

3．运行及参数设定

变频器的操作单元因品牌不同而不同，但它们的功能及操作基本相同。E-700 的操作面板如图 7-13 所示，分为数据显示、状态指示、操作按键和调节旋钮三个区域。

数据显示（LED）——显示状态数据（如频率、电压、电流），显示功能参数、编号、报警等内容。

单位显示——Hz 显示频率时亮；A 显示电流时亮（显示电压时灭，显示设定频率监控时闪烁）。

　　运行显示 RUN——处于运行模式下，变频器动作中亮/闪烁。亮——正常运转，慢闪——反转运行中，快闪——指令低于起动频率。

　　监控显示 MON——处于监控模式下。

　　参数设定 PRM——处于参数设定模式。

　　运行模式显示——PU 面板运行模式，EXT 外部运行模式，NET 网络运行模式。

　　变频器用于单纯调速运行时，功率匹配，可按出厂设定参数运行。若考虑负载、运行方式时，根据需要，必须设定必要的参数（如输出频率范围，多段速度运行，加减速时间，过电流保护，起动频率，适用负荷选择，点动运行，操作模式选择，参数写入与禁止选择等）。E-700 的模式切换及参数设定流程可参考图 7-14，详细操作请参阅手册。

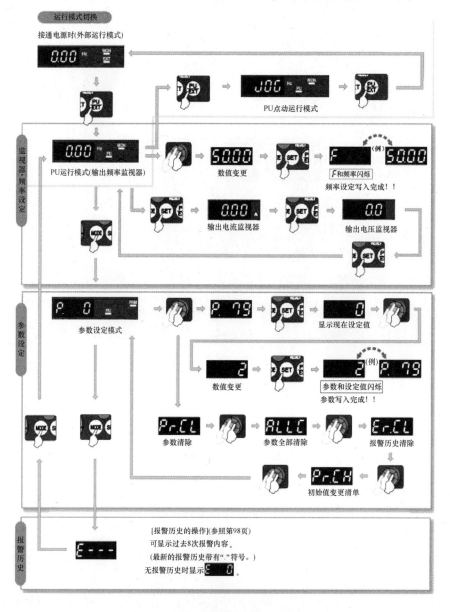

图 7-14　模式切换及参数设定的流程

三、三菱变频器

三菱变频器的产品型号一般都标注在铭牌的醒目位置上，它是辨识变频器身份的主要依据，示例说明见上。表 7-8 为三菱变频器系列分类，表 7-9 为 A700 与 A800 的对比。

表 7-8 三菱变频器系列

变频器系列	特 点 说 明
A800 新型高性能矢量	卓越的驱动性能,安全安心的停止功能,简单操作及简易设置; 适用广泛(内置 PLC),节能环保,环境友好(内置 EMC)
F800 节能新一代	先进最佳励磁控制使节能最大化。具有适合风机及泵的最佳功能
A700 高性能矢量	适合对负载要求较高的设备(起重、电梯、印包、印染、材料卷取等); 具有高水准的驱动性能
F700 节能通用	具备常规 PID 功能,应用通用场合;扩充了多泵控制功能,特别适合风机、水泵、空调等行业。最佳励磁控制,在恒速、加减速时可优化节能效果。具有节能监视功能,可通过面板、端子、通信获得数据
E700 经济型高性能	多种磁通矢量控制方式:在 0.5Hz 情况下,使用先进磁通矢量控制模式可使转矩提升 200%(3.7kW 以下)。短时超载 200% 可持续 3s,误报警更少。具有限制保护功能
EJ700 陶瓷行业专用	具备瞬时停电对策功能。应对高温、腐蚀气体、粉尘等恶劣的使用环境
L700 专业化多用途矢量	适用于印刷包装、线缆、纺织轮胎、物流机械等行业; 高性能变频驱动及高精度转矩控制,内置张力控制功能,内置 PLC 编程功能
D700 紧凑型多功能	有通用磁通矢量控制方式:在 1Hz 情况下,可以使转矩提高到 150%; 带安全停止功能:紧停可由 MC 接触器切断输入电源或直接切断逆变驱动电路
IS70 简易经济型	适合印刷、食品包装、木工、纺织、水景艺术等行业

表 7-9 变频器 A700 与 A800 的对比

项目		FR-A700	FR-A800
控制方法		V/F 控制;先进磁通适量控制;实时无传感器矢量控制;矢量控制	
			PM 无传感器矢量控制(PM 电动机/SPM 电动机)
最大输出频率	功能增加		USB 主机;安全停止;内置 PLC
	V/F	400Hz	590Hz
	先进磁通矢量控制	120Hz	400Hz
	实时无传感器矢量控制	120Hz	400Hz
	矢量控制	120Hz	400Hz
	PM 无传感器矢量控制		400Hz
PID 控制		X14 为 ON 时,可 PID	设定 Pr128,可 PID 控制
瞬停再起动		CS 为 ON 时,有此功能	设定 Pr57,有此功能
PU		FR-DU07(4 位)/FR-PU07	FR-DU08(5 位 LED)

第三节　应 用 设 计

针对不同的应用场合，三菱电机提供了各种不同层面的变频器供选择（针对"机床""喷泉""起重机""S曲线调速""风机""节能""仓库""搬运物流"的设计示例请参见三菱相关手册），设计时，我们需对控制对象的运行做深入了解、分析。

一、变频器的三段速控制

由于工艺上的要求，很多生产设备要求电动机在不同的阶段以不同的速度运行，故变频器通常提供多段速控制功能，可通过预先设定速度参数（见表7-10，表中段速4~15的初始值9999表示不选择，个别差异参见手册），通过外接端子进行速度切换。

表 7-10　多段速参数

参数	段号	单位	设定范围	初始值	说明
Pr. 4	1	0.01Hz	0~400Hz	50Hz	RL=0、RM=0、RH=1
Pr. 5	2	0.01Hz	0~400Hz	30Hz	RL=0、RM=1、RH=0
Pr. 6	3	0.01Hz	0~400Hz	10Hz	RL=1、RM=0、RH=0
Pr. 24	4	0.01Hz	0~400Hz	9999	RL=1、RM=1、RH=0
Pr. 25	5	0.01Hz	0~400Hz	9999	RL=1、RM=0、RH=1
Pr. 26	6	0.01Hz	0~400Hz	9999	RL=0、RM=1、RH=1
Pr. 27	7	0.01Hz	0~400Hz	9999	RL=1、RM=1、RH=1
Pr. 232	8	0.01Hz	0~400Hz	9999	MRS=1、RL=0、RM=0、RH=0
Pr. 233	9	0.01Hz	0~400Hz	9999	MRS=1、RL=1、RM=0、RH=0
Pr. 234	10	0.01Hz	0~400Hz	9999	MRS=1、RL=0、RM=1、RH=0
Pr. 235	11	0.01Hz	0~400Hz	9999	MRS=1、RL=1、RM=1、RH=0
Pr. 236	12	0.01Hz	0~400Hz	9999	MRS=1、RL=0、RM=0、RH=1
Pr. 237	13	0.01Hz	0~400Hz	9999	MRS=1、RL=1、RM=0、RH=1
Pr. 238	14	0.01Hz	0~400Hz	9999	MRS=1、RL=0、RM=1、RH=1
Pr. 239	15	0.01Hz	0~400Hz	9999	MRS=1、RL=1、RM=1、RH=1

1. 控制要求

当点动按压正转按钮时，PLC控制变频器正转连续运行，低速运行频率为10Hz；

当变频器以10Hz频率低速运行10s后，PLC控制变频器以30Hz固定频率中速运行；

当变频器以30Hz频率中速运行10s后，PLC控制变频器以50Hz固定频率高速运行；

当变频器以50Hz频率高速运行10s后，PLC控制变频器停止运行；

当按压停止按钮时，PLC控制变频器停止运行。

2. 系统设计

按上述要求，表7-11是三段速控制接线及I/O分配，图7-15是控制系统的PLC梯形图。

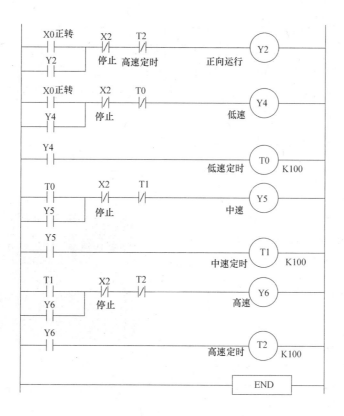

图 7-15 变频器三段速控制系统的 PLC 梯形图

表 7-11 PLC 的 I/O 分配表及控制接线

输 入			输 出		
设 备 名 称	代 号	输入端子	设 备 名 称	代 号	输出端子
正转按钮	SB0	X0	正转端子	STF	Y2
反转按钮	SB1	X1	反转端子	STR	Y3
停止按钮	SB2	X2	低速端子	RL	Y4
			中速端子	RM	Y5
			高速端子	RH	Y6

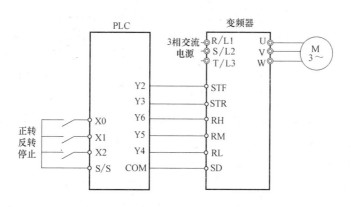

3. 运行调试

注意变频器的参数设置，控制模式选外部端子（段速控制）模式。

起动后 10s 内，变频器的 EXT 和 FWD 指示灯亮，低速运行，显示频率 10Hz，PLC 的 Y2、Y4 输出指示灯亮；10s～20s，变频器的 EXT 和 FWD 指示灯亮，中速运行，显示频率 30Hz，PLC 的 Y2、Y5 输出指示灯亮；20s～30s，变频器的 EXT 和 FWD 指示灯亮，高速运行，显示频率 50Hz，PLC 的 Y2、Y6 输出指示灯亮。

二、变频器的模拟量控制

利用模拟量控制变频器可对电动机实现无级调速控制。

1. 控制要求

模拟量控制，PLC 选用 FX_{5U}，人机交互选用触屏 GS2107-WTBD（有正转，反转，停止按钮指令，模拟量输入窗体），图 7-16 是人机交互的组态画面，输出的模拟量作为变频器的输入控制信号。

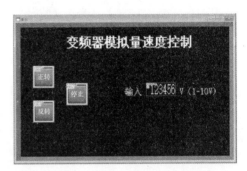

2. 系统设计

按要求，表 7-12 是设计的模拟量控制接线及 I/O 分配，图 7-17 是控制系统的梯形图。

图 7-16　控制系统的组态画面

表 7-12　PLC 的 I/O 分配表及控制接线

输　入			输　出		
设 备 名 称	代　号	输 入 端 子	设 备 名 称	代　号	输 出 端 子
正转按钮	SB0	X0	正转端子	STF	Y2
反转按钮	SB1	X1	反转端子	STR	Y3
停止按钮	SB2	X2			

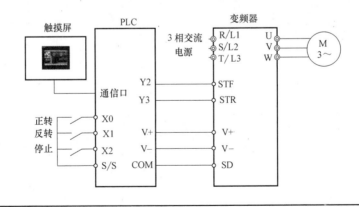

3. 运行调试

注意变频器的参数设置，控制模式选外部模拟量端子模式。

梯形图中，Y2、Y3 控制运转方向，D1 为触屏输入的电压值，乘 400 转换为 10V 数字量（FX_{5U}）存入 D3，其后送入 SD6180 模拟量输出控制速度。

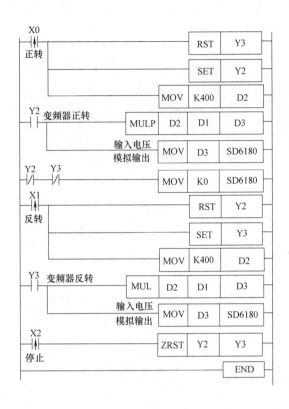

图 7-17 模拟量控制的梯形图

调试时选择方向，设定电压，起动/停止运行；观察 PLC 及变频器的各类状态指示灯及动作是否满足设计要求。

习题及思考题

7-1 三菱触屏的主要类型有哪几种？

7-2 三菱变频器运行模式有哪几种？

7-3 变频器 3 段速控制如何接线？

第八章

三菱PLC控制系统的应用设计

PLC的应用就是以PLC为控制中心，组成电气控制系统，实现对生产过程的控制。PLC的程序设计是PLC应用中最关键的问题，也是整个电气控制系统设计的核心。本章将介绍PLC应用的设计步骤、PLC典型环节的编程和应用实例。

第一节　可编程序控制器的系统设计

PLC的工作方式和通用微机不完全一样，因此，用PLC设计自动控制系统与用微机设计控制系统的开发过程也不完全相同，需根据PLC的特点进行系统设计。另外，PLC与继电器控制系统也有本质区别，硬件和软件可分开进行设计是PLC的一大特点。图8-1是PLC系统设计的流程图。

一、熟悉控制对象确定控制范围

首先要全面详细地了解被控制对象的特点和生产工艺过程，归纳出工作循环图或状态流程图，与继电器控制系统和工业控制计算机进行比较后加以选择。如果控制对象是工业环境较差，安全性、可靠性要求又特别高、系统工艺又复杂、输入输出点数多，用常规继电器系统难以实现，工艺流程又经常变动的机械和现场，用PLC进行控制是合适的。

确定了控制对象，还要明确控制任务和设计要求。要了解工艺过程、机械运动与电气执行元件之间

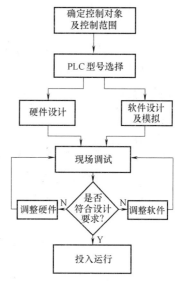

图8-1　PLC系统设计流程图

的关系和对电气控制系统的控制要求（机械运动部件的传动和驱动，液压气动的控制，仪表及传感器的连接与驱动等）。最后归纳出电气执行元件的动作节拍表。PLC的根本任务就是正确实现这个节拍表。

状态流程图和节拍表应完整地反映被控对象的功能和对PLC的基本要求，是PLC控制系统的设计依据，必须仔细研究设计。

二、制定控制方案、选型 PLC

根据状态流程图和节拍表，既要确定电控系统的工作方式（是手动、半自动还是全自动；是单机运行还是多机联线运行等），又要确定电气控制系统的其他功能（如紧急处理功能、故障显示与报警功能、通信联网功能等）。通过研究工艺过程和机械运动的各个步骤和状态，确定各种控制信号和检测反馈信号的相互转换和联系，确立哪些信号需要输入 PLC，哪些信号要由 PLC 输出，哪些负载要由 PLC 驱动，分门别类统计出各输入输出量的性质及参数。根据所得结果，选择合适的 PLC 型号并确定各种硬件配置。

1. 首先考虑 I/O 点数

准确地统计出被控设备的输入、输出点数的总需要量是 PLC 选型的基础。将输入点和输出点详细列出，统计出 I/O 总点数的并加上 15%～20% 的备用量，以便今后调整或扩充。

多数小型 PLC 是整体式结构，除了按点数分成一些档次如 32 点、48 点、64 点、80 点外，还有其他多种模块扩展单元。模块式结构的 PLC 采用主机模块与输入输出模块、功能模块组合使用方法，I/O 模块按点数多少分为 8 点、16 点、32 点不等，可根据需要，选择和灵活组合主机与 I/O 模块。对于模拟量输入输出端口，要分清模拟量 I/O 口是否符合系统在数量、精度上的要求，并看是否占有 I/O 点数（有的产品占总 I/O 的点数，有的产品分别独立给出）。

2. 对 PLC 响应时间的要求

对于大多数应用的场合，PLC 的响应时间不会成为问题。可编程序控制器的响应速度都可满足实际需要，不必给予特殊的考虑。对于模拟量控制的系统，特别是具有较多闭环控制的系统，则必须考虑 PLC 的响应速度（即响应时间——包括输入/输出滤波时间和扫描周期）。

PLC 一般以顺序扫描工作方式进行工作，对小于扫描时间的输入信号，有可能造成接收信号不可靠。因此，对维持很短时间的输入信号来讲，需要选取扫描速度高的 PLC（一般机器对扫描时间的限定值为 100～200ms，而实际上执行一千条指令仅需时间 1～10ms，对一般规模的 PLC 程序，输入信号能维持在 10ms 左右就完全能安全地被接收到，但对模拟量输入则需要考虑与 PLC 的响应时间的配合问题）。

3. 考虑 I/O 信号的性质

需要充分考虑输入输出信号的种类、性质、参数等。例如，输入输出信号既有开关量信号、数字或数据信号，也有脉冲信号以及模拟量信号等；需要了解这些信号的电压或电流的类型、等级和变化率；信号源是电压源型还是电流源型，是 NPN 输出型还是 PNP 输出型；需要注意输出端的负载特点。以此选择配置相应的机型和模块。

小型或超小型的可编程序控制器 I/O 端口一般不以模块形式出现，且 I/O 口以开关量为主。中型以上的可编程序控制器都采用 I/O 模块方式，且多数和 CPU、电源等模块分离安装，以便 I/O 口容量的选择和扩展。模块种类也多样化，可任意混装，以便灵活地构成用户所需要的 PLC 控制系统。

对于某些较大的控制系统，其控制对象分散，有的距离超过一般 I/O 端口的驱动、传输、抗干扰等能力，需要远程 I/O 端口，因此在选择机型时，要注意 PLC 是否具有远程 I/O 的能力和能驱动远程 I/O 口点数。

对于特殊功能，可参考厂商开发的专用模块，如智能的输入输出模块、ASC Ⅱ通信模块、热电偶输入模块、PID调节模块、位置控制模块、温度控制模块和阀门控制模块等。

4. 存储器容量的考虑

存储器是PLC存放程序和数据的地方，从使用角度考虑，存储器的性能主要包括存储器的最大容量，可扩展性和存储器的种类（RAM、EPROM、EEPROM）。存储器的最大容量将限制用户程序的多少（一般来讲，应根据程序容量并留有一定余量），存储器扩展性和种类多少则体现了系统构成的方便和灵活性，中间继电器的多少和类型与系统的使用性能有一定关系（如果是大系统，控制又复杂，则对中间继电器、定时器、计数器也会有一定数量要求）。

5. 系统可靠性考虑

根据生产环境及工艺要求，应采用功能完善可靠性适宜的PLC。对可靠性要求极高的系统，应考虑是否采用冗余控制系统或热备份系统。

三、硬件和软件设计

PLC系统的硬件设计需确立I/O分配表，对输入、输出进行合理地址编号，设计出合理的PLC外部接线图。软件设计为编写PLC控制程序（梯形图等）。硬件软件设计可并行进行。

四、模拟调试

将设计好的程序导入PLC后仔细检查与验证，改正程序设计错误。在实验室进行用户程序的模拟运行和程序调试，观察各输入量、输出量之间的变化关系及逻辑状态是否符合设计要求，发现问题及时修改，直到满足工艺流程和状态流程图的要求。

在程序设计和模拟调试时，可并行地进行电控系统的其他部分的设计，例如PLC外部电路和电气控制柜、控制台的设计、装配、安装和接线等工作。

五、现场运行调试

模拟调试好的程序传送到现场使用的PLC中。现场调试的前提是PLC的外部接线一定要准确无误，反复现场调试，发现问题现场解决。如果系统达不到指标要求，则可对硬件和软件调整，通常修改用户程序即可达到调整目的。

第二节　PLC典型环节的编程方法

PLC程序往往是一些典型的控制环节和基本单元的组合，实践经验对程序设计帮助很大。

一、节省I/O点数方法

1. 节省输入点数方法

（1）分组输入　自动程序和手动程序不会同时执行，把自动与手动信号叠加起来，按不同控制状态要求分组输入PLC，如图8-2所示。

X0 供自动和手动切换选择；SB3 和 SB1 按钮虽然都使用 X1 输入端（图中的二极管是用来切断寄生信号的，避免错误信号的产生），但实际代表的逻辑意义不同；很显然，这一个输入端可分别反映两个输入信号的状态，节省了输入端。

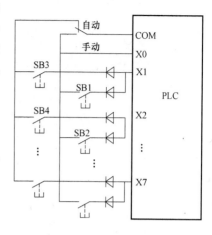

图 8-2　输入端分组

（2）改进外部接线减少输入点　图 8-3 是一个以继电器接触器控制电动机起动、停止，能实现两地起动，三地停止的接线图。在将触点转换 PLC 控制电路时，外部输入有多种接线方式，对应的梯形图也有多种。从图 8-4、图 8-5 和图 8-6 这几种接线和对应的梯形图可以看到，图 8-4 接线形式占用输入点最多，梯形图也显得复杂，但判断输入外围设备故障形象直观；当输入点比较紧张的时候，可采用图 8-5 或者图 8-6 的形式（全部采用常开触点，更适合人们的习惯），它占用 PLC 输入点较少，梯形图也比较简单。

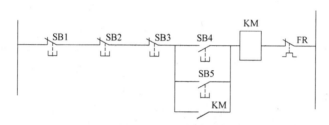

图 8-3　多处起动/停止电动机电路

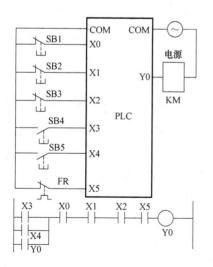

图 8-4　接线与梯形图转换之一

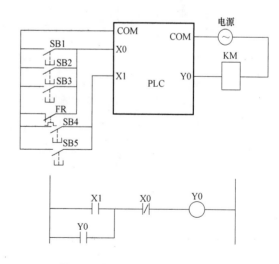

图 8-5　接线与梯形图转换之二

（3）利用 PLC 内部功能　利用转移指令可将自动和手动操作加以区别，利用计数器、移位寄存器移位实现单按钮起动和停止。

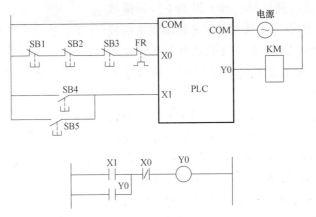

图 8-6 接线与梯形图转换之三

2. 节省输出点数方法

通断状态完全相同的负载，在 PLC 的输出端点功率允许的情况下可并联于同一输出端点，即一个输出端点带多个负载。

当有 m 个 BCD 码显示器显示 PLC 的数据时，可以使 BCD 显示器并联占用 4 个输出端点，而由另外 m 个输出端点进行轮番选通，大大节省输出点的占用（扫描方式）。

某些控制逻辑简单，而又不参与工作循环，或者在工作循环开始之前必须预先起动的电器，可以不通过 PLC 控制（如液压泵电动机起动、停止控制电路就可以不由 PLC 承担）。

二、基本环节编程

PLC 的应用程序往往是一些典型的控制环节和基本单元电路的组合，我们可依靠经验来选择，设计用户程序，满足生产机械和工艺过程的控制要求。

1. 起动、停止和保持控制

使输入信号保持时间超过一个扫描周期的自我维持电路是构成有记忆功能元件控制回路的最基本环节，它经常用于内部继电器、输出点的控制回路，基本形式有两种。

1）起动优先式起动、保持和停止控制程序如图 8-7 所示。

当起动信号 X0 = ON 时，无论关断信号 X1 状态如何，M2 总被起动，并且当 X1 = OFF（$\overline{X1}$ = ON）时通过 M2 常开触点闭合实现自锁。

当起动信号 X0 = OFF 时，使 X1 = ON（$\overline{X1}$ = OFF）可实现关断 M2。

因为当 X0 与 X1 同时 ON 时，起动信号 X0 有效，故称此程序为起动优先式控制程序。

2）关断优先式起动、保持和停止控制程序如图 8-8 所示。

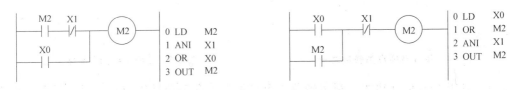

图 8-7 起动优先控制程序   图 8-8 关断优先控制程序

当关断信号 X1=ON（$\overline{X1}$=OFF），无论起动信号如何，内部继电器 M2 均被关断（状态为 OFF）。

当关断信号 X1=OFF（$\overline{X1}$=ON）时，使起动信号 X0=ON，则可起动 M2（使其状态变为 ON），并通过常开触点 M2 闭合自锁；在 X0 变为 OFF 后仍保持 M2 为起动状态（状态保持为 ON）。

因为当 X0 与 X1 同时为 ON 时，关断信号 X1 有效，所以此程序称为关断优先或控制程序。

2. 逻辑控制的基本形式

（1）联锁控制　在生产机械的各种运动之间，往往存在着某种相互制约的关系。一般采用某一运动的联锁信号触点去控制另一运动相应的电路，实现两个运动的相互制约，达到联锁控制的要求。联锁控制的关键是正确地选择和使用联锁信号，常见的几种联锁控制见下述。

1）不能同时发生运动的联锁控制（见图 8-9）。为了使 Y1 和 Y2 不同时被接通，选择联锁信号为 Y1 的常闭触点和 Y2 的常闭触点，分别串入 Y2 和 Y1 的控制回路中。

当 Y1 和 Y2 中有任何一个要起动时，另一个必须首先已被关断。反过来说，两者之中任何一个起动之后都首先将另一个的起动控制回路断开，从而保证任何时候两者都不能同时起动，达到了联锁控制要求。这种控制用得最多的是同一台电动机正、反转控制，机床的刀架进给与快速移动之间、横梁升降与工作台运动之间、多工位回转工作台式组合机床的动力头向前与工作台的转位和夹具的松开动作之间等不能同时发生的运动，都可采用这种联锁方式。

2）互为发生条件的联锁控制（见图 8-10）。Y0 的常开触点串在 Y1 的控制回路中，Y1 的接通是以 Y0 的接通为条件。这样，只有 Y0 的接通才允许 Y1 的接通。Y0 关断后 Y1 也被关断停止，而且 Y0 接通的条件下，Y1 可以自行起动和停止。

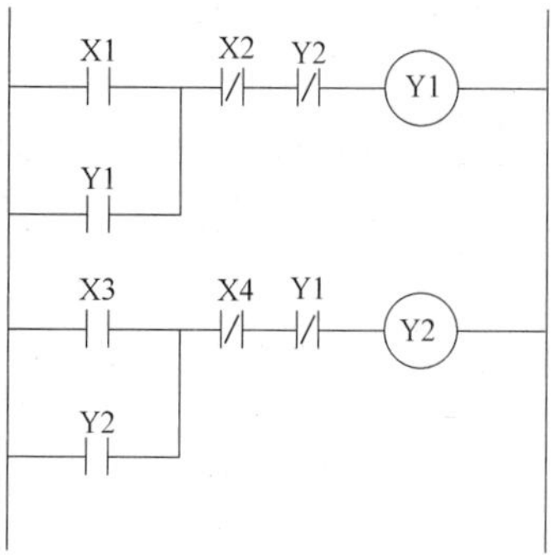


```
0 LD  X1
1 OR  Y1
2 ANI X2
3 ANI Y2
4 OUT Y1
5 LD  X3
6 OR  Y2
7 ANI X4
8 ANI Y1
9 OUT Y2
```

图 8-9　联锁控制之一

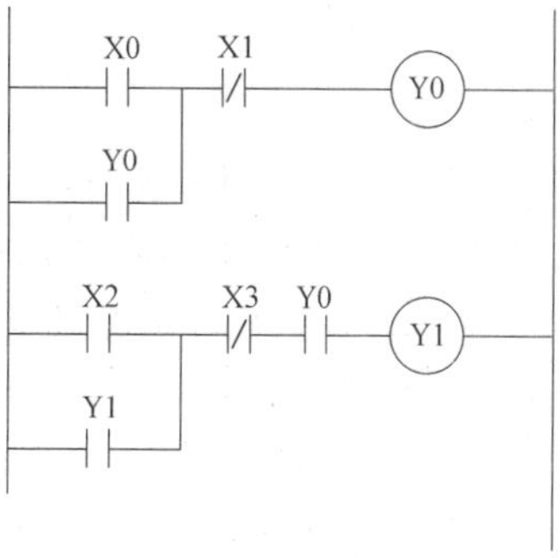


```
0 LD  X0
1 OR  Y0
2 ANI X1
3 OUT Y0
4 LD  X2
5 OR  Y1
6 ANI X3
7 AND Y0
8 OUT Y1
```

图 8-10　联锁控制之二

3）顺序步进控制的联锁控制（见图 8-11）。在顺序步进的控制方式中，选择代表前一个运动的常开触点串在后一个运动的起动线路中，作为后一个运动发生的必要条件；同时选择代表后一个运动的常闭触点串入前一个运动的关断线路里。这样，只有前一个运动发生了，才允许后一个运动可以发生，而一旦后一个运动发生了，就立即使前一个运动停止。因此可以实现各个运动严格地依预定的顺序发生和转换，达到顺序步进控制，保证不会发生顺序的错乱。

4）集中控制与分散控制的联锁。实现在总操作台上的集中控制和在单机操作台上分散控制的联锁（见图 8-12）。

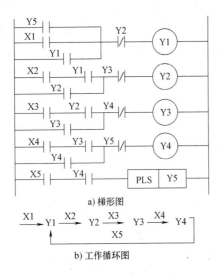

a) 梯形图

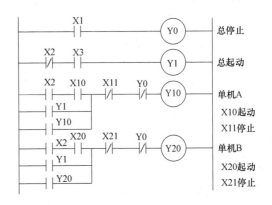

b) 工作循环图

图 8-11 步进控制

图 8-12 集中控制与分散控制

输入 X2 为选择开关，其触点为集中控制与分散控制的联锁触点。当 X2 = 1 时，为单机分散起动控制；当 X2 = 0 时，为集中总起动控制。两种情况下，单机和总操作台都可以发出停止命令。

5）自动控制与手动控制。在自动或半自动工作机械上，有自动工作控制与手动调整控制的联锁，如图 8-13 所示。

输入信号 X1 是选择开关，选其触点为联锁信号。当 X1 = 1 时，自动控制有效，手动调整控制无效。当 X1 = 0 时，自动控制无效，手动控制有效。

（2）按控制过程变化参量的控制 在工业自动化生产过程中，仅用简单的联锁控制有时不能满足要求，要用反映运动状态的物理量，像行程、时间、速度、压力、温度等量进行控制。

按行程原则控制是最常用的。根据运动行程或极限位置的要求，通过检测元件行程开关发出控制信号实现自动控制。

按时间控制也是常用的。交流异步电动机采用定子绕组串接电路实现减压起动，利用时间原则控制减压电阻串入和切除的时间。交流异步电动机星形联结起动、三角形联结运行的

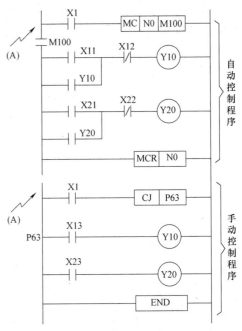

图 8-13 自动控制与手动控制

控制采用时间原则控制。交流异步电动机能耗制动时，定子绕组接入直流电的时间也可用 PLC 控制。

按速度原则控制在电气传动中也屡见不鲜。按速度原则控制的反接制动如图 8-14 所示。

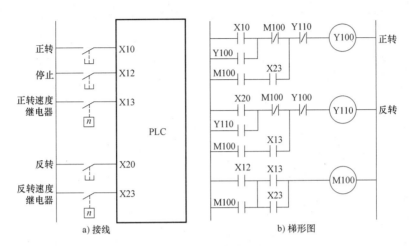

图 8-14 反接制动控制

可逆运行的交流异步电动机，用速度继电器控制反接制动。电动机运行时，速度继电器常开触点闭合，输入信号 X13 或 X23 状态为 1，发出停转命令，输入信号 X12 = 1，输出 Y100（正转）或 Y110（反转）被切断。在速度未降下来时，经 0.1s 延时接通输出 Y110（反转）或 Y100（正转），实现反接制动。待速度降到 100r/min 以下时，速度继电器常开触点断开，输入 X13 = 0，断开输出 Y110 或 Y100，停止反接制动。

三、应用程序设计

用户程序设计是 PLC 设计中关键，一般可分为经验设计法、逻辑设计法、状态流程图设计法等。

1. 经验设计法

此法沿用继电器控制电路的设计来设计梯形图。就是在基本控制单元和典型控制环节基础上，根据被控对象对控制系统的具体要求，依靠经验直接设计控制系统，不断地修改和完善梯形图。有时需要多次反复地调整和修改梯形图，并通过增加中间编程元件，最后才能达到一个较为满意的结果。这种方法没有普遍的规律可以遵循，具有很大的随意性，最后的结果也不是唯一的。由于依赖经验设计，因此要求设计者具有丰富的经验，要能熟悉掌握控制系统的大量实例和典型环节。

图 8-15 中，假设小车开始时停在左限位开关 SQ1 处，按下右行起动按钮 SB1，小车右行，到达限位开关 SQ2 处停止运动，6s 后定时器 T0 的定时时间到，小车自动返回起始位置。

基于电动机正反转 PLC 控制，设计的梯形图和外部接线图如图 8-15 所示。为了使小车向右的运动自动停止，将右限位开关对应的 X4 的常闭触点与控制右行的 Y10 的线圈串联。为了在右端使小车暂停 6s，用 X4 的常开触点来控制定时器 T0 的线圈，T0 的定时时间到时，其常开触点闭合，给控制 Y11 的起保停电路提供起动信号，使 Y11 的线圈通电，小车自动返回。小车离开 SQ2 所在的位置后，X4 的常开触点断开，T0 被复位。回到 SQ1 所在位置

时，X3 的常闭触点断开，使 Y11 的线
圈断电，小车停在起始位置。

对于图中热继电器 FR 提供的常闭
触点输入信号，接在输入端子 X5 上，
梯形图用 X5 的常开触点与 Y10 和 Y11
的线圈串联。这是因为在没有过载的正
常情况下，FR 的常闭触点闭合，X5 一
直为 ON，X5 的常开触点闭合，不会影
响 Y10 和 Y11 的正常工作。过载时 FR
的常闭触点断开，X5 变为 OFF，X5 的
常开触点断开，切断了正在运行的 Y10
或 Y11 的线圈，起到了保护作用。

在设计梯形图时，通常将常开触点
作为输入（常闭触点输入信号很不习
惯），尽可能使继电器电路与对应的梯
形图电路中触点的常开、常闭类型一
致。如果某些信号只能用常闭触点输
入，可以按输入全部为常开触点来设
计，然后将梯形图中相应的输入继电器

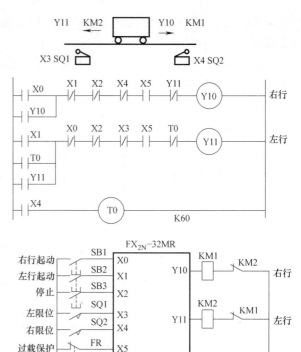

图 8-15　小车控制

的触点改为相反的触点（即常开触点改为常闭触点，常闭触点改为常开触点）。

2. 逻辑设计法

逻辑设计法是以控制系统中各种物理量的逻辑关系出发的设计方法。有着严密可循的规律性和可行的设计步骤，其特点简便、直观、十分规范。

逻辑设计方法的理论基础是逻辑代数，从传统的继电器逻辑设计方法继承而来。其基本设计思想是：控制过程由若干个状态组成，每个状态都由某个主令信号建立；各记忆元器件用于区分各状态，并构成执行元器件的输入变量；正确地写出各中间记忆元器件逻辑函数式和执行元器件的逻辑函数式，也就完成了程序设计的主要任务。逻辑设计法适用于单一顺序问题的程序设计，如果系统很复杂，包含了大量的选择序列和并行序列，那么采用逻辑设计法就显得很困难了。

逻辑设计法的设计大体可划分为以下步骤：

1）通过工艺过程分析，结合控制要求，绘制控制系统循环图和检测元件分布图，取得电气执行元件功能表。

2）绘制控制系统状态转换表。通常它由输出信号状态表、输入信号状态表、状态转换主令表和中间记忆状态表 4 部分组成。

3）根据状态转换表，进行控制系统的逻辑设计。包括写中间记忆元器件的逻辑表达式和执行元器件的表达式。

4）将逻辑函数转化为梯形图或语句表形式。由于语句表结构和形式与逻辑函数非常相似，很容易直接由逻辑函数转化。而梯形图可以通过语句表过渡一下，或直接由逻辑函数转化。

5）程序的完善和补充。包括手动工作方式的设计、手动与自动工作方式的选择、自动

工作循环、保持措施等。

3. 状态流程图设计法

状态流程图又叫功能表图、状态转移图或状态图。它是完整地描述控制系统的控制过程、功能和特性和一种图形，是分析和设计电气控制系统顺序控制程序的一种重要工具。同时，它又是一种通用的技术语言，可以为不同专业的工程技术人员进行技术交流提供服务。

第三节　应 用 实 例

一、三相异步电动机正反转控制电路

图 8-16a 是三相异步电动机正反转控制的主电路和继电器控制电路图，KM1 和 KM2 分别是控制电动机正转运行和反转运行的交流接触器。

PLC 控制系统的外部接线和梯形图如图 8-16b 和 c 所示。接线图中，三个按钮为 PLC 提供输入信号，PLC 的输出用来控制两个交流接触器的线圈。

梯形图中，用两个起保停电路来分别控制电动机的正转和反转。按下正转起动按钮 SB2、X0 变为 ON，其常开触点接通，Y0 线圈"得电"并自保持，使 KM1 的线圈通电，电动机开始正转运行。按下停止按钮 SB1，X2 变为 ON，其常闭触点断开，使 Y0 线圈"失电"，电动机停止运行。

梯形图中，将 Y0 和 Y1 的常闭触点分别与对方的线圈串联，可以保证它们不会同时为 ON，因此 KM1 和 KM2 的线圈不会同时通电，这种安全措施在继电器电路中称为"互锁"。除此之外，为了方便操作和保证 Y0 和 Y1 不会同时为 ON，在梯形图中还设置了"按钮联锁"，即将反转起动按钮 X1 的常闭触点与控制正转的 Y0 的线圈串联，将正转起动按钮 X0 的常闭触点与控制反转的 Y1 的线圈串联。设 Y0 为 ON，电动机正转，这时如果想改为反转运行，可以不按停止按钮 SB1，直接按反转起动按钮 SB3，X1 变为 ON，它的常闭触点断开使 Y0 线圈"失电"，同时 X1 的常开触点接通，使 Y1 的线圈"得电"，电动机由正转变为反转。

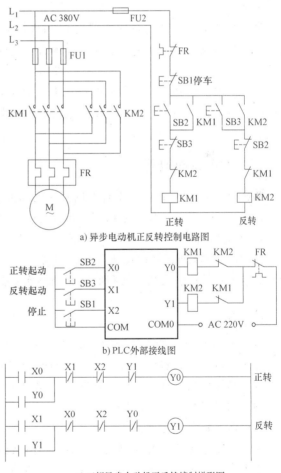

a) 异步电动机正反转控制电路图

b) PLC 外部接线图

c) 三相异步电动机正反转控制梯形图

图 8-16　三相异步电动机正反转控制电路

梯形图中 Y0 和 Y1 的互锁和按钮联锁电路只能保证 PLC 输出模块中与 Y0 和 Y1 相对应的硬件继电器的常开触点不会同时接通。如果没有图 8-16b 中由 KM1 和 KM2 的辅助常闭触点组成的硬件互锁电路，由于切换过程中电感的延时作用，可能会出现一个接触器的主触点还未断弧，另一个的主触点已经合上的现象，从而造成瞬间短路故障（可以在正反转切换时增设延时来解决这一问题，但是这一方案会增加编程的工作量，也不能解决下述的接触器触点粘接引起的电源短路事故。如果没有硬件互锁，另一接触器的线圈通电时，触点粘接仍将造成三相电源短路事故）。在 PLC 外部设置硬件互锁电路后，即使 KM1 主触点被电弧熔焊，它的与 KM2 线圈串联的辅助常闭触点仍处于断开状态，因此 KM2 线圈不可能得电，不会造成电源相间短路。

图 8-16b 中的 FR 是作过载保护用的热继电器，异步电动机长期严重过载时，经过一定时间的延时，热继电器的常闭触点断开，常开触点闭合。其常闭触点与接触器的线圈串联，过载时接触器线圈断电，电动机停止运行，起到保护作用。

具有手动复位（即热继电器动作后需人工按一个它自带的复位按钮，其触点才会恢复原状）的热继电器可与接触器线圈串联接在 PLC 的输出回路，可以节约 PLC 的一个输入点。

具有自动复位功能的热继电器接在 PLC 的输出回路时，热继电器动作后电动机停转，当串接在主回路中的热继电器热元件冷却后，热继电器的常闭触点自动闭合，电动机又自动起动，可能会造成设备和人身事故。因此具有自动复位功能的热继电器的常闭触点不能接在 PLC 的输出回路，必须将它的触点接在 PLC 的输入端，用梯形图中的起保停电路来实现电动机的过载保护。同理，若用电子式电动机过载保护器来代替热继电器，也需注意它的复位方式。

二、拨盘及数码管

某些 PLC 的应用系统需要有人机对话的功能，如临时设置一些参数和变量，并加以显示。这除了要有相关的软件来控制，还要有一定要求的硬件作保证。

1. 工艺流程

根据图 8-17a 所示的生产流程图，编制一个用户程序，其循环次数可以通过 4 位 BCD 码的拨码盘进行修改，各段的运行时间和循环次数分别在两组 4 位输入为 BCD 码的数码管上显示。

2. 系统设计

该 PLC 应用系统的设计分为三部分，其强电主回路主要分右行、下行、上行、左行等动作，我们可以把它看作两台可逆运行的电动机或 4 个方向不同的压力阀，由 PLC 用 4 个输出点控制接触器实现。这里主回路电路比较简单，而 PLC 控制回路就比较复杂（要完成拨盘输入和实时显示）。详见图 8-17b。

PLC 输入输出点分配如下。

输入 X0：起动；X1：停止；X2：允许拨盘输入；X10～X13：BCD 拨盘输入。

输出 Y0：右行；Y1：左行；Y2：下行；Y3：上行；

Y10～Y13：输入 4 位十进制数的位寻址；

Y20～Y23：输出第一组带 BCD 转换为七段码显示的 4 位 BCD 码；

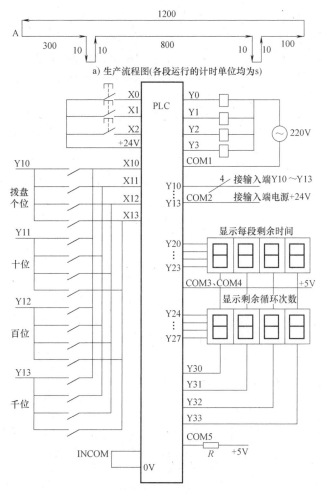

a) 生产流程图(各段运行的计时单位均为s)

b) PLC输入输出接线原理图

图 8-17　生产流程图及 PLC 输入输出

接线原理图

Y24~Y27：输出第二组带 BCD 转换为七段码显示的 4 位 BCD 码；

Y30~Y33：输出每组 4 位十进制数的位寻址。（两组共用）

PLC 采用晶体管输出型，图中，COM1 是 Y0~Y3 的公共端；COM2 是 Y10~Y13 的公共端；COM3、COM4 是 Y20~Y27 的公共端。COM5 是 Y30~Y33 的公共端。4 位 BCD 码输出线必须经过 BCD→七段码译码才可与数码管相连（可采用 4511 芯片完成这项工作）。所以输出端 Y20~Y27 的 COM3、COM4 可接+5V。显示位选通信号 Y30~Y33 的 COM5 端接 5V，直接用于共阳数码管的显示，并需接限流电阻。

3. 梯形图

图 8-18 是控制梯形图。事先把流程中各段时间存入数据寄存器中，设 D10：存放 300；D11：存放 10；D12：存放 10；D13：存放 800；D14：存放 10；D15：存放 10；D16：存放 100；D17：存放 1200。

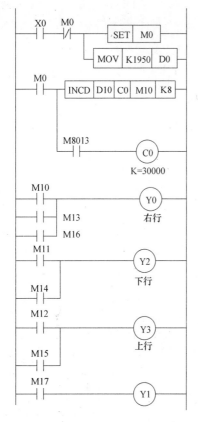

X0起动，并以M0取代X0，以保证在X0消失后，或锁定长期不消失，能完成并只完成一次系统设定的生产全过程

将循环次数送入数据寄存器D0中

INCD是一条增量凸轮顺控指令，它的功能是先将D10内的数送到计数器C0中，并使M10置1，当C0计数值到，INCD又使D10、M10地址加1，即下一轮由D11、M11代替D10、M10再完成一次C0的计数，如此循环，一共要8次（K8）

M8013为特殊功能辅助继电器，产生1s脉冲，C0的初赋值K=30000没有意义执行上一句时将被更改，Y0是控制右行的输出单元

这是代表右行的三段时间的状态位，和它们对应的是D10、D13、D16所设定的时间，分别是300s、800s、100s，作为C0的三次不同时段的计数值

下行三段状态位，原理同上。对应D11=10s、D14=10s，Y2是下行输出单元

上行二段状态位，原理同上。对应D12=10s、D15=10s，Y3是上行输出单元

左行一段状态位，原理同上。对应D17=1200s，Y1是上行输出单元

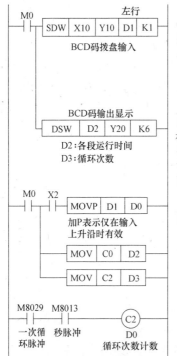

这是一句数字开关输入指令，这里用4个拨盘BCD码开关组成，X10是指定输入起始点，实用X10～X13的4位，4个拨盘是并联接在输入口上的，选读哪一位由Y10～Y13依次选通。读入的四位BCD码数存入数据寄存器D1内，K1表示的是一组这样的4位数：即循环次数

SEGL是用于控制一组或两组需带锁存的七段译码器显示指令。完成4位显示后标示M8029=1，要显示的数据放在D2（第一组）以及D3（第二组）中。D2中的数据转换成BCD码顺次送到Y20～Y23，由Y24～Y27选通点亮哪一位，第二组数显示的数由Y30～Y33输出也由Y24～Y27选通，K6表示两组数用相同的选通信号Y24～Y27

当X2=ON允许读入拨盘数据，将已存入D1的数送入D0即将循环次数值送D0

C0中是当前运行段实际时间，送入D2用以显示

C2中是对应循环次数。送入D3用以显示

当INCD指令完成一次循环，M8029置1次，使C2记录一次，而C2的计数值由这里指定的数据寄存器D0值决定

图8-18 拨盘及数码管梯形图

三、PLC 温度控制系统

1. 控制工艺

在有些 PLC 控制系统中，需设置人机界面以实时修改参数，满足各种不同的对象和要求。图 8-19 为某温度控制系统的温度给定曲线，温度控制系统按控制要求设定温度给定值（从 A 点出发，设定起始温度为 20℃，而后以 1℃/min 的速率升温，一直到 80℃，保温 45min，然后每 2min 升高 1℃。当温度到达 200℃，保温 50min），要求温度设定值和上升速率均可在键盘重新设定和修改，并用相应数码管显示。

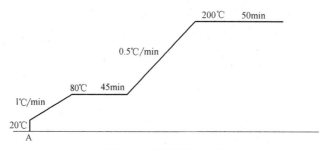

图 8-19　温度设定曲线

2. 系统设计

图 8-20 是温度控制系统 PLC 接线原理图。输入输出点分配如下：

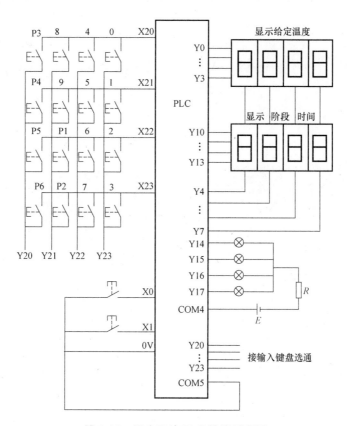

图 8-20　温度系统 PLC 接线原理图

输入　X0：起动；X1：初始值设定键（将当前的数确认为初始给定值）。X20～X23：16键键盘输入四端口（键盘矩阵的横扫描线）。

输出　Y0～Y3：第一组（显示温度）输出的BCD码4位；Y4～Y7：用于显示的4位选通信号；Y10～Y13：第二组（显示时间）输出的BCD码4位；Y14～Y17：指示不同阶段的灯显示；Y20～Y23：16键键盘的竖扫描线。

图中，由于输入采用了4×4的键盘，共有16个键，十个数字键0～9，6个功能键编号P1～P6，分别用于设定和修改各类时间。其定义如下：

P1：第一段升温期，设定多少秒给定增加1℃，升温斜率。

P2：第一段升温期实际设定总时间（单位：min）。

P3：第二段保温时间设定（单位：min）。

P4：第三段升温期，设定多少秒给定增加1℃，升温斜率。

P5：第三段升温期实际设定总时间（单位：min）。

P6：第四段保温时间设定（单位：min）。

P1～P6键再加X1起始给定温度设定键共7个键，完成该温控系统的各类参数设定和修改。在操作时先按数字键，再按P键，数字键先按高位再按低位。

3. 梯形图

图8-21是温度控制系统的梯形图，输入键盘采用16（4×4）键盘，梯形图使用16键输入指令HKY。其中P1～P6为功能键（P1键按下，M0＝1，其余为零；同理，P2键按下，M1＝1，其余为零）。另外，功能键按下，M6＝1（不保持），数字键按下，M7＝1（不保持）。当条件变为零（这里是M8000）时，D20保持不变；M0～M7为0，两键同时按下，最先按下有效。

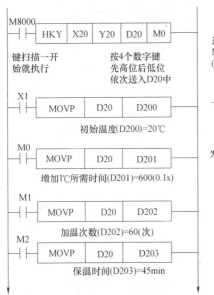

右侧说明文字：

HKY是16键输入指令，X20是键扫描首址，Y20是键选通首址。D20是输入4位数BCD码所存数据寄存器。M0是在执行该指令时按功能键所用中间寄存器首址，(M0～M5)，对应功能键盘P1～P6

先按0020，即D20中已有4位数的BCD码0020后，按下X1即将此数送入D200中，表示该数为初始温度给定值

同上，先按0600，再按下P1键，(D20)→D201中，该数为一期升温每度所需时间，单位为0.1s(对应位是M0置1)

先按0060，再按P2键。M1＝1，数送至D202(80－20＝60)

先按0045，再按P3键。M2＝1，数送至D203

左侧梯形图标注：

键扫描一开始就执行　　按4个数字键先高位后低位依次送入D20中

初始温度(D200)＝20℃

增加1℃所需时间(D201)＝600(0.1s)

加温次数(D202)＝60(次)

保温时间(D203)＝45min

图 8-21　温度控制系统的梯形图

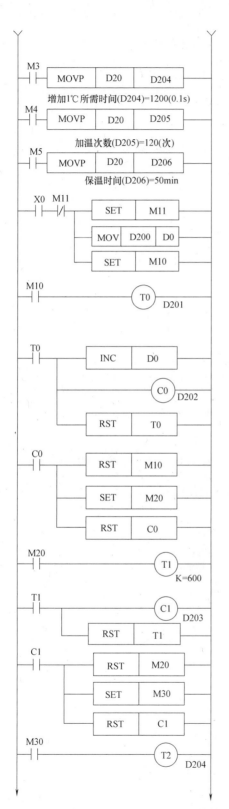

先按1200,再按P4键。M3=1,数送至D204

先按0120,再按P5键。M4=1,数送至D205(200−80=120)

先按0050,再按P6键。M5=1,数送至D206

起动后，保证执行一次送初始值

将初始给定值送入D0,用于显示

进入一期升温阶段。M10=1

T0计时单位0.1s

一段升温，多少秒增加1℃。T0中的数即D201的数,本题键盘输入应该为600,表示T0定时1min

1min到后,对给定温度值增加1℃

升温多少度由D202送入C0。这里(D202)=60

升1℃,清T0,重新计时

升温度数到,第一阶段结束,清M10

第二阶段保温。M20=1

T1计时单位0.1s

保温时间单位确定为min

第二阶段总保温时间,由D203赐值C1,(D203)=45
1min到,清T1,重新计时

第二阶段保温时间到,清M20

进入第三阶段,二期升温,M30=1

二期升温,120s增加1℃,有(T2)=(D204)=1200

T2计时单位0.1s

图 8-21 温度控制系统的梯形图（续）

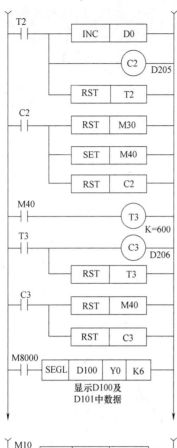

T2—INC D0		2min到后,对给定温度值增加℃
C2 D205		升温多少度由D205送入C2
RST T2		升1℃,清T2,重新计时
C2—RST M30		升温度数到,第三阶段结束,清M30
SET M40		第四阶段二期保温,M40=1
RST C2		
M40— T3 K=600		T3计时单位0.1s
T3— C3 D206		保温时间单位确定为min 保温50min,由D206中内容赐值C2
RST T3		1min到,清T3,重新计时
C3—RST M40		第四阶段保温时间到,清M40,清C3
RST C3		

M8000—SEGL D100 Y0 K6

显示D100及D101中数据

SEGL是输出BCD码至带译码和锁存的数码管显示指令。D100中是当前温度给定值,D101中是保温期间剩余保温时间显示,K6表示显示两组4位数,且选通信号与PLC输出有一定正负逻辑关系。Y0是显示输出首址,见原理图

M10—MOV D0 D100

D0中数送D100用于显示,这里送的是初始给定值及第一阶段实际值

Y14

Y14第一阶段指示灯

M20—MOV C1 D101

第二阶段除了显示给定温度值以外还显示剩余保温时间,C1中数送显示另4位的数据寄存器D101

Y15

Y15第二阶段指示灯

M20—MOV D0 D100

M30—MOV D0 D100

第三阶段温度给定值显示

Y16

Y16第三阶段指示灯

M40—MOV C3 D101

第四阶段剩余保温时间显示

MOV D0 D100

第四阶段温度给定值显示

Y17

Y17第四阶段指示灯

END

图 8-21　温度控制系统的梯形图（续）

四、配料称重控制系统

1. 控制工艺

粉料的输送采用封闭绞龙管道（见图8-22），配上自动称量控制后的应用非常广泛，具有高效、环保、自动化的特点，极大降低了工人的劳动强度。

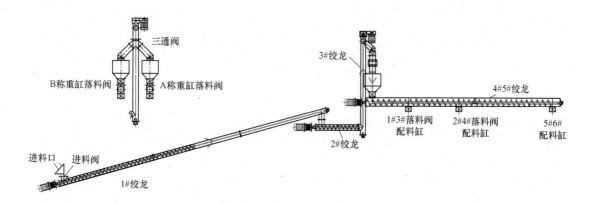

图 8-22 粉料的绞龙输送自动称量控制工艺

图8-22中，1号、2号、3号为上料绞龙输送（起动：3号，延时5s起动2号，延时5s起动1号；停止：延时10s停1号，延时5s停2号，再延时5s停3号）；A、B为2个称重缸，上面的3通阀控制输送入A或B；称重缸下各有一个落料阀，达到重量的A称重缸的粉料落下经4号绞龙可传送的1、2、3号配料缸（由1、2号阀控制），达到重量的B称重缸的粉料落下经5号绞龙可传送的4、5、6号配料缸（由3、4号阀控制）。

2. 系统设计

系统主机选用FX$_{5U}$，A、B称重模拟量输入到主机2个内置A/D输入端，其他均由I/O控制，交互式操作采用10in触屏，称重设定及运行记录都由触屏实现，自动称量控制系统的I/O分配见表8-1。

表 8-1 I/O 分配

上料起动	X0	5 号绞龙	Y7
上料停止	X1	钙粉进料阀	Y10
模拟量转换程式起动	X2	三通气动阀	Y17
模拟量转换程式停止	X3	A 气动落料蝶阀	Y15
转换报警清除	X4	B 气动落料蝶阀	Y16
1 号绞龙	Y0	1#配料缸阀	Y11
2 号绞龙	Y4	2#配料缸阀	Y13
3 号绞龙	Y5	3#配料缸阀	Y12
4 号绞龙	Y6	4#配料缸阀	Y14

3. 触屏设计

触屏采用三菱 GS2107-WTBD，按工艺要求设计画面如图8-23所示。

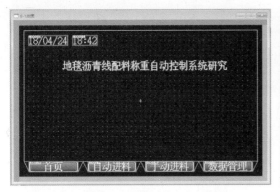

a）首页

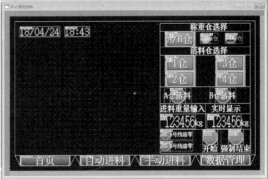

b）自动进料

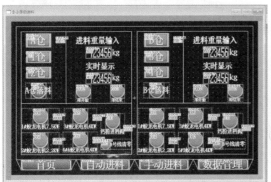

c）手动进料

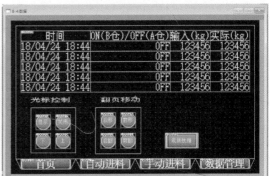

d）数据管理

图 8-23　配料称重控制系统触屏设计

4. 系统调试

调试的关键在于熟悉系统的环境设置，包含 PLC 与 PC，触屏与 PC 及其他相关设置，说明参见图 8-24；图 8-25 是用 GX-WORK3 编制的配料称重控制系统梯形图。

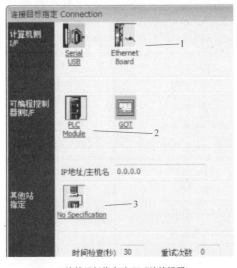

a）连接目标指定(与PLC连接设置)

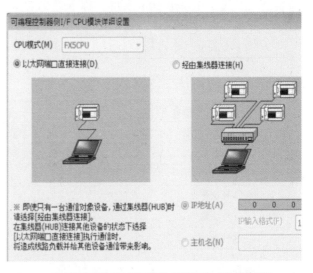

b）目标直连(与PLC连接设置,若经HUB,则IP默认250)

图 8-24　配料称重控制系统设备调试

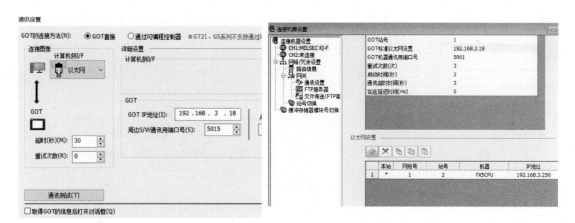

c) 触屏通信设置(默认IP:192.168.3.38)　　　　　　d) PLC站号设定(2,同网段内设定不同站号)

图 8-24　配料称重控制系统设备调试（续）

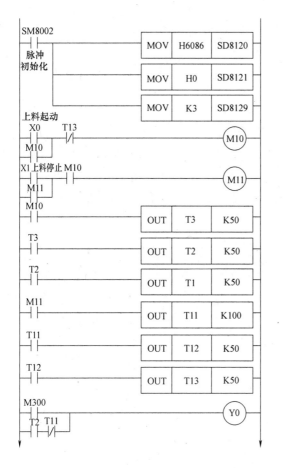

PLC脉冲初始化

按下X0后，即开始自动送料，M10自锁
自动送料的开启和停止都设有延时，以保
证设备使用的安全性，具体指令在下方。
按下X1后即强制停止送料，M11自锁

自动送料和强制停止的延时设置
与下面自动送料的指令相结合可以看出：
当开始自动送料时，首先起动3号绞龙电
动机，延时5s起动2号，延时5s起动1号，
延时5s开启钙粉进料阀，开始进料；当停
止自动送料时，首先关闭钙粉进料阀，延时
10 s停止1号，延时5 s停止2号，延时5 s停止
3号，停止进料

进料绞龙电动机和钙粉进料阀除了自动
送料的设置外，也添加了手动开启关闭控
制

图 8-25　配料称重控制系统梯形图

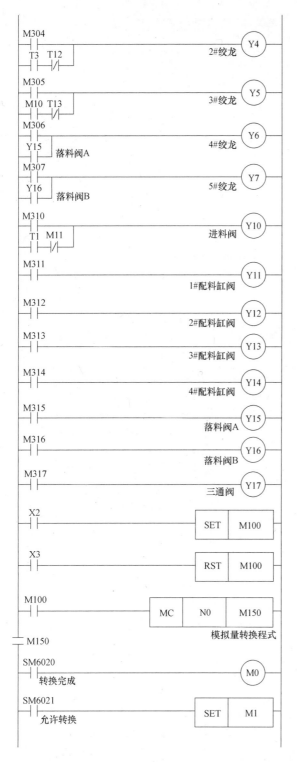

绞龙电动机4号和5号分别是A、B称重缸下的送料电动机，需要单独控制，当相应称重缸的气动落料蝶阀开启时，电动机会自动开启

Y11、Y12分别是4号绞龙可传送的1、2号配料缸的气动蝶阀(3号不设置阀)；Y13、Y14分别是5号绞龙可传送的4、5号配料缸的气动蝶阀(6号不设置阀)

Y14、Y15分别是A、B称重缸的落料阀

当Y17为"0"时，钙粉送入A称重缸
当Y17为"1"时，钙粉送入B称重缸

M100控制整个A/D转换。当X2接通时，执行MC与MCR之间的A/D转换指令；当X3接通时，不执行MC与MCR之间的A/D转换指令。称重缸设有A/D转换装置，将实际钙粉重量与输入值做比较，从而控制送料的自动停止

FX5U的A/D模块有CH1、CH2两个通道，此处只编写了CH1通道

SM6020：CH1通道的A/D转换完成标志

SM6021：CH1通道的A/D转换允许/禁止设置

图8-25　配料称重控制系统梯形图（续）

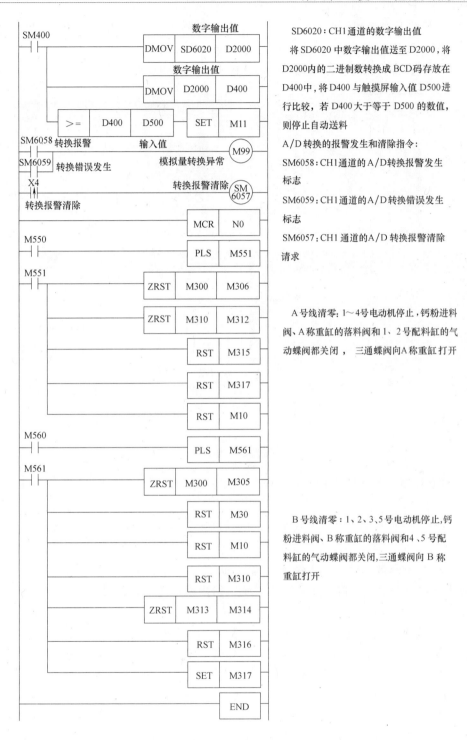

SD6020：CH1通道的数字输出值

将SD6020中数字输出值送至D2000，将D2000内的二进制数转换成BCD码存放在D400中，将D400与触摸屏输入值D500进行比较，若D400大于等于D500的数值，则停止自动送料

A/D转换的报警发生和清除指令：

SM6058：CH1通道的A/D转换报警发生标志

SM6059：CH1通道的A/D转换错误发生标志

SM6057：CH1通道的A/D转换报警清除请求

A号线清零：1～4号电动机停止，钙粉进料阀，A称重缸的落料阀和1、2号配料缸的气动蝶阀都关闭，三通蝶阀向A称重缸打开

B号线清零：1、2、3、5号电动机停止，钙粉进料阀、B称重缸的落料阀和4、5号配料缸的气动蝶阀都关闭，三通蝶阀向B称重缸打开

图8-25 配料称重控制系统梯形图（续）

5. 运行

自动送料：在触摸屏内输入理想钙粉重量，选择称重缸和配料缸，按下"开始"按钮，进行送料，观察实时重量，当实时重量大于等于输入的理想重量时，进料装置自动停止

（若未停止，可按下"强制停止"按钮），按下相应送料阀，则钙粉将送到相应配料缸内。

手动送料：步骤与自动送料无异，只是所有电动机和阀的控制都将手动操作。

每一次的数据都将记录在数据记录表内，供查询和打印。参见图 8-26。

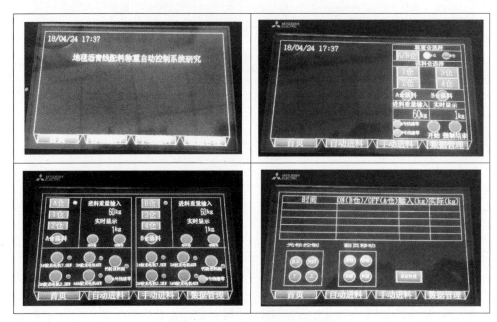

图 8-26　配料称重控制系统运行

习题及思考题

8-1　要求控制一台三相交流异步电机正/反转、正/反点动、停止，画出 PLC 的 I/O 连接及梯形图。

8-2　设计以下梯形图：一按起动按钮，电动机运行 10s，停 5s，重复 6 次后停止。

8-3　设计一交流异步电动机定子串电阻减压起动的 PLC 系统，在起动后的 2s 内每相各串一电阻，2s 后电阻被短接，进入稳态运行状态。试画出其主回路原理图，要求起动阶段和运行阶段各合上一个接触器。并设计 PLC 输入输出原理图、梯形图。

8-4　设计自动进给加工系统，要求动力头从原始位开始，快进（Y0 = 1）到一定位置（X0 = 1）时，改为工进（Y0 = 0，Y1 = 1），1s 后动力头旋转（Y2 = 1），工进到终点（X1 = 1），改为快退（Y1 = 0，Y2 = 1），并使动力头停转（Y2 = 0）。快退至原始位（X2 = 1）停止。起动按钮为 X10，急停按钮为 X11。画出 PLC 输入输出原理图、梯形图。

8-5　生产流程如图 8-27 所示，从 S 点出发，按生产流程运行，循环 30 次后，自动停止。试编制其梯形图。

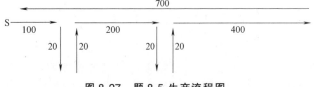

图 8-27　题 8-5 生产流程图

第三篇

西门子可编程序控制器

第九章

S7-200 SMART 概述

　　德国西门子公司是世界上研制 PLC 较早的少数几个国家之一，欧洲第一台 PLC 是西门子公司于 1973 年研制成功的，1975 年推出 SIMATIC S3 系列 PLC，1979 年推出 SIMATIC S5 系列 PLC，20 世纪末又推出了 SIMATIC S7 系列 PLC。

　　西门子公司目前最新的 PLC 产品是 SIMATIC M7、C7 和 S7 三个系列。M7 系列 PLC 是嵌入式、高档机，目前国内引进的比较少；C7 系列 PLC，往往在一个单元中集成一个 PLC 和一个控制操作面板（OP），使控制系统最小、工程造价最经济；S7 系列 PLC 又分为 S7-200 SMART、S7-200、S7-300 和 S7-400 几个子系列，分别为微型、小型、中型和大型 PLC。

　　S7-200 SMART 系列 PLC 属于微型机（S7-200 已停产），既可用于替代继电器的简单控制场合，也可用于复杂的自动化控制系统（由于 S7-200SMART 具有极强的通信功能，在大型网络控制系统中也能充分发挥其作用）。S7-200 SMART 可靠性高，可以用梯形图、语句表和功能块图三种语言编程；S7-200 SMART 指令丰富、功能强，最大可以扩展到 480 点数字量 I/O 或者 35 路模拟量 I/O，最多有 50 多 KB 程序和数据存取空间。

第一节　S7-200 SMART 硬件系统组成

　　S7-200 SMART 型 PLC 是西门子针对中国的 OEM 市场研发的新一代 PLC，采用整体式结构，既有单机运行，又有可扩展接口及扩展特殊功能模块。其系统组成如图 9-1 所示，可分为基本单

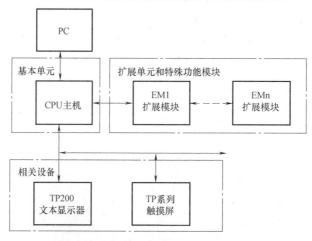

图 9-1　S7-200 SMART 型 PLC 系统组成

元、扩展单元、特殊功能模块和相关设备等，根据控制规模的大小可选择相应 CPU 主机。

一、S7-200 SMART 型 PLC 系统构成

1. 基本单元

基本单元指 CPU 模块（又称主机或本机）。它包括 CPU（中央处理器）、程序/数据存储器、基本输入/输出端子、电源等。它本身是一个完整的控制系统。整体式结构的 S7-200 SMART 型 PLC 外形如图 9-2 所示，主要分为紧凑型不可扩展 CPU（CPU CR40 和 CPU CR60）和标准型可扩展 CPU（CPU SR20、CPU ST20、CPU SR30、CPU ST30、CPU SR40、CPU ST40、CPU SR60 和 CPU ST60）。

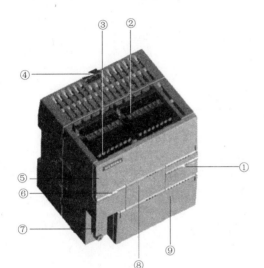

① I/O的LED

② 端子连接器

③ 以太网通信端口

④ 用于在标准(DIN)
导轨上安装的夹片

⑤ 以太网状态
LED(保护盖下面):LINK, RX/TX

⑥ 状态
LED:RUN、STOP和ERROR

⑦ RS-485通信端口

⑧ 可选信号板(仅限标准型)

⑨ 存储卡连接(保护盖下面)

图 9-2　S7-200 SMART 系列 CPU 模块外形图

2. 扩展单元

扩展单元（模块）是用来扩充数字量或数字量和模拟量输入输出接口数量的设备。

3. 特殊功能单元

特殊功能单元（模块）用以进行特殊功能的任务功能模块。

二、CPU 模块

S7-200 SMART CPU 具有不同的型号，针对用户的不同应用，提供了多种特征和功能，可创建有效的解决方案。表 9-1 为模块输入、输出点数分配，表 9-2 和表 9-3 为模块主要技术指标。

表 9-1　S7-200 SMART CPU

	CR40	CR60	SR20	ST20	SR30	ST30	SR40	ST40	SR60	ST60
紧凑,不可扩展	X	X								
标准,可扩展			X	X	X	X	X	X	X	X
继电器输出	X	X	X		X		X		X	
晶体管输出				X		X		X		X
I/O(内置)	40	60	20	20	30	30	40	40	60	60

表 9-2　紧凑型不可扩展 CPU

特　性		CPU CR40	CPU CR60
尺寸：W×H×D(mm)		125×100×81	175×100×81
用户存储器	程序	12KB	
	用户数据	8KB	
	保持性	最大 10KB[①]	
板载数字量 I/O	输入 输出	24DI 16DQ 继电器	36DI 24DQ 继电器
扩展模块		无	
信号板		无	
高速计数器		100kHz 时 4 个，针对单相或 50kHz 时 2 个，针对 A/B 相	100kHz 时 4 个，针对单相或 50kHz 时 2 个，针对 A/B 相
PID 回路		8	
实时时钟，备用时间 7 天		无	

① 可组态 V 存储器、M 存储器、C 存储器的存储区（当前值），以及 T 存储器要保持的部分（保持性定时器上的当前值），最大可为最大指定量。

表 9-3　标准型可扩展 CPU

特　性		SR20 、ST20	SR30 、ST30	SR40 、ST40	SR60 、ST60
尺寸：W×H×D(mm)		90×100×81	110×100×81	125×100×81	175×100×81
用户存储器	程序	12KB	18KB	24KB	30KB
	用户数据	8KB	12KB	16KB	20KB
	保持性	最大 10KB[①]			
板载 数字量 I/O	输入 输出	12DI 8DQ	18DI 12DQ	24DI 16DQ	36DI 24DQ
扩展模块		最多 6 个			
信号板		1			
高速计数器		200kHz 时 4 个，针对单相或 100kHz 时 2 个，针对 A/B 相			
脉冲输出[②]		2 个，100kHz	3 个，100kHz	3 个，100kHz	3 个，100kHz
PID 回路		8			
实时时钟，7 天		有			

① 可组态 V 存储器、M 存储器、C 存储器的存储区（当前值），以及 T 存储器要保持的部分（保持性定时器上的当前值），最大可为最大指定量。

② 指定的最大脉冲频率仅适用于带晶体管输出的 CPU 型号。对于带有继电器输出的 CPU 型号，不建议进行脉冲输出操作。

三、扩展模块

S7-200 SMART 系列包括诸多扩展模块、信号板和通信模块（见表 9-4 和表 9-5）。可将这些扩展模块与标准 CPU 型号（SR20、ST20、SR30、ST30、SR40、ST40、SR60 或 ST60）搭配使用。

表 9-4 扩展模块和信号板

类型	仅输入	仅输出	输入/输出组合	其他
数字扩展模块	8 个直流输入 16 个直流输入	8 个直流输出 8 个继电器出 16 个继电器输出 16 个晶体管输出	8 个直流输入/8 个直流输出 8 个直流输入/8 继电器输出 16 个直流输入/16 个直流输出 16 个直流输入/16 继电器输出	
模拟量扩展模块	4 个模拟量输入 8 个模拟量输入 2 个 RTD 输入 4 个 RTD 输入 4 个热电偶输入	2 个模拟量输出 4 个模拟量输出	4 个模拟量输入/2 个模拟量输出 2 个模拟量输入/1 个模拟量输出	
信号板	1 个模拟量输入	1 个模拟量输出	2 个直流输入/2 个直流输出	RS-485/RS-232 电池板

表 9-5 通信扩展模块

模　块	类　型	说　明
通信扩展模块(EM)	PROFIBUS DP SMART 模块	EM DP01 PROFIBUS DP

四、S7-200 SMART 的系统配置

S7-200 SMART PLC 任一型号的主机，都可单独构成基本配置，作为一个独立的控制系统（S7-200 SMART PLC 各型号主机的 I/O 配置是固定的，它们具有固定的 I/O 地址）。

可以采用主机带扩展模块的方法扩展 S7-200 SMART PLC 的系统配置（采用数字量模块或模拟量模块可扩展系统的控制规模；采用智能模块可扩展系统的控制功能，注意扩展配置时会受到相关因素的限制）。

1. 允许主机所带扩展模块的数量

注意各类主机可带扩展模块的数量是不同的。CPU CR40 和 CPU CR60 模块不允许带扩展模块；CPU SR20 、CPU ST20、CPU SR30 、CPU ST30、CPU SR40 、CPU ST40、CPU SR60 和 CPU ST60 最多可带 6 个扩展模块。

2. CPU 输入、输出映像区的大小

（1）数字量 I/O 映像区大小（S7-200 SMART PLC 各类主机提供的数字量 I/O 映像区）

128 个输入映像寄存器（I0.0~I15.7）；

128 个输出映像寄存器（Q0.0~Q15.7）。

PLC 系统配置时，系统最大 I/O 配置不能超出此区域，系统要对各类输入、输出模块的输入、输出点进行编址。主机提供的 I/O 具有固定的 I/O 地址，扩展模块的地址由 I/O 模块类型及模块在 I/O 链中的位置决定。编址时，按同类型的模块对各输入点（或输出点）顺序编址。数字量输入、输出映像区的逻辑空间是以 8 位（1 个字节）为递增的；对数字量模块物理点的分配是按 8 点来分配地址的。即使有些模块的端子数不是 8 的整数倍，但仍以 8 点来分配地址。例如，4 入/4 出模块也占用 8 个输入点和 8 个输出点的地址，那些未用的物理点地址不能分配给 I/O 链中的后续模块，那些与未用物理点相对应的 I/O 映像区的空间就会丢失（对于输出模块，这些丢失的空间可用来作内部标志位存储器；对于输入模块却不

可，因为每次输入更新时，CPU 都对这些空间清零）。

（2）模拟量 I/O 映像区的大小　CPU ST20 主机提供的模拟量 I/O 映像区区域为 56 个字的输入/56 个字的输出；模拟量扩展模块总是以两个字节递增的方式来分配空间。

表 9-6 所示为 CPU ST20 模块作为主机系统（带了 4 块扩展模块）的 I/O 配置情况。

表 9-6　CPU ST20 模块的 I/O 配置及地址分配

主机		模块 0	模块 1		模块 2	模块 3
CPU　ST20		8IN	4IN/4OUT		4AI/1AQ	4AI/1AQ
I0.0	Q0.0	I3.0	I4.0	Q2.0	AIW0 AQW0	AIW8 AQW2
I0.1	Q0.1	I3.1	I4.1	Q2.1	AIW2	AIW10
I0.2	Q0.2	I3.2	I4.2	Q2.2	AIW4	AIW12
I0.3	Q0.3	I3.3	I4.3	Q2.3	AIW6	AIW14
I0.4	Q0.4	I3.4				
I0.5	Q0.5	I3.5				
I0.6	Q0.6	I3.6				
I0.7	Q0.7	I3.7				
I1.0	Q1.0					
I1.1	Q1.1					
I1.2	Q1.2					
I1.3	Q1.3					
I1.4	Q1.4					
I1.5	Q1.5					
I1.6	Q1.6					
I1.7	Q1.7					
I2.0						
I2.1						
I2.2						
I2.3						
I2.4						
I2.5						
I2.6						
I2.7						

　　CPU ST20 模块最多可带 6 块扩展模块，CPUST20 模块提供的主机 I/O 点有 12 个数字量输入点和 8 个数字量输出点。

　　模块 0 是一块具有 8 个输入点的数字量扩展模块。

　　模块 1 是一块 4 入/4 出的数字量扩展模块，实际上它却占用了 8 个输入点地址（I4.0～I4.7）和 8 个输出点地址（Q2.0～Q2.7）。其中输入点地址（I4.4～I4.7）、输出点地址（Q2.4～Q2.7）由于没有提供相应的物理点与之相对应，与之对应的输入映像寄存器（I4.4～I4.7）、输出映像寄存器（Q2.4～Q2.7）的空间就被丢失了，且不能分配给 I/O 链中的后续模块。由于输入映像寄存器（I4.4~I4.7）在每次输入更新时都被清零，因此不能用作内部标志位存储器，而输出映像寄存器（Q2.4~Q2.7）可以作为内部标志位存储器使用。

模块 2、模块 3 是具有 4 个输入通道和 1 个输出通道的模拟量扩展模块。

第二节　S7-200 SMART 的数据类型及寻址方式

一、数据类型

S7-200 SMART PLC 指令参数及 CPU 中存放所用的数据类型主要有 1 位布尔型（BOOL）、8 位字节型（BYTE）、16 位无符号整数（WORD）、16 位有符号整数（INT）、32位无符号双字整数（DWORD）、32 位有符号双字整数（DINT）、32 位实数型（REAL）。不同的数据类型具有不同的数据长度和数据范围，用字节（B）、字（W）型、双字（D）型分别表示 8 位、16 位、32 位的数据长度，详见表 9-7。

表 9-7　数据类型和取值范围

数 据 类 型	数 据 长 度	取 值 范 围
布尔型	1 位	真(1);假(0)
无符号整数	B(字节);8 位	0~255(十进制) 0~FF(十六进制)
	W(字);16 位	0~65535(十进制) 0~FFFF(十六进制)
	D(双字);32 位	0~4294967295(十进制) 0~FFFFFFFF(十六进制)
有符号整数	B(字节);8 位	−128~127(十进制) 80~7F(十六进制)
	W(字);16 位	−32768~32767(十进制) 8000~7FFF(十六进制)
	D(双字);32 位	−2147483648~2147483647(十进制) 8000 0000~7FFF FFFF(十六进制)
IEEE32 位单精度浮点数	D(双字);32 位	−3.402823E+38~−1.175495E−38(负数) +1.175495E−38~+3.402823E+38(正数)
字符列表	B(字节);8 位	ASCII 字符、汉字内码(每个汉字 2 字节)
字符串	B(字节);8 位	1~254 个 ASCII 字符、汉字内码(每个汉字 2 字节)

二、数据的寻址方式

S7-200 SMART CPU 将信息储存在每个单元都有地址的不同的存储器单元中，并使用此数据地址访问所有的数据，此操作称为寻址（可以按位、字节、字和双字对存储单元寻址）。

二进制数的 1 位（bit）只有 0 和 1 两种不同的取值，可用来表示开关量（或称为数字量）的两种不同的状态，如触点的断开和接通、线圈的通电和断电等。如果该位为 1，则表示梯形图中对应的编程元件的线圈"通电",其常开触点接通,常闭触点断开,以后称该编程元件为 1 状态;如果该位为 0,对应的编程元件的线圈和触点的状态与上述的相反,称该编程元件为 0 状态。位数据的数据类型为 BOOL(布尔)型。

8 位二进制数组成 1 个字节(Byte,如图 9-3 所示,其中的第 0 位为最低位(LSB)、第 7 位为最高位(MSB)),两个字节组成 1 个字(Word),两个字组成 1 个双字。一般用二进制补码表示有符号数,其最高位为符号位,最高位为 0 时为正数,为 1 时为负数。

1. 字节.位寻址(bit)

位存储单元的地址中需指出存储器位于哪一个区,并指出字节的编号及位号。即地址由字节地址和位地址组成,并且以小数点作为分隔符,因此这种存取方式称为"字节.位"寻址方式。如 I3.2,其中的区域标识符"I"表示输入(Input),字节地址为 3,位地址为 2(见图 9-3)。字节、位寻址是针对逻辑变量存储的寻址方式。

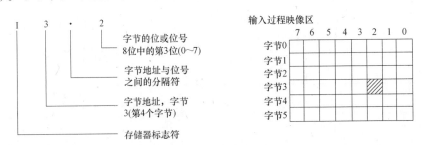

图 9-3　位寻址举例

2. 字节寻址(8bit)

字节寻址在数据长度短于 1 个字节时使用。以存储区标识符、字节标识符及字节地址组合而成,如图 9-4 中的 VB100。

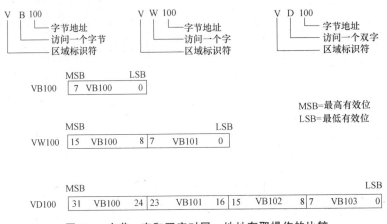

图 9-4　字节、字和双字对同一地址存取操作的比较

3. 字寻址(16bit)

字寻址用于数据长度小于 2 个字节的场合。字寻址以存储区标识符、字标识符及首字节地址组合而成,如 VW100 表示由相邻的两个字节 VB100 和 VB101 组成的 1 个字,其中的 V 为区域标识符,W 表示字(Word),100 为起始字节的地址。如图 9-4 中的 VW100。

4. 双字寻址（32bit）

双字寻址用于数据长度需 4 个字节的场合。双字寻址以存储区标识符、双字标识符及首字节地址组合而成，如图 9-4 中的 VD100。

如图 9-4 所示，在选用了同一字节地址作为起始地址分别以字节、字及双字寻址时，其所表示的地址空间是不同的。当涉及多字节组合寻址时，S7-200 SMART 遵循"高地址、低字节"的规律。比如 VD100 中，VB100 存放于高地址中，故 VD100 中的 VB100 称为最高有效字节。

注意：一些存储数据专用的存储单元是不支持位寻址方式的，主要有模拟量输入/输出存储器、累加器及计时/计数器的当前值存储器等。还有一些存储器的寻址方式与数据长度不方便统一，比如累加器不论采用字节、字或双字寻址，都要占用全部 32 位存储单元。与累加器不同，模拟量输入、输出单元为字节标号，但由于 PLC 中多规定模拟量为 16 位，模拟量单元寻址时均以偶数标志。

三、存储器的存储区寻址

1. 输入映像寄存器（I）

输入映像寄存器的标识符为 I（I0.0~I15.7），在每个扫描周期的开始，CPU 对输入点进行采样，并将采样值存于输入映像寄存器中。

输入映像寄存器是可编程序控制器接收外部输入的开关量信号的窗口。可编程序控制器通过光耦合器，将外部信号的状态读入并存储在输入映像寄存器中，外部输入电路接通时对应的映像寄存器为 ON（1 状态）。输入端可以外接常开触点或常闭触点，也可以接多个触点组成的串并联电路。在梯形图中，可以多次使用输入位的常开触点和常闭触点。

I、Q、V、M、S、SM、L 均可按位、字节、字和双字来存取。

2. 输出映像寄存器（Q）

输出映像寄存器的标识符为 Q（Q0.0~Q15.7），在扫描周期的末尾，CPU 将输出映像寄存器的数据传送给输出模块，再由后者驱动外部负载。如果梯形图中 Q0.0 的线圈"通电"，继电器型输出模块中对应的硬件继电器的常开触点闭合，使接在标号为 0.0 的端子的外部负载工作。输出模块中的每一个硬件继电器仅有一对常开触点，但是在梯形图中，每一个输出位的常开触点和常闭触点都可以多次使用。

3. 变量存储器（V）

在程序执行的过程中存放中间结果，或用来保存与工序或任务有关的其他数据。

4. 位存储区（M）

内部存储器标志位 M（M0.0~M31.7）用来保存控制继电器的中间操作状态或其他控制信息。虽然名为"位存储区"，表示按位存取，但是也可以按字节、字或双字来存取。

5. 局部存储器（L）

S7-200 SMART 有 64 个字节的局部存储器，其中 60 个可以作为暂时存储器，或给子程序传递参数。如果用梯形图编程，则编程软件保留这些局部存储器的后 4 个字节。如果用语句表编程，则可以使用所有的 64 个字节，但是建议不要使用最后 4 个字节。

各程序组织单元（Program Organizational Unit，POU，即主程序、子程序和中断程序）有自己的局部变量表，局部变量在它被创建的 POU 中有效。变量存储器（V）是全局存储器，可以被所有的 POU 存取。

S7-200 SMART 给主程序和中断程序各分配 64 个字节的局部存储器，给每一级子程序嵌套分配 64 个字节的局部存储器，各程序不能访问别的程序的局部存储器。由于局部变量使用临时的存储区，子程序每次被调用时，应保证它使用的局部变量被初始化。

6. 定时器存储区（T）

S7-200 SMART PLC 有 3 种定时器，它们的时基增量分别为 1ms、10ms 和 100ms，定时器的当前值寄存器是 16 位有符号整数的寄存器，用于存储定时器累计的时基增量值（1~32767），即存储定时器所累计的时间。

定时器的当前值大于等于设定值时，定时器位被置为 1，梯形图中对应的定时器的常开触点闭合，常闭触点断开。用定时器地址（T 和定时器号，如 T5）来存取当前值和定时器位（带位操作数的指令存取定时器位，带字操作数的指令存取当前值）。

7. 计数器存储区（C）

计数器用来累计其计数输入端脉冲电平由低到高的次数，CPU 提供加计数器、减计数器和加减计数器。计数器的当前值为 16 位有符号整数，用来存放累计的脉冲数（1~32767）。当计数器的当前值大于等于设定值时，计数器位被置为 1。用计数器地址（C 和计数器号，如 C20）来存取当前值和计数器位（带位操作数的指令存取计数器位，带字操作数的指令存取当前值）。

8. 累加器（AC）

累加器是可以像存储器那样使用的读/写单元，例如可以用它向子程序传递参数，或从子程序返回参数，以及用来存放计算中的中间值。CPU 提供了 4 个 32 位累加器（AC0~AC3），可以按字节、字和双字来存取累加器中的数据。按字节、字只能存取累加器的低 8 位或低 16 位，双字存取全部的 32 位，存取的数据长度由所用的指令决定。

9. 高速计数器（HC）

高速计数器用来累计比 CPU 的扫描速率更快的事件，它独立于 CPU 的扫描周期，其当前值和设定值为 32 位有符号整数，当前值为只读数据。高速计数器的地址由区域标示符 HC 和高速计数器号组成，如 HC2。

10. 特殊存储器（SM）

特殊存储器位为在 CPU 与用户程序之间传递信息提供了一种手段。可以用这些位选择和控制 S7-200 SMART CPU 的一些特殊功能。例如 SM0.1 仅在执行用户程序的第一个扫描周期为 1 状态。SM0.4 位和 SM0.5 位分别提供周期为 1min 和 1s 的时钟脉冲。SM0.6 位为扫描时钟，本次扫描时为 1，下次扫描时为 0，可以用作扫描计数器的输入。

11. 模拟量输入（AI）

S7-200 SMART 将现实世界连续变化的模拟量（例如温度、压力、电流、电压等）用 A-D 转换器转换为 1 个字长（16 位）的数字量，用区域标识符 AI、表示数据长度的 W 和起始字节的地址来表示模拟量输入的地址。因为模拟量输入是一个字长，应从偶数字节地址开始存放，例如 AIW2、AIW4、AIW6 等，模拟量输入值为只读数据。

12. 模拟量输出（AQ）

S7-200 SMART 将 1 个字长的数字用 D-A 转换器转换为现实世界的模拟量，用区域标识符 AQ、表示数据长度的 W 和字节的起始地址来表示存储模拟量输出的地址。因为模拟量输出是一个字长，应从偶数字节地址开始存放，例如 AQW2、AQW4、AQW6 等，模拟量输出值是只写数据，用户不能读取模拟量输出值。

13. 顺序控制寄存器

S 位与 SCR 关联，可用于将机器或步骤组织到等效的程序段中。可使用 SCR 实现控制程序的逻辑分段。可以按位、字节、字或双字访问 S 存储器。

14. 常数的表示方法与范围

常数值可以是字节、字或双字，CPU 以二进制方式存储常数。常数也可以用十进制、十六进制、ASCII 码或浮点数形式来表示。

第三节 S7-200 SMART 的编程语言和程序结构

S7-200 SMART 系列 PLC 主机中有两种基本指令集（见表 9-8）：SIMATIC 指令集和 IEC 1131-3 指令集，程序员可以任选一种。

SIMATIC 指令集是为 S7-200 SMART 系列 PLC 设计的，指令通常执行时间短，而且可以用 LAD、STL 和 FBD 编程语言。

IEC 1131-3 指令集是用于不同 PLC 厂家的标准化指令。IEC 1131-3 指令集不能使用 STL 编程语言，SIMATIC 指令集中的部分指令也不属于这个标准，两种指令集在使用和执行上也存在一定的区别。如 IEC 1131-3 指令中变量必须进行类型声明，执行时自动检查指令参数并选择合适的数据格式。

STEP7-Micro/WIN SMART32 是为其提供的一种编程语言。另外还可以使用 SIMATIC PCS7（过程自动化系统——实现全集成自动化的过程控制系统的软件工具）的各种高级语言、图形化语言和汇编语言编程。

表 9-8 指令集和编程语言

SIMATIC 指令集	IEC 1131-3 指令集
语句表语言（STL）	无
梯形图语言（LAD）	梯形图语言（LAD）
功能图块语言（FBD）	功能图块语言（FBD）

一、S7-200 SMART 编程语言

1. 梯形图 LAD

梯形图是在继电器接触器控制系统中的控制线路图的基础上演变而来的，是 PLC 的第一种编程语言。梯形图可以看作 PLC 的高级语言，编程人员几乎不必具备计算机应用的基础知识，不用去考虑 PLC 内部的结构原理和硬件逻辑，只要有继电器控制线路的基础，就能在很短的时间内，掌握梯形图的使用和编程方法。

2. 语句表 STL

语句表 STL 类似于计算机的汇编语言，是 PLC 的最基础的编程语言。它可以编写出用梯形图或功能图无法实现的程序，是 PLC 的各种语言中执行速度最快的编程语言。

用 STEP-Micro/WIN SMART 32 编程时，可以利用 STL 编程器查看用 LAD 或 FBD 编写的

程序，但反过来，LAD 或 FBD 不一定能够全部显示利用 STL 编写的程序。

3. 功能块图 FBD

功能块图 FBD 类似于数字电子电路，它是将具有各种与、或、非、异或等逻辑关系的功能块图按一定的控制逻辑组合起来，这种编程语言适合那些熟悉数字电路的人员。

二、S7-200 SMART 的程序结构

为完成特定的控制任务，需要编写用户程序，便得 PLC 能以循环扫描的工作方式执行用户程序。在 SIMATIC S7 系列中，为适应设计用户程序的不同需求，STEP 7 为用户提供了 3 种程序设计方法，其程序结构分别为：线性化编程、分部式编程和结构化编程。

所谓线性化编程就是将用户连续放置在 SIEMENS 的 PLC 的一个指令块中，通常称为组织块 OB1。CPU 周期性地扫描 OB1，使用户程序在 OB1 内顺序执行每条指令。由于线性化编程将全部指令都放在一个指令块内，它的程序结构具有简单、直接的特点，适合由一个人编写用户程序。S7-200 SMART 就是采用线性化编程方法。

所谓分部式编程就是将一项控制任务分成若干个指令块，每个指令适用于控制一套设备或者完成一部分工作。每个指令块的工作内容与其他指令块的工作内容无关，一般没有子程序的调用，这些指令块的运行是通过组织块 OB1 内的指令来调用。在分部式程序中，既无数据交换，也无重复利用的代码，因此分部式编程允许多个设计人员同时编写用户程序，而不会发生内容冲突。

所谓结构化编程是将整个用户程序分成一些具有独立功能的指令块，其中有若干个子程序块，然后再按要求调用各个独立的指令块，从而构成一整套的用户程序。编程简单，结构清晰，可以采用程序技术使部分程序标准化，调试方便是结构化编程的特点。一般比较大型的控制程序，均采用结构化编程。

S7-200 SMART 的程序结构属于线性化编程，其用户程序逻辑一般由 3 部分构成：用户程序、数据块和参数块。用户程序一般是由一个主程序、若干个子程序和若干个中断处理子程序组成的。对线性化编程，主程序应安排在程序的最前面，其次为子程序和中断程序。数据块一般为 DB1，主要用来存放用户程序运行需要的数据（在数据块中允许放的数据类型为：布尔型、十进制、二进制或十六进制，字母、数字和字符型）。参数块中存放的是 CPU 组态数据，如果在编程软件或其他编程工具上未进行 CPU 的组态，则系统以默认值进行自动配置。

习题及思考题

9-1　S7-200 SMART 存储器存储区有哪几种软元件？

9-2　S7-200 SMART 的寻址方式有哪几种？

9-3　S7-200 SMART 有哪几种编程语言？

第十章

S7-200 SMART的指令系统

第一节　S7-200 SMART 的基本指令及编程

一、基本位逻辑指令

基本逻辑指令是以位操作为主，在位逻辑指令中，操作数的有效区域一般为：I、Q、M、SM、T、C、V、S、L，数据类型为 BOOL 型。

1. 位逻辑取及线图驱动指令

LD（Load）：取指令。用于位逻辑运算开始的常开触点与母线的连接。

LDN（Load Not）：取反指令。用于位逻辑运算开始的常闭触点与母线的连接。

=（Out）：线圈驱动指令。

位逻辑取 LD（Load）、LDN（Load Not）和线图驱动 =（Out）三条指令的用法如图 10-1 所示。

1）LD、LDN 指令不只是用于位逻辑计算开始时与母线相连的常开和常闭触点，在分支电路块的开始也要使用 LD、LDN 指令，与后面要讲的 ALD、OLD 指令配合完成块电路的编程。

2）= 指令不能用于输入继电器。

3）并联的 = 指令可连续使用任意次。

4）在同一程序中不能使用双线圈输出（同一个元器件在同一程序中只能用一次 = 指令）。

5）LD、LDN 指令的操作数为：I、Q、M、SM、T、C、V、S。= 指令的操作数为：Q、M、S、V、S。T 和 C 也作为输出线圈，但在 S7-200 SMART PLC 中输出时不以使用 = 指令形式出现（见定时器和计数器指令）。

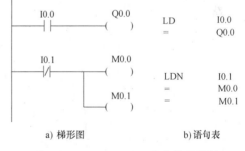

a) 梯形图　　　　　　b) 语句表

图 10-1　LD、LDN、=指令使用举例

2. 触点串联连接指令

A（And）：与指令。用于单个常开触点的串联连接。

AN（And Not）：与非指令。用于单个常闭触点的串联连接。

触点串联 A（And）、AN（And Not）两条指令的使用如图 10-2 所示。

1）A、AN 是单个触点串联连接指令，可连续使用。但在用梯形图编程时会受到打印宽

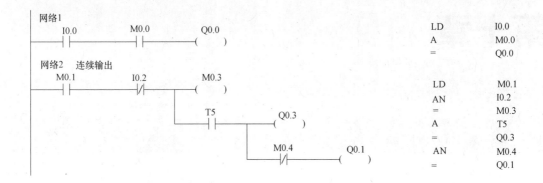

a) 梯形图   b) 语句表

图 10-2　触点串联（A、AN）指令使用说明

度和屏幕显示的限制，S7-200 SMART PLC 的编程软件中规定的串联触点使用上限为 11 个。

2）图 10-2 中所示的连续输出电路，可以反复使用=指令，但次序必须正确，否则就不能连续使用=指令编程了，如图 10-3 所示。

3）A、AN 指令的操作数为：I、Q、M、SM、T、C、V、S 和 L。

3. 触点并联连接指令

O（OR）：或指令。用于单个常开触点的并联连接。

ON（Or Not）：或非指令。用于单个常闭触点的并联连接。

触点并联连接 O（Or）、ON（Or Not）两条指令的用法如图 10-4 所示。

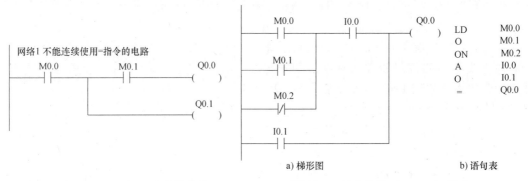

a) 梯形图   b) 语句表

图 10-3　不可连续使用=指令的电路　　　　图 10-4　触点并联（O、ON）指令

1）单个触点的 O、ON 指令可连续使用。

2）O、ON 指令的操作数为：I、Q、M、SM、T、C、V、S 和 L。

4. 串联电路块的并联连接指令

OLD（Or Load）：或块指令。用于串联电路块的并联连接。

两个以上触点串联形成的支路叫串联电路块。串联电路块的并联连接 OLD（Or Load）指令的用法如图 10-5 所示。

1）除在网络块逻辑运算的开始使用 LD 或 LDN 指令外，在块电路的开始也要使用 LD 和 LDN 指令。

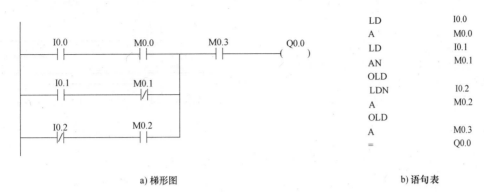

a) 梯形图   b) 语句表

图 10-5　串联电路块的并联连接（OLD 指令）

2）每完成一次块电路的并联时要写上 OLD 指令。

3）OLD 指令无操作数。

5. 并联电路块的串联连接指令

ALD（And Load）：与块指令。用于并联电路块的串联连接。

两条以上支路并联形成的电路叫并联电路块。并联电路块的串联连接 ALD（And Load）指令的用法如图 10-6 所示。

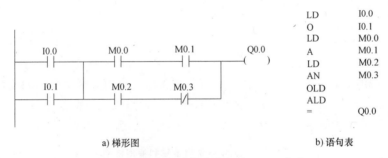

a) 梯形图   b) 语句表

图 10-6　并联电路块的串联连接（ALD 指令）

1）在块电路开始时要使用 LD 和 LDN 指令。

2）在每完成一次块电路的串联连接后要写上 ALD 指令。

3）ALD 指令无操作数。

6. 置位（Set）、复位（Reset）指令

置位/复位指令的 LAD 和 STL 形式以及功能见表 10-1，图 10-7 所示为 S/R 指令的用法。

表 10-1　置位/复位指令的功能表

	LAD	STL	功　能
置位指令	bit ——（S） N	S　bit,N	从 bit 开始的 N 个元件置 1 并保持
复位指令	bit ——（R） N	R　bit,N	从 bit 开始的 N 个元件清 0 并保持

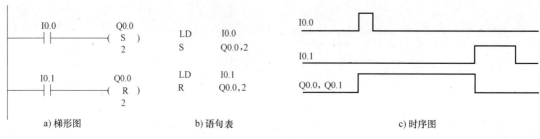

图 10-7　S/R 指令使用说明

1）对位元件来说一旦被置位，就保持在通电状态，除非对它复位；而一旦被复位就保持在断电状态，除非再对它置位。

2）S/R 指令可以互换次序使用，但由于 PLC 采用扫描工作方式，所以写在后面的指令具有优先权。如图 10-7 所示，若 I0.0 和 I0.1 同时为 1，则 Q0.0、Q0.1 肯定处于复位状态而为 0。

3）如果对计数器和定时器复位，则计数器和定时器的当前值被清零。

4）N 的范围为 1～255，N 可为：VB、IB、QB、MB、SMB、SB、LB、AC、常数、*VD、*AC 和 *LD。一般情况下使用常数。

5）S/R 指令的操作数为：I、Q、M、SM、T、C、V、S 和 L。

7. 立即指令

立即指令是为了提高 PLC 对输入/输出的响应速度而设置的，它不受 PLC 循环扫描工作方式的影响，允许对输入和输出点进行快速直接存取。当用立即指令读取输入点的状态时，对 I 进行操作，相应的输入映像寄存器中的值并未更新；当用立即指令访问输出点时，对 Q 进行操作，新值同时写到 PLC 的物理输出点和相应的输出映像寄存器。

立即指令的名称和使用说明见表 10-2，指令的用法如图 10-8 所示。

表 10-2　立即指令的名称和使用说明

指令名称	STL	LAD	使用说明
立即取	LDI　bit	bit ——|I|——	
立即取反	LDNI　bit		
立即或	OI　bit		bit 只能为 I
立即或反	ONI　bit	bit ——|/I|——	
立即与	AI　bit		
立即与反	ANI　bit		
立即输出	=I　bit	bit ——（I）	bit 只能为 Q
立即置位	SI　bit,N	bit ——（SI） N	1. bit 只能为 Q 2. N 的范围，1～255 3. N 的操作数同 S/R 指令
立即复位	RI　bit,N	bit ——（RI） N	

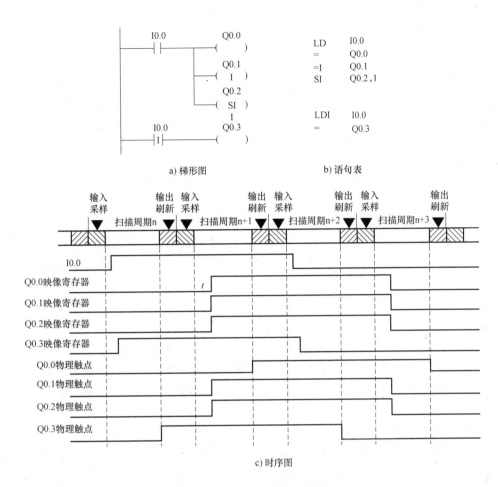

图 10-8 立即指令使用说明

t 为执行到输出点处程序所用的时间，Q0.0、Q0.1、Q0.2 的输入逻辑是 I0.0 的普通常开触点。Q0.0 是普通输出，在程序执行到它时，它的映像寄存器的状态会随着本扫描周期采集到的 I0.0 状态的改变而改变，而它的物理触点要等到本扫描周期的输出刷新阶段才改变；Q0.1、Q0.2 为立即输出，在程序执行到它们时，它们的物理触点和输出映像寄存器同时改变；对 Q0.3 来说，它的输入逻辑是 I0.0 的立即触点，所以在程序执行到它时 Q0.3 的映像寄存器的状态会随着 I0.0 即时状态的改变而立即改变，而它的物理触点要等到本扫描周期的输出刷新阶段才改变。

8. 边沿脉冲指令

边沿脉冲指令为 EU（Edge Up）、ED（Edge Down）。

EU 指令对其之前的逻辑运算结果的上升沿产生一个宽度为一个扫描周期的脉冲，如图 10-9 中的 M0.0。ED 指令对逻辑运算结果的下降沿产生一个宽度为一个扫描周期的脉冲，如图 10-9 中的 M0.1。脉冲指令常用于启动及关断条件的判定以及配合功能指令完成一些逻辑控制任务。

边沿脉冲指令的使用及说明见表 10-3，用法如图 10-9 所示。

表 10-3　边沿脉冲指令使用说明

指 令 名 称	LAD	STL	功 能	说 　明
上升沿脉冲	—|P|—	EU	在上升沿产生脉冲	无操作数
下降沿脉冲	—|N|—	ED	在下降沿产生脉冲	

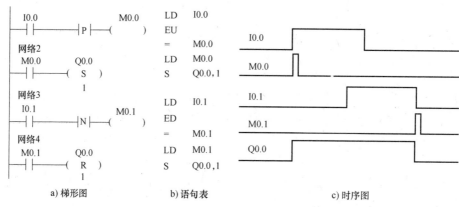

a) 梯形图　　　　　　　　b) 语句表　　　　　　　　c) 时序图

图 10-9　边沿脉冲指令 EU / ED 使用举例

9. 逻辑堆栈指令

S7-200 SMART 系列 PLC 使用一个 9 层堆栈来处理所有逻辑操作，它和计算机中的堆栈结构相同。堆栈是一组能够存储和取出数据的暂存单元，其特点是"先进后出"。每一次进行入栈操作，新值放入栈顶，栈底值丢失；每一次进行出栈操作，栈顶值弹出，栈底值补进随机数。逻辑堆栈指令主要用来完成对触点进行的复杂连接。

西门子公司的使用手册中把 ALD、OLD、LPS、LRD、LPP 和 LDS 都归纳为栈操作指令。其中 ALD（与块指令）和 OLD（或块指令）前面已经介绍过，下面分别介绍其余四条指令。

逻辑入栈（Logic Push, LPS）指令：执行 LPS 逻辑入栈指令，复制栈顶的值并将这个值推入栈顶，原栈顶中各级栈值依次下压一级，栈底值丢失。

逻辑读栈（Logic Read, LRD）指令：执行 LRD 读栈指令，把堆栈中第二级的值复制到栈顶。堆栈没有推入栈或弹出栈操作，但原栈顶值被新的复制值取代。

逻辑弹出栈（Logic POP, LPP）指令：执行 LPP 出栈指令，堆栈作弹出栈操作，将栈顶的值弹出，原堆栈各级栈值依次上弹一级，堆栈第二级的值成为新的栈顶值。

装入堆栈（Load Stack, LDS）指令：执行 LDS 装入堆栈指令，复制堆栈中的第 n 级的值到栈顶。原堆栈各级栈值依次下压一级，栈底值丢失。

合理运用 LPS、LRD、LPP 指令可达到简化程序的目的。但应注意，LPS 与 LPP 必须配对使用，指令的堆栈操作过程如图 10-10 所示。

图 10-11 给出了使用一层栈的使用示例。每一条 LPS 指令必须有一条对应的 LPP 指令，中间的支路都用 LRD 指令，处理最后一条支路时必须使用 LPP 指令。在一块独立电路中，用入栈指令同时保存在堆栈中的运算结果不能超过 8 个。

用编程软件将梯形图转换为语句表程序时，编程软件会自动加入 LPS、LRD 和 LPP 指令。写入语句表程序时，必须由用户来写入 LPS、LRD 和 LPP 指令。

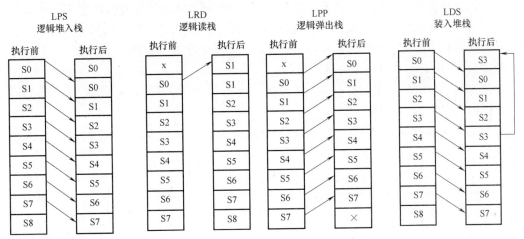

图 10-10 LPS、LRD、LPP、LDS 指令的操作过程（注："×"表示不确定值）

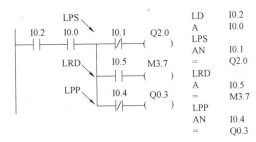

图 10-11 LPS、LRD、LPP 指令示例

二、定时器和计数器指令

1. 定时器指令

S7-200 SMART CPU 提供了 256 个定时器，共有 3 种类型：接通延时定时器（TON）、有记忆接通延时定时器（TONR）和断开延时定时器（TOF）。

定时器对时间间隔计数，时间间隔称为分辨率，又称为时基。SIMATIC 定时器有 3 种分辨率：1ms、10ms 和 100ms，见表 10-4。

表 10-4 定时器规格

定时器类型	分辨率/ms	最大定时值/s	定时器编号
TONR	1	32.767	T0、T64
	10	327.67	T1~T4、T65~T68
	100	3276.7	T5~T31、T69~T95
TON、TOF	1	32.767	T32、T96
	10	327.67	T33~T36、T97~T100
	100	3276.7	T37~T63、T101~T255

定时器操作时要设置 3 个数据：编号、预设值和使能输入。

编号：表示方式为 T×××（0~255），它包含定时器的位和定时器的当前值两方面信息。

定时器的编号也是定时器的位，当前值达到预设值 PT 时，该编号定时器被置为 "1"。定时器的当前值即当前所累计的时间，用 16 位符号整数表示，故最大计数单位 32767。

预设值（PT）：所要计时的最大时间单位值，采用 INT 数据类型。

使能输入（IN）：有效则定时器+1 计数。

定时器的定时时间等于其分辨率×预置值。例如，T37 为 100ms 定时器，预置值为 30，则实际定时时间为 100ms×30＝3s。

表 10-5 所示为定时器指令。表中，以接通延时定时器为例，T37 为定时器号，IN 为使能输入位，接通时启动定时器，PT 为预置值，100ms 为 T37 的分辨率。

表 10-5　定时器指令

形式	名　称		
	接通延时定时器	有记忆接通延时定时器	断开延时定时器
LAD	T37 IN　TON 30—PT　100ms	T4 IN　TONR 10—PT　10ms	T33 IN　TOF 100—PT　10ms
STL	TON T37,30	TONR T4,10	TOF　T33,100

（1）接通延时定时器 TON 和有记忆接通延时定时器 TONR　当使能输入接通时，接通延时定时器和有记忆接通延时定时器开始计时，当定时器的当前值（T×××）大于等于预置值时，该定时器位被置位。

TON 和 TONR 有两个共同点：一是在使能输入（IN）接通时对时间间隔计数（记时），定时器工作；二是当当前值≥预置值时，定时器位为 ON，当前值连续计数到最大值 32767。

TON 和 TONR 有 3 个不同点：一是当输入位接通时，TON 当前值从零开始计时；而有记忆接通延时定时器具有记忆功能，当前值从上次的保持值开始计时。二是使能输入（IN）断开时，TON 定时器自动复位，即定时器位为 OFF，当前值＝0；而 TONR 具有记忆功能，TONR 的定时器位和当前值保持最后状态。三是上电周期或首次扫描时，TON 的定时器位为 OFF，当前值＝0；而 TONR 的定时器位为 OFF，当前值保持在掉电前的值。

TON 和 TONR 的复位：断开输入 IN，TON 定时器自动复位；而 TONR 定时器只能用复位指令 R 对其复位。TON 和 TONR 复位后，定时器位为 OFF，当前值＝0。

使用时，接通延时定时器 TON 用于单一间隔的定时，有记忆接通延时定时器 TONR 用于累计许多时间间隔。

（2）断开延时定时器 TOF　断开延时定时器用于断电后的单一间隔时间计时，或者说用于关断或者故障事件后的延时。当使能输入接通时，TOF 定时器位立即接通，当前值为 0。当输入端由接通到断开时，定时器开始计时。当达到设定值时定时器位为 OFF，当前值等于设定值，停止计时。上电周期或首次扫描时，定时器位为 OFF，当前值＝0。输入再次由 OFF→ON 时，TOF 复位，这时 TOF 的位为 ON，当前值为 0。如果输入端再从接通到断开时，则 TOF 定时器可实现再次启动。

图 10-12 为 3 种类型定时器基本使用说明，其中 T35 为 TON、T2 为 TONR、T36 为 TOF。

（3）定时器的刷新方式的说明　在 S7-200 SMART 系列 PLC 的定时器中，1ms、10ms、100ms 定时器的刷新方式是不同的，从而在使用方法上也有很大的不同。这和其他 PLC 是

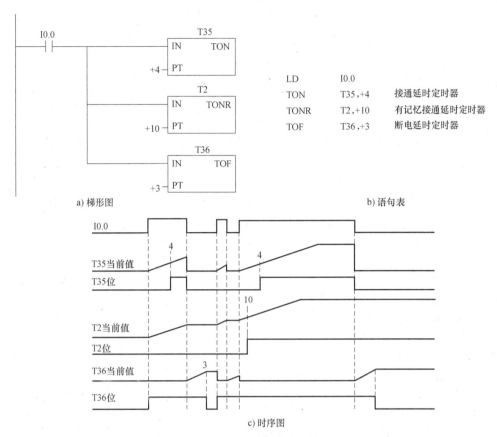

a) 梯形图

b) 语句表

LD	I0.0	
TON	T35,+4	接通延时定时器
TONR	T2,+10	有记忆接通延时定时器
TOF	T36,+3	断电延时定时器

c) 时序图

图 10-12　定时器使用说明

有很大区别的。使用时一定要注意根据使用场合和要求来选择定时器。

　　1ms 定时器：1ms 定时器由系统每隔 1ms 刷新一次，与扫描周期及程序处理无关。它采用的是中断刷新方式。因此，当扫描周期大于 1ms 时，在一个周期中可能被多次刷新。其当前值在一个扫描周期内不一定保持一致。

　　10ms 定时器：10ms 定时器由系统在每个扫描周期开始时自动刷新，由于是每个扫描周期只刷新一次，故在一个扫描周期内定时器位和定时器的当前值保持不变。

　　100ms 定时器：100ms 定时器在定时器指令执行时被刷新，因此，如果 100ms 定时器被激活后，如果不是每个扫描周期都执行定时器指令或在一个扫描周期内多次执行定时器指令，都会造成计时失准。100ms 定时器仅用在定时器指令在每个扫描周期执行一次的程序中。

　　为了确保在每一次定时器的当前值等于预置值（即定时器计时到）时，自复位定时器（TON 或 TOF）的输出能接通一个程序扫描周期（即产生一个宽度为一个扫描周期的脉冲信号），常用一个定时器到达设定值产生结果的元器件的常闭触点作为定时器的使能输入，应该避免用定时器位作为定时器的使能输入。图 10-13 所示是一个在定时器计时时间到时产生一个宽度为一个扫描周期的脉冲的例子。

　　在图 10-13a 中，定时器 T33 的分辨率为 10ms，当定时器计时到时，该定时器在每次扫描周期开始时刷新，即定时器位 T33 只能在每次扫描开始被置位。往后，执行定时器指令

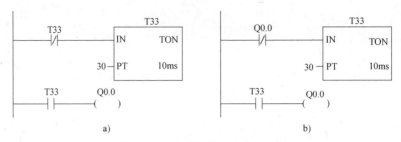

图 10-13　定时器的正确使用示例

时，定时器将被复位（当前值和位都被置 0）。当常开触点 T33 被执行时，因 T33 为 OFF，所以 Q0.0 也会为 OFF，即 Q0.0 永远不会被置位为 ON，也就是说 Q0.0 永远产生不了这个脉冲。图 10-14b 中用常闭触点 Q0.0 代替常闭触点 T33 作为定时器的允许计时输入，这就保证当定时器达到预置值时，Q0.0 会置位（ON）一个扫描周期。

【例 10-1】　接通延时定时器控制 3 台电动机顺序起动，题解如图 10-14 所示。

控制要求：3 台电动机按顺序起动。电动机 M1 起动 20s 后，M2 起动再经过 30s 后，M2 起动。程序如图 10-14 所示。其中 M1、M2、M3 分别由 Q0.1、Q0.2 和 Q0.3 控制。

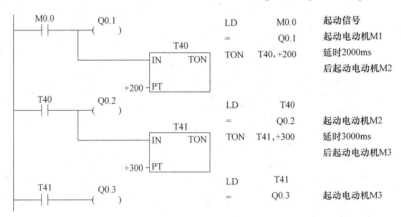

图 10-14　【例 10-1】电动机顺序起动控制图

2. 计数器指令

S7-200SMART CPU 提供了 256 个计数器，可分为增计数器（CTU）、减计数器（CTD）和增/减计数器（CTUD）3 种类型，计数器指令见表 10-6。

表 10-6　计数器指令

形式	名　称		
	增计数器	减计数器	增/减计数器
LAD	C××× CU　CTU R PV	C××× CD　CTD LD PV	C××× CU　CTUD CD R PV
STL	CTU C×××,PV	CTD C×××,PV	CTUD C×××,PV

在表 10-6 中，Cxxx 为计数器号（取 C0~C255），CU 为增计数信号输入端，CD 为减计数信号输入端，R 为复位输入，LD 为装载预置值，PV 为预置值。

计数器用来累计输入脉冲的次数，和定时器的使用基本类似，编程时输入它的计数预置值，计数器累计它的脉冲输入端信号上升沿的个数。当计数达到预置值时，计数器发生动作，以完成计数控制任务。

（1）增计数器　增计数器指令（CTU）从当前计数值开始，每一个（CU）输入状态从低到高时递增计数。当达到最大值（32767）后，计数器停止计数。当前计数值（C×××）≥预置值（PV）时，计数器位（C×××）被置位。当复位端（R）接通或者执行复位指令时，计数器被复位。

（2）减计数器　减计数指令（CTD）从当前计数值开始，在每一个（CD）输入状态从低到高时递减计数。当 C××× 的当前值等于 0 时，计数器位 C××× 置位。当装载输入端（LD）接通时，计数器位自动复位，即计数器位为 OFF，当前值复位为预置值 PV。

（3）增/减计数器　增/减计数指令（CTUD），在每一个增计数输入（CU）从低到高时增计数，在每一个减计数输入（CD）从低到高时减计数。计数器的当前值 C××× 保存当前计数值。在每一次计数器执行时，预置值 PV 与当前值做比较。

当达到最大值（32767）时，在增计数输入处的下一个上升沿导致当前计数值变为最小值（-32768）。当达到最小值（-32768）时，在减计数输入端的下一个上升沿导致当前计数值变为最大值（32767）。

当 C××× 的当前值大于等于预置值 PV 时，计数器位 C××× 置位。否则，计数器位关断。当复位端（R）接通或者执行复位指令后，计数器被复位。当达到预置值 PV 时，CTUD 计数器停止计数。

图 10-15 所示为减计数器指令使用示例及时序图。

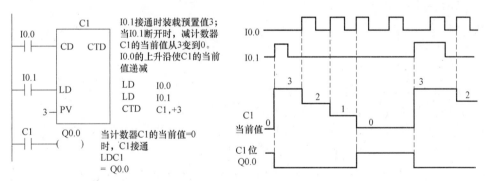

图 10-15　减计数器指令使用示例说明及时序图

图 10-16 为增/减计数器指令使用示例及时序图。表 10-7 是定时器与计数器指令综合表。

表 10-7　定时器与计数器指令

助记符	说明	助记符	说明
TON T×××,PT	接通延时定时器	CITIM IN,OUT	计算时间间隔
TOF T×××,PT	断开延时定时器	CTU C×××,PV	加计数器
TONR T×××,PT	保持型接通延时定时器	CTD C×××,PV	减计数器
TOF T×××,BITIM OUT	触发时间间隔	CTUD C×××,PV	加减计数器

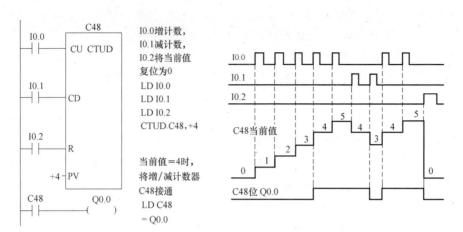

图 10-16 增/减计数器指令使用示例及时序图

三、顺序控制指令

所谓顺序控制，是使生产过程按工艺要求事先安排的顺序自动地进行控制。对于复杂控制系统，由于内部联锁关系复杂，其梯形图冗长，通常由熟练电气工程师才能编制控制程序。

顺序功能图（Sequential Function Chart，SFC）编程语言是基于工艺流程的高级语言。顺序控制继电器（SCR）指令是基于 SFC 的编程方式，它依据被控对象的顺序功能图（SFC）进行编程，将控制程序进行逻辑分段，从而实现顺序控制。用 SCR 指令编制的顺序控制程序清晰、明了，统一性强，尤其适合初学者和不熟悉继电器控制系统的人员运用。

1. SCR 指令的功能

SCR 指令包括 LSCR（程序段的开始）、SCRT（程序段的转换）、SCRE（程序段的结束）指令，从 LSCR 开始到 SCRE 结束的所有指令组成一个 SCR 程序段。一个 SCR 程序段对应顺序功能图中的一个顺序步。

每一个 SCR 程序段中均包含 3 个要素。

输出对象：在这一步序中应完成的动作。

转换条件：满足转换条件后，实现 SCR 段的转换。

转换目标：转换到下一个步序。

装载顺序控制继电器（Load Sequential Control Relay，LSCR n）指令标记一个顺序控制继电器（SCR）程序段的开始。LSCR 指令把 S 位（例 S0.1）的值装载到 SCR 堆栈和逻辑堆栈栈顶。SCR 堆栈的值决定该 SCR 段是否执行。当 SCR 程序段的 S 位置位时，允许该 SCR 程序段工作。顺序控制继电器转换（Sequential Control Relay Transition，SCRT）指令执行 SCR 程序段的转换，SCRT 指令有两个功能，一方面使当前激活的 SCR 程序段的 S 位复位，以使该 SCR 程序段停止工作；另一方面使下一个将要执行的 SCR 程序段 S 位置位，以便下一个 SCR 程序段工作。顺序控制继电器结束（Sequential Control Relay Eed，SCRE）指令表示一个 SCR 程序段的结束，它使程序退出一个激活的 SCR 程序段，SCR 程序段必须由 SCRE 指令结束。

2. 使用 SCR 指令的限制

同一地址的 S 位不可用于不同的程序分区。例如，不可把 S0.5 同时用于主程序和子程序中。在 SCR 段内不能使用 JMP、LBL、FOR、NEXT、END 指令，可以在 SCR 段外使用 JMP、LBL、FOR、NEXT 指令。

【例 10-2】　根据舞台灯光效果要求控制红、绿、黄三色灯，题解如图 10-17 所示。

控制要求：红灯先亮，2s 后绿灯亮，再过 3s 后黄灯亮。待红、绿、黄灯全亮 3min 后，全部熄灭。试用 SCR 指令设计其控制程序。

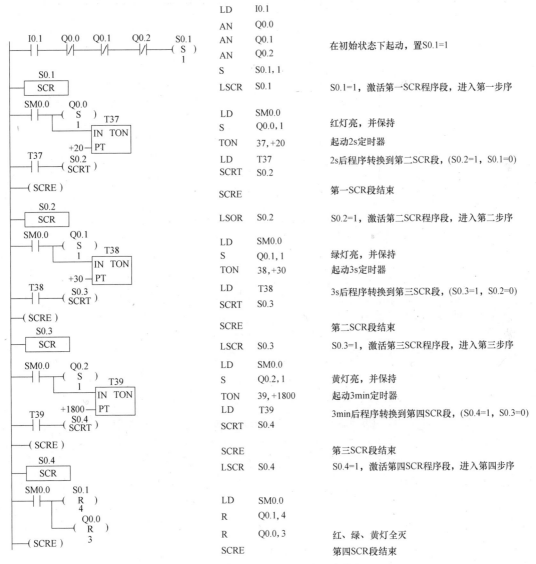

图 10-17　【例 10-2】SCR 指令编程

四、基本位逻辑指令的应用实例

【例 10-3】　电动机正反转的控制程序设计，地址分配见表 10-8，题解如图 10-18 所示。

控制要求：输入信号设有停止按钮 SB1、正向起动按钮 SB2 和反向起动按钮 SB3；输出信号设有正、反向接触器 KM1 和 KM2。

表 10-8　地址分配

输　入　信　号		输　出　信　号	
停止按钮 SB1	I0.0	正转接触器 KM1	Q0.1
正向起动按钮 SB2	I0.1	反转接触器 KM2	Q0.2
反向起动按钮 SB3	I0.2		

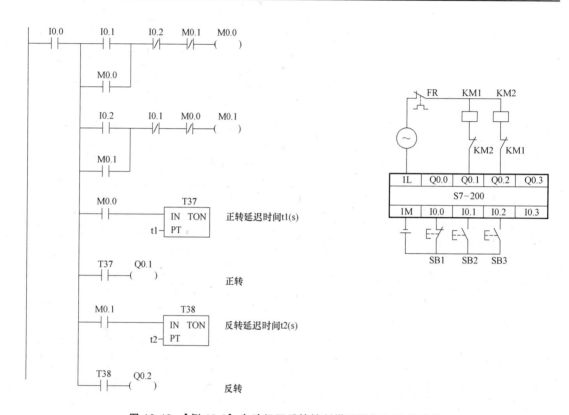

图 10-18　【例 10-3】电动机正反转控制梯形图和 I/O 接线图

电动机可逆运行方向的切换是通过两个接触器 KM1、KM2 的切换来实现的。切换时要改变电源的相序。在设计程序时，必须防止由于电源换相所引起的短路事故，例如，由正向运转切换到反向运转时，当正转接触器 KM1 断开时，由于其主触点内瞬时产生的电弧，使这个触点仍处于接通状态；如果这时使反转接触器 KM2 闭合，就会使电源短路。因此必须在完全没有电弧的情况下才能使反转的接触器闭合。

由于 PLC 内部处理过程中，常开、常闭触点的切换存在时间的延迟，为防止切换过程电源短路，图 10-18 所示梯形图中，采用定时器 T37、T38 分别作为正转、反转切换的延迟时间。

【例 10-4】　电动机的 Y-△ 减压起动程序设计，地址分配见表 10-9，题解如图 10-19 所示。

控制要求：电动机丫-△减压起动控制的主电路如图 1-18 所示。电动机由接触器 KM1、KM2、KM3 控制，其中 KM3 将电动机绕组连接成星形联结，KM2 将电动机绕组连接成三角形联结。KM2 与 KM3 不能同时吸合，否则将产生电源短路，在程序设计过程中，应充分考虑由星形向三角形切换的时间，即当电动机绕组从星形切换到三角形时，由 KM3 完全断开（包括灭弧时间）到 KM2 接通这段时间应锁定住，以防电源短路。

表 10-9 地址分配

输入信号		输出信号	
停止按钮 SB1	I0.0	接触器 KM1	Q0.1
起动按钮 SB2	I0.1	接触器 KM2	Q0.2
		接触器 KM3	Q0.3

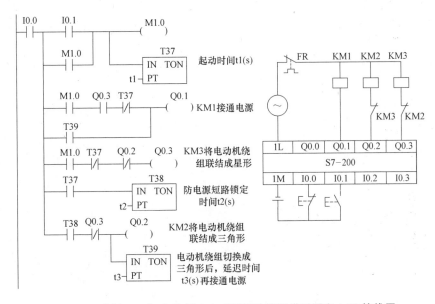

图 10-19 【例 10-4】电动机丫-△减压起动控制梯形图和 I/O 接线图

图 10-19 中，用 T38 定时器使 KM3 断电 t2s 后再让 KM2 通电，保证 KM3、KM2 不同时接通，避免电源相间短路。定时器 T37、T38、T39 的延时时间 t1、t2、t3 可根据电动机起动电流的大小、所用接触器的型号，通过实验调整，选定合适的数值。t1、t2、t3 的值过长或过短均对电动机起动不利。

【例 10-5】 定时器、计数器的扩展应用

S7-200 SMART PLC 定时器的最大计时时间为 3276.7s。为产生更长的设定时间，可将多个定时器、计数器联合使用，扩展其计时范围。

定时器串联扩展计时范围（若还要增大计时范围，可增加串联的定时器数目）如图 10-20 所示，从输入信号 I2.0 接通后到输出线圈 Q2.0 有输出，时间上共延时 $T = (30000 + 30000) \times 0.1s = 6000s$。

定时器、计数器串联扩展计时范围（若还要增大计时范围，可增加串联计数器数目）如图 10-21 所示，从电源接通到输出线圈 Q3.0 有输出，延时 $T = 3000.0 \times 30000s = 9 \times 10^7 s$。

241

计数器串联扩展计数范围如图 10-22 所示。由于模块的最大计数值为 32767，若需要更大的计数范围，可将多个计数器串联使用以扩大计数范围，若输入信号 I0.3 是一个光电脉冲（如用来计工件数），从第一个工件产生的光电脉冲到输出线圈 Q3.0 有输出，共计数 N = 30000×30000 = 9×108 个工件。

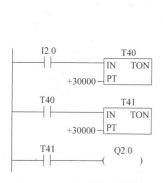

图 10-20 定时器串联使用

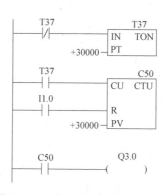

图 10-21 定时器/计数器串联使用

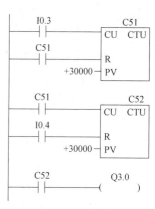

图 10-22 计数器串联使用

【例 10-6】 4 台电动机顺序起动停止的控制梯形图设计，输入输出分配表见表 10-10。

控制要求：要求 4 台电动机 M1、M2、M3、M4 顺序起动和顺序停车。起、停的顺序均为 M1→M2→M3→M4。顺序起动时的时间间隔为 1min，顺序停车时的时间间隔为 30s。

PLC 的 I/O 接线如图 10-23 所示，设计的 4 台电动机顺序起、停控制的顺序功能图如图 10-24 所示。再根据顺序功能图，用顺序控制继电器指令（SCR）设计的梯形图如图 10-25 所示。

表 10-10 输入输出地址分配表

输入信号	停止按钮 SB1	I0.0
	起动按钮 SB2	I0.1
输出信号	接触器 KM1	Q0.0
	接触器 KM2	Q0.1
	接触器 KM3	Q0.2
	接触器 KM4	Q0.3

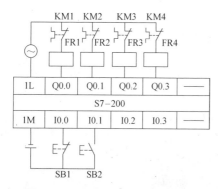

图 10-23 【例 10-6】I/O 接线图

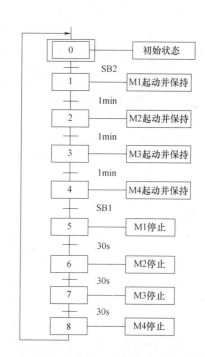

图 10-24 【例 10-6】顺序功能图

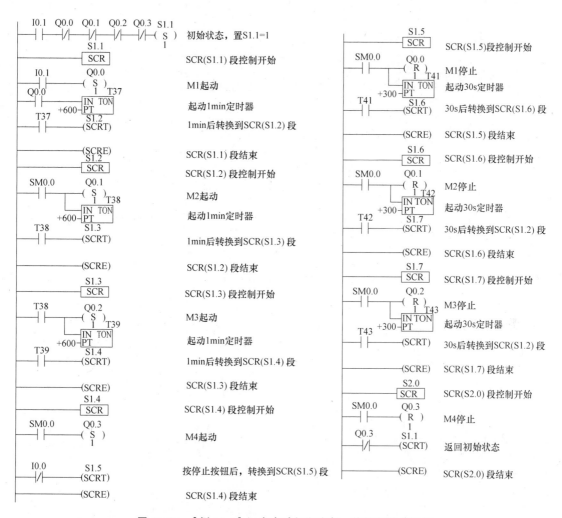

图10-25 【例10-6】4台电动机顺序起、停控制的梯形图

【例10-7】 交通信号灯程序设计（设置见图10-26）

控制要求：①接通起动按钮，信号灯开始工作，南北红灯、东西绿灯同时亮。②东西绿灯亮25s后，闪烁3次（1s/次），接着东西黄灯亮，2s后东西红灯亮，30s后东西绿灯又亮……如此不断循环，直至停止工作。③南北红灯亮30s后，南北绿灯亮，25s后南北绿灯闪烁3次（1s/次），接着南北黄灯亮，2s后南北红灯又亮……如此不断循环，直至停止工作。

信号灯时序如图10-27所示，I/O分配见表10-11。将南北红灯，南北绿灯，南北黄灯，东西红灯，东西绿灯，东西黄灯并联后共用一个输出点，I/O接线如图10-28所示（注意PLC输出端及公共端输出电流的允许值）。

程序设计：根据时序图设计顺序功能如图10-29所示。该顺序功能图是并列序列结构，且带有两个子步（详细表示步3和步7的细节）。其后依据顺序功能图设计的程序如图10-30所示。

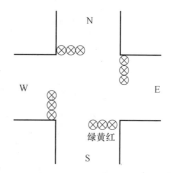

图10-26 交通信号灯设置示意图

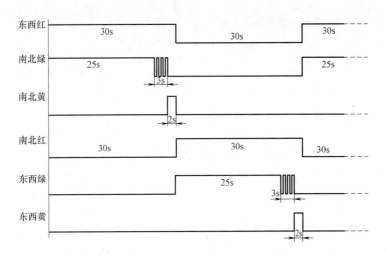

图 10-27 【例 10-7】交通信号灯时序图

表 10-11　I/O 分配表

输入信号	起动按钮 SB1	I0.1
	停止按钮 SB2	I0.2
输出信号	南北红灯 HL1、HL2	Q0.0
	南北绿灯 HL3、HL4	Q0.1
	南北黄灯 HL5、HL6	Q0.2
	东西红灯 HL7、HL8	Q0.3
	东西绿灯 HL9、HL10	Q0.4
	东西黄灯 HL11、HL12	Q0.5

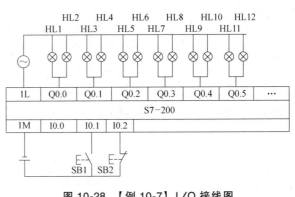

图 10-28 【例 10-7】I/O 接线图

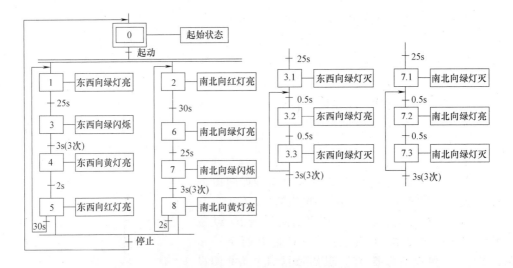

图 10-29 【例 10-7】交通信号灯顺序功能图及其子步

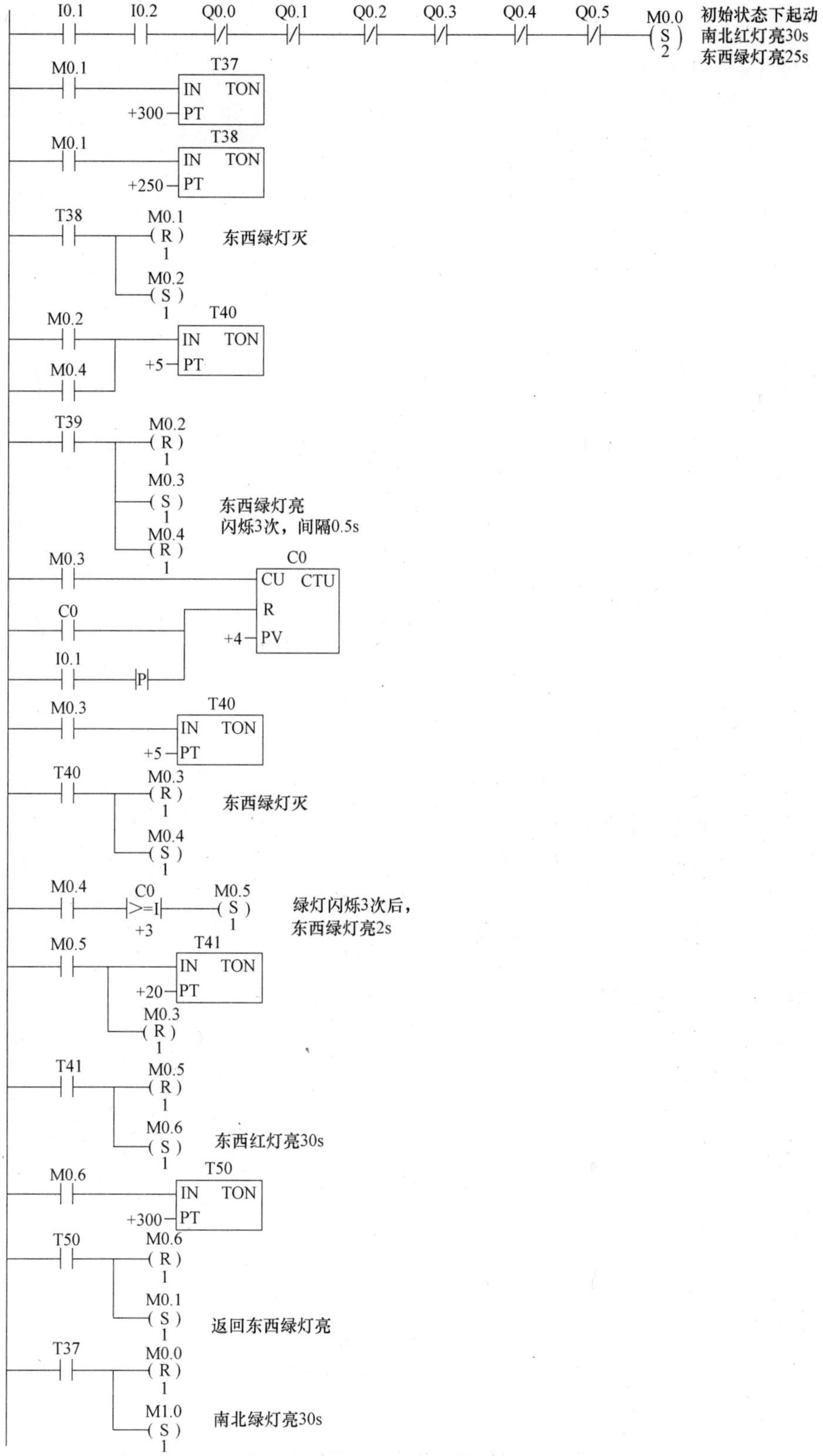

图 10-30 【例 10-7】控制交通信号灯的梯形图

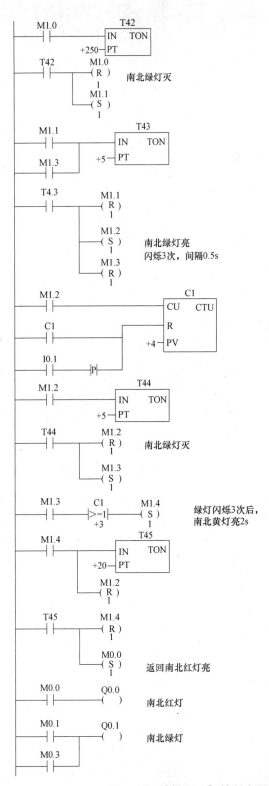

图 10-30 【例 10-7】控制交通信号灯的梯形图（续）

```
     M0.5        Q0.2
   ──┤├──────────(  )        南北黄灯

     M0.6        Q0.3
   ──┤├──────────(  )        东西红灯

     M1.0        Q0.4
   ──┤├────┬─────(  )        东西绿灯
     M1.2  │
   ──┤├────┘

     M1.4        Q0.5
   ──┤├──────────(  )        东西黄灯

     I0.2        M0.0
   ──┤/├────┬────( R )       停止工作
            │      16
            │    Q0.0
            └────( R )
                   6
```

图 10-30　【例 10-7】控制交通信号灯的梯形图（续）

第二节　S7-200 SMART 的功能指令及编程

S7-200 SMART 系列 PLC 的功能指令非常丰富，主要有下面几大类：程序控制指令、数据处理指令、数学运算指令、中断指令、高速处理指令、转换指令、PID 指令、通信指令等。

一、S7-200 SMART 功能指令的基本形式

遵循 STEP-7-Micro/WIN SMART 编程软件的规则，在梯形图中用框表示功能指令。在 IEC 61131-3 指令系统中，把这个框称为功能块，左边为输入，右边为输出，EN 为使能输入、ENO 为使能输出（传送指令的示例见图 10-31）。

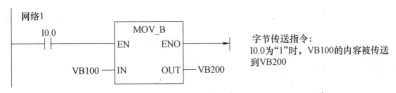

图 10-31　传送指令编程示例

EN（使能输入）是 LAD 和 FBD 中功能块的布尔量输入。对于要执行的功能块，这个输入必须存在能流。在 STL 中，指令没有 EN 输入，但是对于要执行的 STL 语句，栈顶的值必须是 "1"，指令才能执行。

ENO（使能输出）是 LAD 和 FBD 中功能块的布尔量输出。它可以作为下一个功能块的 EN 输入，即几个功能块可以串联在一行中。只有前一个功能块被正确执行，该功能块的 ENO 输出才能把能流传到下一个功能块，下一个功能块才能被执行。如果在执行过程中存在错误，那么能流就在出现错误的功能块处终止。

在 SIMATIC STL 中没有 ENO 输出，但是，与带有 ENO 输出的 LAD 和 FBD 指令相对应的 STL 指令设置了一个 ENO 位。可以用 STL 指令的 AENO（And ENO）指令存取 ENO 位，

以产生与功能块的 ENO 相同的效果。

必须有能流输入才能执行的功能块或线圈指令称为条件输入指令，它们不能直接连接到左侧母线上。如果需要无条件执行这些指令，可以用接在左侧母线上的 SM0.0（该位始终为 1）的常开触点来驱动它们。

功能指令的介绍主要涉及以下几方面。

指令格式：指令的梯形图和语句表格式（指令的 LAD 格式，指令的 STL 格式）。

功能描述：详细描述了指令的功能和注意事项。

数据类型：要特别注意指令的操作数形式。对操作数的内容，有如下约定：

字节型：VB、IB、QB、MB、SB、SMB、LB、AC、*VD、*LD、*AC 和常数。

字型及 INT 型：VW、IW、QW、MW、SW、SMW、LW、AC、T、C、*VD、*LD、*AC 和常数。

双字型及 DINT 型：VD、ID、QD、MD、SD、SMD、LD、AC、*VD、*LD、*AC 和常数。

对输入操作数（IN）和输出操作数（OUT），具体使用到每条指令时，可能会有微小的不同，另外，例如输出操作数（OUT）一般不包括常数。

二、S7-200 SMART 的功能指令

1. 程序控制指令

该类指令主要包括：结束、暂停、看门狗、跳转、子程序、循环和顺序控制等指令。

（1）条件结束指令与停止指令（END、STOP）　条件结束指令（END）根据前面的逻辑关系终止当前的扫描周期。只能在主程序中使用条件结束指令，不能在子程序或中断服务程序中使用该指令。

停止指令（STOP）使 PLC 从运行（RUN）模式进入停止（STOP）模式，从而立即终止程序的执行。STOP 指令可以用在主程序、子程序和中断程序中。如果在中断程序中执行停止指令，则中断程序立即终止，并忽略全部等待执行的中断，继续执行主程序的剩余部分，并在主程序的结束处，完成从运行方式至停止方式的转换。

（2）看门狗复位指令　看门狗（Watchdog）又称为监控定时器，它的定时时间为 500ms，每次扫描它都被自动复位一次。正常工作时扫描周期小于 500ms，它不起作用。当扫描周期大于 500ms 时，监控定时器就会停止执行用户程序（如用户程序很长或者出现中断事件时，执行中断的时间较长等）。

若程序的扫描周期超过 500ms，或者在中断事件发生时有可能使程序的扫描周期超过 500ms，应该使用看门狗复位（WDR）指令来重新触发看门狗定时器。

如果循环程序的执行时间太长，则在终止本次扫描之前下列操作将被禁止。

1）通信（自由口模式除外）。

2）I/O 更新（立即 I/O 除外）。

3）强制更新。

4）SM 位更新（不能更新 SM0 和 SM5～SM29）。

5）运行时间诊断。

6）扫描时间超过 24s 时，使 10ms 和 100ms 定时器不能正确计时。

7）在中断程序中的 STOP 指令。

带数字量输出的扩展模块也有一个监控定时器，每次使用 WDR 指令时，应对每个扩展模块的某一个输出字节使用立即写（BIW）指令来复位每个扩展模块的监控定时器。

条件结束指令、停止指令和看门狗复位指令使用举例如图 10-32 所示。

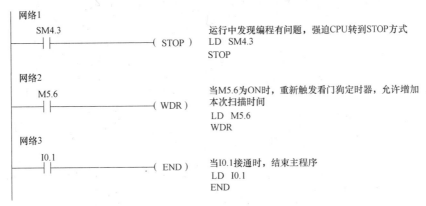

图 10-32　结束、停止和看门狗指令使用举例

（3）循环指令　循环指令有两条：FOR 和 NEXT。FOR 为循环开始指令，NEXT 为循环结束指令，NEXT 指令无操作数。FOR 和 NEXT 之间的程序段称为循环体，每执行一次循环体，当前计数值增 1，并将其与终值做比较，如果大于终值，则终止循环，否则反复执行。

表 10-12 所列的循环指令中，INDX 为当前循环次数计数器，INIT 为循环初值，FINAL 为循环终值。使用时必须设置 INDX、INIT 和 FINAL 参数。它们的数据类型均为整数。

表 10-12　循环指令

名　称	LAD	STL
循环指令	FOR EN ENO INDX INIT FINAL —(NEXT)	FOR INDX,INIT,FINAL ⋮ NEXT

循环指令的使用说明介绍如下。

1）FOR 指令必须与 NEXT 指令成对使用。

2）如果启动了 FOR/NEXT 循环（使能输入 EN 有效），除非在循环内部修改了终值，循环就一直进行，直到循环结束。在循环的执行过程中，可以改变循环的参数。当循环再次允许时，它把初值复制到 INDX 中（当前循环次数）。

3）允许循环嵌套，即 FOR/NEXT 循环可以在另一个 FOR/NEXT 循环之中，最多可以嵌套 8 层（图 10-33 所示，I2.0 接通时，执行 100 次标有 1 的外循环，I2.0 和 I2.1 同时接通时，外循环每执行 1 次，标有 2 的内循环执行 2 次）。

（4）跳转与标号指令　跳转指令（JMP）使程序流程转到同一程序中的具体标号（n）处。标号指令（LBL）用于指示跳转指令的目的位置。跳转与标号指令见表 10-13。

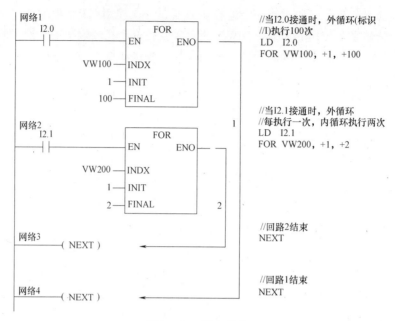

图 10-33　循环嵌套

表 10-13　跳转与标号指令

名　　称	LAD	STL
跳转指令	$-\left(\dfrac{n}{\text{JMP}}\right)$	JMP n
标号指令	$\begin{array}{c} n \\ \boxed{\text{LBL}} \end{array}$	LBL n

JMP 与 LBL 指令中的操作数 n 为常数（0~255），数据类型为 WORD。

跳转和标号指令可以用在主程序、子程序或中断程序中，但 JMP 和对应的 LBL 指令必须总是在同一程序块中，即不能从主程序跳到子程序或中断程序，也不能从子程序或中断程序跳出，如图 10-34 所示，数学运算结果为负时，则程序跳转到标号 LBL2 处。

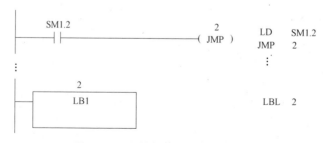

图 10-34　跳转与标号指令使用示例

（5）子程序指令　该类指令包含子程序的调用指令及子程序的返回指令（见表 10-14）。子程序调用指令将程序控制权交给子程序 SBR_n，该子程序执行完成后，程序控制权回到子程序调用指令的下一条指令。

子程序条件返回指令（RET）多用于子程序的内部，由判断条件决定是否结束子程序调用，在条件满足时中止子程序执行。返回指令在指令树的"程序控制"分支中，软件自动将 RET 指令加到每个子程序结尾，因此不需要手工输入 RET 指令。

表 10-14　子程序指令

名　称	LAD	STL
子程序调用指令	SBR_0 —EN	CALL SBR_0
子程序条件返回指令	-(RET)	CRET

图 10-35 所示使用示例中，SM0.0 为特殊存储器位，运行时总为"1"，在所有扫描周期内必须执行的指令要以 SM0.0 开始。如果子程序中没有安排 RET 指令，则子程序将在子程序运行完毕后返回。

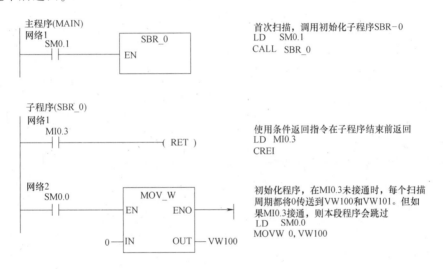

图 10-35　子程序指令使用示例

（6）诊断 LED 指令（DIAG_LED）　S7-200 SMART 检测到致命错误时，SF/DIAG（故障/诊断）LED 发出红光。在 V4.0 版编程软件的系统块的"配置 LED"选项卡中，如果选择了有变量被强制或是有 I/O 错误时 LED 亮，则出现上述诊断事件时 LED 将发黄光。如果两个选项都没有被选择，则 SF/DIAG LED 发黄光只受 DIAG-LED 指令的控制。如果此时指令的输入参数 IN 为 0，诊断 LED 不亮。如果 IN 大于 0，诊断 LED 发黄光。图 10-36 的 VB10 中如果有非零的错误代码，将使诊断 LED 亮。

2. 数据处理指令

数据处理指令细分又可分为比较指令、数据传送指令、移位与循环指令、数据转换指令、表功能指令、读写实时时钟指令和字符串指令等。

（1）比较指令　该指令将两个操作数按指定条件进行比

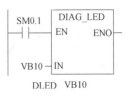

图 10-36　诊断 LED 指令

较，条件成立时，触点就闭合。所以比较指令实际上也是一种位指令。在实际应用中，比较指令为上下限控制以及数值条件判断提供了方便。

比较指令的类型有：字节比较、整数比较、双字整数比较和实数比较。

比较指令的运算符有：=、>=、<、<=、>和<>等6种。

对比较指令可进行 LD、A 和 O 编程。组合可得，共有 4×6×3 = 72 条比较指令（见表10-15）。

表 10-15　比较指令的 LAD 和 STL 形式

方　式 形　式	字节比较	整数比较	双字整数比较	实数比较
LAD （以 = = 为例）	IN1 —| = = B|— IN2	IN1 —| = = I|— IN2	IN1 —| = = D|— IN2	IN1 —| = = R|— IN2
STL	LDB = 　IN1,IN2 AB = IN1,IN2 OB = IN1,IN2 LDB<>IN1,IN2 AB<>IN1,IN2 OB<>IN1,IN2 LDB<IN1,IN2 AB<IN1,IN2 OB<IN1,IN2 LDB< = IN1,IN2 AB< = IN1,IN2 OB< = IN1,IN2 LDB>IN1,IN2 AB>IN1,IN2 OB>IN1,IN2 LDB> = IN1,IN2 AB> = IN1,IN2 OB> = IN1,IN2	LDW = 　IN1,IN2 AW = IN1,IN2 OW = IN1,IN2 LDW<>IN1,IN2 AW<>IN1,IN2 OW<>IN1,IN2 LDW<IN1,IN2 AW<IN1,IN2 OW<IN1,IN2 LDW< = IN1,IN2 AW< = IN1,IN2 OW< = IN1,IN2 LDW>IN1,IN2 AW>IN1,IN2 OW>IN1,IN2 LDW> = IN1,IN2 AW> = IN1,IN2 OW> = IN1,IN2	LDD = 　IN1,IN2 AD = IN1,IN2 OD = IN1,IN2 LDD<>IN1,IN2 AD<>IN1,IN2 OD<>IN1,IN2 LDD<IN1,IN2 AD<IN1,IN2 OD< = IN1,IN2 LDD< = IN1,IN2 AD< = IN1,IN2 OD< = IN1,IN2 LDD>IN1,IN2 AD>IN1,IN2 OD>IN1,IN2 LDD> = IN1,IN2 AD> = IN1,IN2 OD> = IN1,IN2	LDR = 　IN1,IN2 AR = IN1,IN2 OR = IN1,IN2 LDR<>IN1,IN2 AR<>IN1,IN2 OR<>IN1,IN2 LDR<IN1,IN2 AR<IN1,IN2 OR<IN1,IN2 LDR< = IN1,IN2 AR< = IN1,IN2 OR< = IN1,IN2 LDR>IN1,IN2 AR>IN1,IN2 OR>IN1,IN2 LDR> = IN1,IN2 AR> = IN1,IN2 OR> = IN1,IN2
IN1 和 IN2 寻址范围	IB,QB,MB,SMB, VB,SB,LB,AC, * VD,* AC,* LD,常数	IW,QW,MW,SMW, VW,SW,LW,AC, * VD,* AC,* LD,常数	ID,QD,MD,SMD, VD,SD,LD,AC, * VD,* AC,* LD,常数	ID,QD,MD,SMD, VD,SD,LD,AC, * VD,* AC,* LD,常数

字节比较用于比较两个字节型整数值 IN1 和 IN2 的大小，字节比较是无符号的。整数比较用于比较两个一个字长的整数值 IN1 和 IN2 的大小，整数比较是有符号的，其范围是 16#8000 ~ 16#7FFF。双字整数比较用于比较两个双字长整数值 IN1 和 IN2 的大小。它们的比较也是有符号的，其范围是 16#80000000 ~ 16#7FFFFFFF。实数比较用于比较两个双字长实数值 IN1 和 IN2 的大小，实数比较是有符号的。负实数范围为 -1.175495E-38 ~ -3.402823E+38，正实数范围是 +1.175495E-38 ~ +3.402823E+38。

比较指令如图10-37所示，计数器 C30 的当前值大于等于 0 时，Q0.0 为 ON；VD1 中的实数小于 95.8 且 I0.0 为 ON 时，Q0.1 为 ON；VB1 中的值大于 VB2 的值或 I0.1 为 ON 时，Q0.2 为 ON。

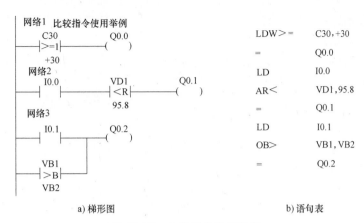

a) 梯形图　　　　　　　　　b) 语句表

图 10-37　比较指令使用示例

（2）数据传送指令　该类指令用来完成各存储单元之间一个或者多个数据的传送（可分单一和块传送指令）。

1）单一传送。

MOV＿B（Move Byte）**字节传送指令**

指令格式：LAD 及 STL 格式如图 10-38 所示。

功能描述：使能输入有效时，把一个单字节数据由 IN 传送到 OUT 所指的字节存储单元。

数据类型：输入输出均为字节。

MOV＿BIR（Move Byte Immediately Read）**传送字节立即读指令**

指令格式：LAD 及 STL 格式如图 10-39 所示。

功能描述：使能输入有效时，立即读取单字节物理区数据 IN，并传送到 OUT 所指的字节存储单元。该指令用于对输入信号的立即响应。

数据类型：输入为 IB，输出为字节。

MOV＿BIW（Move Byte Immediately Write）**传送字节立即写指令**

指令格式：LAD 及 STL 格式如图 10-40 所示。

功能描述：使能输入有效时，立即将 IN 单元的字节数据写到 OUT 所指的字节存储单元的物理区，它用于把计算出的 Q 结果立即输出到负载。

数据类型：输入为字节，输出为 QB。

图 10-38　MOV＿B 指令格式　　　图 10-39　MOV＿BIR 指令格式　　　图 10-40　MOV＿BIW 指令格式

MOV＿W（Move Word）**字传送指令**

指令格式：LAD 及 STL 格式如图 10-41 所示。

功能描述：使能输入有效时，把一个字长的整数由 IN 传送到 OUT 所指的字存储单元。

数据类型：输入输出均为字或 INT。

MOV_DW（Move Double Word）**双字传送指令**

指令格式：LAD 及 STL 格式如图 10-42 所示。

功能描述：使能输入有效时，把一个双字长数据由 IN 传送到 OUT 所指的双字存储单元。

数据类型：输入输出均为双字或 DINT。除一般的操作数内容外，还包括 HC、&VB、&IB、&QB、&MB、&SB、&T 和 &C。

MOV_R（Move Real）**实数传送指令**

指令格式：LAD 及 STL 格式如图 10-43 所示。

功能描述：使能输入有效时，把一个 32 位实数由 IN 传送到 OUT 所指的双字长存储单元。

数据类型：输入输出均为 REAL。

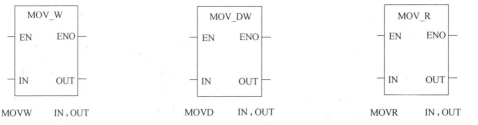

图 10-41　MOV_W 指令格式　　图 10-42　MOV_DW 指令格式　　图 10-43　MOV_R 指令格式

2）块传送该类指令可用来进行一次多个（最多 255 个）数据的传送。

BLKMOV_B（Block Move Byte）**字节块传送指令**

指令格式：LAD 及 STL 格式如图 10-44a 所示。

功能描述：使能输入有效时，把从输入字节 IN 开始的 N 个字节型数据传送到从 OUT 开始的 N 个字节存储单元。

数据类型：输入输出均为字节，N 为字节。

BLKMOV_W（Block Move Word）**字块传送指令**

指令格式：LAD 及 STL 格式如图 10-44b 所示。

功能描述：使能输入有效时，把从输入字 IN 开始的 N 个字型数据传送到从 OUT 开始的 N 个字存储单元。

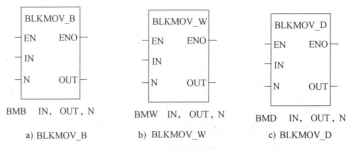

a) BLKMOV_B　　　　b) BLKMOV_W　　　　c) BLKMOV_D

图 10-44　块传送指令格式

数据类型：输入输出均为字，N 为字节。

BLKMOV_D（Block Move Double Word）**双字块传送指令**

指令格式：LAD 及 STL 格式如图 10-44c 所示。

功能描述：使能输入有效时，把从输入双字 IN 开始的 N 个双字型数据传送到从 OUT 开始的 N 个双字存储单元。

数据类型：输入输出均为双字，N 为字节。

【**例 10-8**】 在 AC0 中有一数，要求把它传送到 VB100~VB103 中

执行 BMD AC0，VD100，1，执行结果如图 10-45 所示。

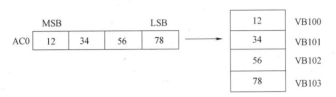

图 10-45 【例 10-8】BMD 指令执行结果

（3）移位与循环移位指令 该类指令包括左移和右移、左循环和右循环（LAD 与 STL 的缩写表示不同）。

1）移位指令。移位指令有左移和右移两种。根据所移位数的长度不同可分为字节型、字型和双字型。

移位数据存储单元的移出端与 SM1.1（溢出）相连，所以最后被移出的位被放到 SM1.1 位存储单元。移位时，移出位进入 SM1.1，另一端自动补 0。例如，在右移时，移位数据的最右端的位移入 SM1.1，则左端补 0。SM1.1 始终存放最后一次被移出的位，移位次数与移位数据的长度有关，如果所需移位次数大于移位数据的位数，则超出次数无效。如字左移时，若移位次数设定为 20，则指令实际执行结果是只能移位 16 次，而不是设定值 20 次。如果移位操作使数据变为 0，则零存储器位（SM1.0）自动置位。所有移位指令移位次数 N 均为字节型数据。

SHR_B（SHift Right Byte）**字节右移和 SHL_B**（SHift Left Byte）**字节左移**

指令格式：LAD 及 STL 格式如图 10-46 所示。

功能描述：使能输入有效时，把字节型输入数据 IN 左移或右移 N 位后，再将结果输出到 OUT 所指的字节存储单元。最大实际可移位次数为 8。

数据类型：输入输出均为字节。

例：SLB MB0，2 ；第一条指令执行结果见表 10-16。

　　　SRB LB0，3

表 10-16 指令 SLB 执行结果

移位次数	地址	单元内容	位 SM1.1	说　　明
0	MB0	10110101	X	移位前
1	MB0	01101010	1	数左移,移出位 1 进入 SM1.1,右端补 0
2	MB0	11010100	0	数左移,移出位 0 进入 SM1.1,右端补 0

SHR_W（SHift Right Word）**字右移和 SHL_W**（SHift Left Word）**字左移**

指令格式：LAD 及 STL 格式如图 10-47 所示。

功能描述：使能输入有效时，把字型输入数据 IN 左移或右移 N 位后，再将结果输出到 OUT 所指的字存储单元。最大实际可移位次数为 16。

数据类型：输入输出均为字。

例：SLW MW0，2

  SRW LW0，3   ；第二条指令执行结果见表 10-17。

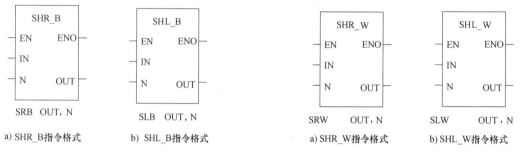

a) SHR_B指令格式   b) SHL_B指令格式

图 10-46 字节型移位指令格式

a) SHR_W指令格式   b) SHL_W指令格式

图 10-47 字型移位指令格式

表 10-17 SRW 指令执行结果

移位次数	地址	单元内容	位 SM1.1	说　明
0	LW0	1011010100110011	X	移位前
1	LW0	0101101010011001	1	右移，1 进入 SM1.1，左端补 0
2	LW0	0010110101001100	1	右移，1 进入 SM1.1，左端补 0
3	LW0	0001011010100110	0	右移，0 进入 SM1.1，左端补 0

SHR_DW（SHift Right Double Word）**和 SHL_DW**（SHift Left Double Word）**双字右/左移**

指令格式：LAD 及 STL 格式如图 10-48 所示。

功能描述：使能输入有效时，把双字型输入数据 IN 左移或右移 N 位后，再将结果输出到 OUT 所指的双字存储单元。最大实际可移位次数为 32。

数据类型：输入输出均为双字。

2）循环移位指令。该类指令包括循环左移和循环右移，循环移位位数的长度分别为字节型、字型或双字型。

循环数据存储单元的移出端与另一端相连，同时又与 SM1.1（溢出）相连，所以最后被移出的位

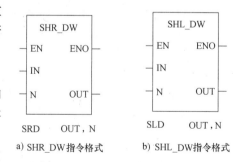

a) SHR_DW指令格式   b) SHL_DW指令格式

图 10-48 双字型移位指令格式

被移到另一端的同时，也被放到 SM1.1 位存储单元。例如在循环右移时，移位数据的最右端位移入最左端，同时又进入 SM1.1。SM1.1 始终存放最后一次被移出的位。移位次数与移位数据的长度有关，如果移位次数设定值大于移位数据的位数，则在执行循环移位之前，系统先对设定值取以数据长度为底的模，用小于数据长度的结果作为实际循环移位的次数。移

位次数 N 为字节型数据。

ROL_B（Rotate Left Byte）字节循环左移和 ROR_B（Rotate Right Byte）字节循环右移

指令格式：LAD 及 STL 格式如图 10-49 所示。

功能描述：使能输入有效时，把字节型输入数据 IN 循环左移或循环右移 N 位后，再将结果输出到 OUT 所指字节存储单元。实际移位次数为系统设定值取以 8 为底的模所得的结果。

数据类型：输入输出均为字节。

ROL_W（Rotate Left Word）字循环左移和 ROR_W（Rotate Right Word）字循环右移

指令格式：LAD 及 STL 格式如图 10-50 所示。

功能描述：使能输入有效时，把字型输入数据 IN 循环左移或循环右移 N 位后，再将结果输出到 OUT 所指的字存储单元。实际移位次数为系统设定值取以 16 为底的模所得的结果。

数据类型：输入输出均为字。

例：RRW   LW0，3；指令执行情况见表 10-18。

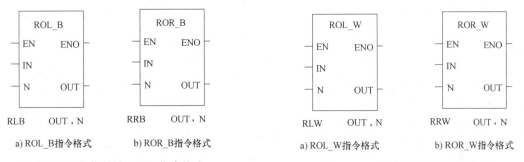

a）ROL_B指令格式　　b）ROR_B指令格式

图 10-49　字节型循环移位指令格式

a）ROL_W指令格式　　b）ROR_W指令格式

图 10-50　字型循环移位指令格式

表 10-18　RRW 指令执行结果

移位次数	地址	单元内容	位 SM1.1	说　　明
0	LW0	1011010100110011	X	移位前
1	LW0	1101101010011001	1	右端 1 移入 SM1.1 和 LW0 的左端
2	LW0	1110110101001100	1	右端 1 移入 SM1.1 和 LW0 的左端
3	LW0	0111011010100110	0	右端 0 移入 SM1.1 和 LW0 的左端

ROL_D（Rotate Left Double Word）和 ROR_D（Rotate Right Double Word）双字循环左/右移

指令格式：LAD 及 STL 格式如图 10-51 所示。

功能描述：使能输入有效时，把双字型输入数据 IN 循环左移或循环右移 N 位后，再将结果输出到 OUT 所指双字存储单元。实际移位次数为系统设定值取以 32 为底的模所得的结果。

数据类型：输入输出均为双字。

3）SHRB（SHift Rigster Bit）寄存器移位。

指令格式：LAD 及 STL 格式如图 10-52 所示。

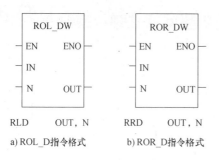

a) ROL_D指令格式　　　　b) ROR_D指令格式

图 10-51　双字型循环移位指令格式

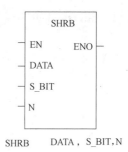

图 10-52　SHRB 指令格式

功能描述：该指令在梯形图中有 3 个数据输入端，即 DATA 为数值输入，将该位的值移入移位寄存器；S_BIT 为移位寄存器的最低位端；N 指定移位寄存器的长度。每次使能输入有效时，在每个扫描周期内，整个移位寄存器移动一位。所以要用边沿跳变指令来控制使能端的状态。

移位寄存器长度在指令中指定，没有字节型、字型、双字型之分。可以指定的最大长度位为 64 位，可正可负。

移位寄存器存储单元的移出端与 SM1.1（溢出）相连，所以最后被移出的位放在 SM1.1 位存储单元。移位时，移出位进入 SM1.1，另一端自动补上 DATA 移入位的值。

移位方向分为正向移位和反向移位。正向移位时长度 N 为正值，移位是从最低字节的最低位（S_BIT）移入，从最高字节的最高位移出；反向移位时，长度 N 为负值，移位是从最高字节的最高位移入，从最低字节的最低位（S_BIT）移出。

数据类型：DATA 和 S_BIT 为 BOOL 型。

例：SHRB　　I0.5，V20.0，5；本条指令执行结果见表 10-19。

表 10-19　SHRB 指令执行结果

移位次数	10.5 值	VB20 内容	位 SM1.1	说　　　明
0	1	10110101	X	移位前；移位时；从 V20.4 移出
1	1	10101011	1	1 移入 SM1.1, I0.5 的值进入右端
2	0	10110111	0	0 移入 SM1.1, I0.5 的值进入右端
3	0	10101110	1	1 移入 SM1.1, I0.5 的值进入右端

（4）数据转换指令　　该类指令是指对操作数的类型进行转换，包括数据的类型转换、码的类型转换以及数据和码之间的类型转换等。数据转换指令详见表 10-20。

1）数字转换指令。表 10-20 中的前 7 条指令属于数字转换指令，包括字节（B）与整数（I）之间（数值范围为 0~255）、整数与双整数（DI）之间、BCD 码与整数之间的转换指令，以及双整数转换为实数（R）的指令。BCD 码的允许范围为 0~9999。如果转换后的数超出输出的允许范围，则溢出标志 SM1.1 将被置为 1。整数转换为双整数时，有符号数的符号位被扩展到高字。字节是无符号的，转换为整数时没有扩展符号位的问题。

表 10-20　数据转换指令

指令助记符	语　句　表		功　能
I_BCD	IBCD	OUT	整数转换成 BCD 码
BCD_I	BCDI	OUT	BCD 码转换成整数
B_I	BTI	IN,OUT	字节转换成整数
I_B	ITB	IN,OUT	整数转换成字节
I_DI	ITD	IN,OUT	整数转换成双整数
DI_I	DTI	IN,OUT	双整数转换成整数
DI_R	DTR	IN,OUT	双整数转换成实数
ROUND	ROUND	IN,OUT	实数四舍五入为双整数
TRUNC	TRUNC	IN,OUT	实数截位取整为双整数
SEG	SEG	IN,OUT	七段译码
ATH	ATH	IN,OUT,LEN	ASCII 码→十六进制数
HTA	HTA	IN,OUT,LEN	十六进制数→ASCII 码
ITA	ITA	IN,OUT,FMT	整数→ASCII 码
DTA	DTA	IN,OUT,FMT	双整数→ASCII 码
RTA	RTA	IN,OUT,FMT	实数→ASCII 码
I_S	ITS	IN,OUT,FMT	整数→字符串
DI_S	DTS	IN,OUT,FMT	双整数→字符串
R_S	RTS	IN,OUT,FMT	实数→字符串
S_I	STI	IN,INDX,OUT	子字符串→整数
S_DI	STD	IN,INDX,OUT	子字符串→双整码
S_R	STR	IN,INDX,OUT	子字符串→实数
DECO	DECO	IN,OUT	译码
ENCO	ENCO	IN,OUT	编码

2）实数转换为双整数的指令。ROUND 和 TRUNC 指令 ROUND 将实数（IN）四舍五入后转换成双字整数，如果小数部分≥0.5，整数部分加 1，截位取整指令 TRUNC 将 32 位实数（IN）转换成 32 位带符号整数，小数部分被舍去。如果转换后的数超出双整数的允许范围，则溢出标志 SM1.1 被置为 1。使用说明见表 10-21。

表 10-21　实数转换为双整数指令

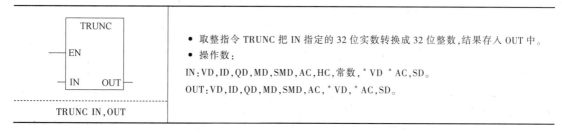

TRUNC EN IN　OUT ---- TRUNC IN,OUT	● 取整指令 TRUNC 把 IN 指定的 32 位实数转换成 32 位整数,结果存入 OUT 中。 ● 操作数: IN:VD,ID,QD,MD,SMD,AC,HC,常数,﹡VD﹡AC,SD。 OUT:VD,ID,QD,MD,SMD,AC,﹡VD,﹡AC,SD。

3）双整数转换为实数指令 DI_I 和 DI_R。这两条指令的使用说明见表 10-22。

表 10-22　双整数转换为实数指令

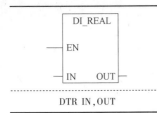 DTR IN,OUT	• 双整数转换为实数指令 DTR 把 IN 指定的 32 位整形数转换成 32 位的实数,结果存入 OUT 指定的目标中。 • 操作数: IN:VD,ID,QD,MD,SMD,AC,HC,常数,* VD * AC,SD。 OUT:VD,ID,QD,MD,SMD,AC,* VD,* AC,SD。

4）ASCII 码与十六进制数转换指令 ATH 和 HTA。这两条指令的使用说明详见表 10-23。

表 10-23　ASCII-HEX、HEX-ASCII 转换指令

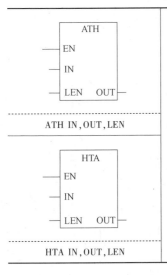 ATH IN,OUT,LEN HTA IN,OUT,LEN	• ASCII-HEX 转换指令 ATH: 把从 IN 开始的长度为 LEN 的 ASCII 码字符串转换成十六进制数,并存放在以 OUT 为首址的存储区中。其中合法的 ASCII 码对应的十六进制数包括 30H ~ 39H、41H ~ 46H。 若输入中包含非法 ASCII 码,则终止转换操作,并将 NOT_ ASCII 存储器位（SM1.7）置 1。 • HEX-ASCII 转换指令 HTA: 将从 IN 开始的 LEN 位十六进制数转换成 ASCII 码字符串,转换结果存放在以 OUT 为首址的存储区中。 • 操作数: LEN:VB,IB,QB,MB,SMB,AC,常数,* VD,* AC,SB。最大值为 255。 IN,OUT:VB,IB,QB,MB,SMB,* VD,* AC,SB。

5）BCD 码与整数转换指令（BCD_I、I_BCD）。指令的使用说明详见表 10-24。

表 10-24　BCD 码转换为整数及整数转换为 BCD 码指令

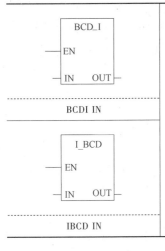 BCDI IN IBCD IN	• BCD 码转换为整数指令 BCDI 是把源字 IN 中 BCD 码数据转换为整数,结果存入 OUT 指定的目标字中。 • 整数转换 BCD 码指令 IBCD 是把源字 IN 中整数数据转换成 BCD 码,结果存入 OUT 指定的目标字中。 • 操作数:IN:VW,T,C,IW,QW,MW,SMW,AC,* VD,* AC,SW,AIW,常数。 OUT:VW,T,C,IW,QW,MW,SMW,AC,* VD,* AC,SW。 • 在梯形图中,执行结果放在 OUT 中。 • 在指令表中,IN 的操作数与 OUT 同,执行结果放在 IN 中。 梯形图中,可以设定 OUT 和 IN 指向同一内存单元,这样可节省内存。 • 若 IN 指定的源数据格式不对,则 SM1.6 置 1。

6）编码指令 ENCO。该指令详见表 10-25。

7）译码指令 DECO。该指令的使用说明见表 10-26。

8）七段译码显示指令 SEG。该条指令使用说明详见表 10-27。

表 10-25　编码指令

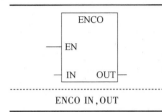

ENCO —EN —IN　OUT— ENCO IN，OUT	• 编码指令 ENCO 把输入字（IN）中为 1 的最低位的位号写入输出字节（OUT）的低 4 位。 • 操作数： IN：VW，T，C，IN，QW，MW，SMW，AC，AIW，常数，* VD，* AC，SW。 OUT：VB，IB，QB，MB，SMB，AC，* VD，* AC，SB。

表 10-26　译码指令

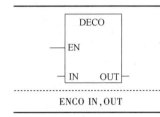

DECO —EN —IN　OUT— ENCO IN，OUT	• 译码指令 DECO 把输入字节（IN）的最低 4 位对应的二进制数译码，结果存放在输出字（OUT）中，即 OUT 的对应的位置 1，其他位都置 0。 • 操作数： IN：VB，IB，QB，SMB，AC，常数，* VD，* AC，SB。 OUT：VW，T，C，IN，QW，MW，SMW，AC，AQW，* VD，* AC，SW。

表 10-27　七段显示指令

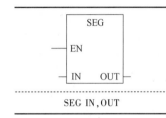

SEG —EN —IN　OUT— SEG IN，OUT	• 七段显示指令 SEG 把字节 IN 中的低 4 位二进制码转换成七段显示码，放在字节 OUT 中（最高位为 0，其余 7 位从高到低依次为 g、f、e、d、c、b、a。 • 操作数： IN：VB，IB，QB，MB，SMB，AC，常数，* VD，* AC，SB。 OUT：VB，IB，QB，MB，SMB，AC，* VD，* AC，SB。

（5）表处理及表搜索功能指令　类别汇总见表 10-28。

表 10-28　表功能指令

助　记　符	指　　令		功　　能
AD_T_TBL	ATT	DATA，TBL	列表
TBL_FIND	FND =	TBL，PTN，INDX	查表
TBL_FIND	FND<>	TBL，PIN，INDX	查表
TBL_FIND	FND<	TBL，PTN，INDX	查表
TBL_FIND	FND>	TBL，PTN，INDX	查表
FIFO	FIFO	TBL，DATA	先入先出
LIFO	LIFO	TBL，DATA	后入先出
FILL_N	FILL	IN，OUT，N	填充

1）列表指令。ATT 列表指令的格式和使用说明详见表 10-29。

表 10-29　列表指令

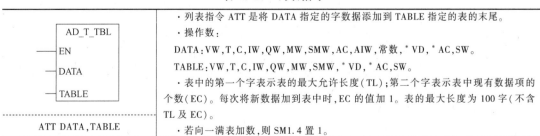

AD_T_TBL —EN —DATA —TABLE ATT DATA，TABLE	• 列表指令 ATT 是将 DATA 指定的字数据添加到 TABLE 指定的表的末尾。 • 操作数： DATA：VW，T，C，IW，QW，MW，SMW，AC，AIW，常数，* VD，* AC，SW。 TABLE：VW，T，C，IW，QW，MW，SMW，* VD，* AC，SW。 • 表中的第一个字表示表的最大允许长度（TL）；第二个字表示表中现有数据项的个数（EC）。每次将新数据加到表中时，EC 的值加 1。表的最大长度为 100 字（不含 TL 及 EC）。 • 若向一满表加数，则 SM1.4 置 1。

2）先入先出指令。FIFO先入先出指令的格式和使用说明详见表10-30。

表 10-30　先入先出指令

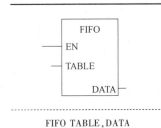

| | ・先入先出指令 FIFO 将表 TABLE 中最先存入的数据取出,并将它送到 DATA 指定的存储单元中。表中其余的数据项都向前移动一个位置,同时 EC 值减1。
・操作数:
TABLE:VW,T,C,W,QW,MW,SMW,* VD,* AC,SW。
DATA:VW,T,C,IW,QW,MW,SMW,AC,AQW,* VD,* AC,SW。
・若向一空表取数,则 SM1.5 置 1。 |

3）后入先出指令 LIFO。后入先出指令的格式和使用说明详见表10-31。

表 10-31　后入先出指令

| 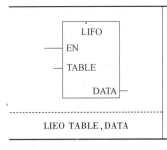 | ・后入先出指令 LIFO 将表 TABLE 中最后一次写入的数据取出,并将它送到 DATA 指定的存储单元中,同时 EC 值减1。
・操作数:TABLE:VW,T,C,W,QW,MW,SMW,* VD,* AC,SW。
　　　　　DATA:VW,T,C,IW,QW,MW,SMW,AC,AQW,SW,* AC,* VD。
・若向一空表取数,则 SM1.5 置 1。
・CPU212 无此指令。 |

4）表搜索指令 TBL。表搜索指令的格式和使用说明详见表10-32。

如果找到一个符合条件的数据项,则 INDX 中指明该数据项在表中的位置。如果一个也找不到,则 INDX 的值等于数据表的长度。为了搜索下一个符合条件的值,在再次使用 FND 指令之前,必须先将 INDX 加1。

表的存入数据个数最大为100,序号从0~99（即为搜索区间）,不包括 TL 和 EC。对由 ATT、LIFO、FIFO 指令建立的表使用搜索指令 FND 时,不需要理会该表的最大表长（TL）,因而 FND 指令中 SRC 指定的表的起始地址比 ATT、LIFO、FIFO 指令中表的起始地址高两个字节。

表 10-32　表搜索指令

| 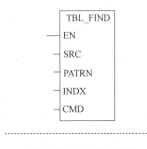 | ・表搜索指令是在搜索表 SRC 中,从 INDX 指定的数据项开始,用给定值 PATRN 检索出符合 CMD 给定关系的数据所在的位置。
・在梯形图中,CMD 的参数为 1~4;在指令表中,分别用 =、<>、> 和 < 代替。
・操作数:
SRC:VW,T,C,IW,QW,MW,SMW,* VD,* AC。
PATRN:VW,T,C,IW,QW,MW,SMW,AC,AIW,常数,* VD,* AC,SW。
INDX:VW,T,C,IW,QW,MW,SMW,AC,* VD,* AC,SW。
CMD:1~4 分别对应 =、<>、> 和 < |

5）填充指令 FILL。

指令格式：LAD 及 STL 格式如图 10-53 所示。

功能描述：使能输入有效时，将字型输入数据 IN 填充到从输出 OUT 所指的单元开始的 N 个字存储单元。

数据类型：填充指令只对字型数据进行处理，N 值为字节型，可取值为 1~255 的整数。

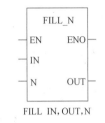

图 10-53　FILL_N 指令格式

3. 数学运算指令

该类指令分加减乘除与加 1、减 1 指令；浮点数函数运算指令和逻辑运算指令 3 个类别。

（1）加减乘除与加 1、减 1 指令　在梯形图中，整数、双整数与浮点数的加、减、乘、除指令分别执行下列运算：

IN1+IN2 = OUT，IN1−IN2 = OUT，IN1 * IN2 = OUT，IN1/IN2 = OUT

在语句表中，整数、双整数与浮点数的加、减、乘、除指令分别执行下列运算：

IN1+OUT = OUT，OUT−IN1 = OUT，IN1 * OUT = OUT，OUT/IN1 = OUT

这些指令影响 SM1.0（零）、SM1.1（溢出）、SM1.2（负）和 SM1.3（除数为 0）。

整数（Integer）、双整数（Double Integer）和实数（浮点数，Real）运算指令的运算结果分别为整数、双整数和实数，除法不保留余数。运算结果如果超出允许范围，溢出位被置 1。

整数乘法产生双整数指令（Multiply Integer to Double Integer，MUL）将两个 16 位整数相乘，产生一个 32 位乘积。在 STL 的 MUL 指令中，32 位 OUT 的低 16 位被用作乘数。

带余数的整数除法指令（Divide Integer with Remainder，DIV）将两个 16 位整数相除，产生一个 32 位结果，高 16 位为余数，低 16 位为商。在 STL 的 DIV 指令中，32 位 OUT 的低 16 位被用作被除数。加减乘除指令见表 10-33。

表 10-33　加减乘除指令

助　记　符	语　句　表		功　　能	助　记　符	语　句　表		功　　能
ADD_1	+1	IN1,OUT	整数加法	DIV_DI	/D	IN1,OUT	双整数除法
SUB_1	−1	IN1,OUT	整数减法	ADD_R	+R	IN1,OUT	实数加法
MUL_1	* 1	IN1,OUT	整数乘法	SUB_R	−R	IN1,OUT	实数减法
DIV_1	/1	IN1,OUT	整数除法	MUL_R	* R	IN1,OUT	实数乘法
ADD_D1	+D	IN1,OUT	双整数加法	DIV_R	/R	IN1,OUT	实数除法
SUB_D1	−D	IN1,OUT	双整数减法	MUL	MUL	IN1,OUT	整数乘法产生双整数
MUL_D1	* D	IN1,OUT	双整数乘法	DIV	DIV	IN1,OUT	带余数的整数除法

1）整数加/减运算指令格式和使用说明见表 10-34。

2）双整数加/减运算指令的格式和使用说明见表 10-35。

3）实数加/减运算指令的运算指令的格式和使用说明见表 10-36。

表 10-34 整数加/减运算指令

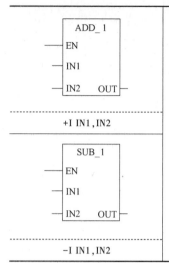

· 整数加/减运算指令是把两个 16bit(IN1,IN2)的整数作加/减运算后,将结果送到 16bit 的目标(OUT)中去。

· 操作数:

IN1,IN2:VW,T,C,IW,QW,MW,AC,SMW,AIW, *VD, *AC,常数。

OUT:VW,T,C,IW,QW,MW,AC,SMW,AIW, *VD, *AC。

· 在梯形图中, $IN1+IN2=OUT$; $IN1-IN2=OUT$

· 在指令表中,IN2 的操作数与 OUT 同,且

$$IN1+IN2=IN2 ; IN2-IN1=IN2$$

· 在梯形图中,可以设定 OUT 和 IN2 指向同一内存单元,这样可节省内存。

· 执行结果对特殊标志位的影响:

SM1.0(0),SM1.1(溢出),SM1.2(负)

表 10-35 双整数加/减运算指令

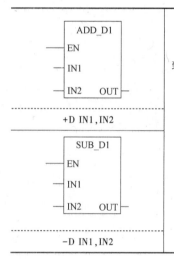

· 双整数加/减运算指令是把两个 32bit(IN1,IN2)的整数作加/减运算后,将结果送到 32bit 的目标(OUT)中去。

· 操作数:

IN1,IN2:VD,ID,QD,MD,SMD,AC,HC, *VD, *AC,SD,常数。

OUT:VD,ID,QD,MD,SMD,AC,HC, *VD, *AC,SD。

· 在梯形图中, $IN1+IN2=OUT$; $IN1-IN2=OUT$

· 在指令表中,IN2 的操作数与 OUT 同,且

$$IN1+IN2=IN2 ; IN2-IN1=IN2$$

· 在梯形图中,可以设定 OUT 和 IN2 指向同一内存单元,这样可节省内存。

· 执行结果对特殊标志位的影响:

SM1.0(0),SM1.1(溢出),SM1.2(负)

表 10-36 实数加/减运算指令

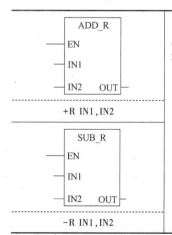

· 实数加/减运算指令是把两个 32bit(IN1,IN2)的实数作加/减运算后,将结果送到 32bit 的目标(OUT)中去。

· 操作数:

IN1,IN2:VD,ID,QD,MD,SMD,AC,HC, *VD, *AC,S,常数。

OUT:VD,ID,QD,MD,SMD,AC,HC, *VD, *AC,SD。

· 在梯形图中, $IN1+IN2=OUT$; $IN1-IN2=OUT$

· 在指令表中,IN2 的操作数与 OUT 同, $IN1+IN2=IN2$; $IN2-IN1=IN2$

· 在梯形图中,可以设定 OUT 和 IN2 指向同一内存单元,这样可节省内存。

· 执行结果对特殊标志位的影响:

SM1.0(0),SM1.1(溢出),SM1.2(负)

· CPU212 没有实型数据操作指令。

4) 整数乘/除运算指令的格式和使用说明见表 10-37。

表 10-37　整数乘/除运算指令

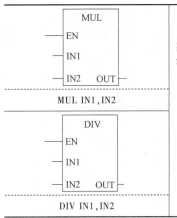

MUL — EN — IN1 — IN2　OUT — MUL IN1,IN2 DIV — EN — IN1 — IN2　OUT — DIV IN1,IN2	·整数乘法指令把两个 16bit 整数相乘后,将结果送到 32bit 的目标(OUT)中去。整数除法指令把两个 16bit 整数相除后,结果送到 32bit 的目标(OUT)中去。计算结果的低 16 位为商,高 16 位为余数。 ·操作数: IN1,IN2:VW,T,C,IW,QW,MW,SMW,AC,AIW,常数,* VD,* AC。 OUT:VD,ID,QD,MD,SMD,AC,* VD,* AC,SD。 ·在梯形图中,IN1 * IN2 = OUT;IN1/IN2 = OUT ·在指令表中,IN2 的操作数与 OUT 同,IN2 的低 16 位为一乘子或被除数,且 　　　　　IN2 * IN1 = IN2;IN2/IN1 = IN2 ·在梯形图中,可以设定 OUT 和 IN2 指向同一内存单元,这样可节省内存。 ·执行结果对特殊标志位的影响: SM1.0(0),SM1.1(溢出),SM1.2(负),SM1.3(除数为 0)

5) 实数乘/除运算指令的格式和使用说明见表 10-38。

表 10-38　实数乘/除运算指令

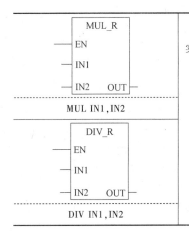

MUL_R — EN — IN1 — IN2　OUT — MUL IN1,IN2 DIV_R — EN — IN1 — IN2　OUT — DIV IN1,IN2	·实数乘法指令把两个 32bit 实数相乘后,将结果送到 32bit 的目标(OUT)中去。实数除法指令把两个 32bit 实数相除后,将结果送到 32bit 的目标(OUT)中去。 ·操作数: IN1,IN2:VD,ID,QD,MD,SMD,AC,* VD,* AC,SD,常数。 OUT:VD,ID,QD,MD,SMD,AC,* VD,* AC,SD。 ·在梯形图中,IN1 * IN2 = OUT;IN1/IN2 = OUT ·在指令表中,IN2 的操作数与 OUT 同,且 　　　　　IN2 * IN1 = IN2 　　　　　IN2/IN1 = IN2 ·在梯形图中,可以设定 OUT 和 IN2 指向同一内存单元,这样可节省内存。 ·执行结果对特殊标志位的影响: SM1.0(0),SM1.1(溢出),SM1.2(负),SM1.3(常数) 若 SM1.0 或 SM1.3 被置 1,则其他算术状态位不变,源操作数保持原值。

6) 字节的加 1/减 1 指令的格式和使用说明见表 10-39。

表 10-39　字节的加 1/减 1 指令

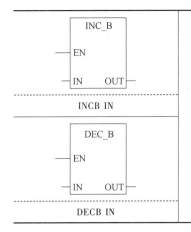

INC_B — EN — IN　OUT — INCB IN DEC_B — EN — IN　OUT — DECB IN	·字节的加 1/减 1 指令把源字节加 1/减 1 后,将结果送到目标(OUT)中去。 ·操作数: IN:VB,IB,QB,MB,SMB,AC,* VD,* AC,SB,常数。 OUT:VB,IB,QB,MB,SMB,AC,* VD,* AC,SB。 ·在梯形图中, 　　　　　IN+1 = OUT;　IN-1 = OUT ·在指令表中,IN 的操作数与 OUT 同,且 　　　　　IN+1 = IN 　　　　　IN-1 = IN ·在梯形图中,可以设定 OUT 和 IN 指向同一内存单元,这样可节省内存。 ·执行结果对特殊标志位的影响: SM1.0(0),SM1.1(溢出),SM1.2(负) ·CPU212 和 CPU214 无此指令。

7) 字的加 1/减 1 指令的格式和使用说明见表 10-40。

表 10-40　字的加 1/减 1 指令

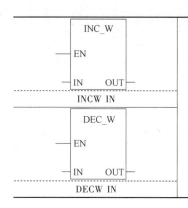

INC_W — EN — IN　OUT — INCW IN DEC_W — EN — IN　OUT — DECW IN	·字的加 1/减 1 指令把源字加 1/减 1 后,将结果送到目标(OUT)中去。 ·操作数: IN:VW,T,C,IW,QW,MW,SMW,AC,AIW,*VD,*AC,SW,常数。 OUT:VW,T,C,IW,QW,MW,SMW,AC,*VD,*AC,SW。 ·在梯形图中, 　　　　　　IN+1=OUT;　IN-1=OUT ·在指令表中,IN 的操作数与 OUT 同,且 　　　　　　IN+1=IN 　　　　　　IN-1=IN ·在梯形图中,可以设定 OUT 和 IN 指向同一内存单元,这样可节省内存。 ·执行结果对特殊标志位的影响: SM1.0(0),SM1.1(溢出),SM1.2(负)

8) 双字的加 1/减 1 指令的格式和使用说明见表 10-41。

表 10-41　双字的加 1/减 1 指令

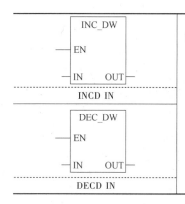

INC_DW — EN — IN　OUT — INCD IN DEC_DW — EN — IN　OUT — DECD IN	·双字的加 1/减 1 指令把 32bit 的源双字(IN)加 1/减 1 后,将结果送到 32bit 的目标(OUT)中去。 ·操作数: IN:VD,ID,QD,MD,SMD,AC,HC,*VD,*AC,SD,常数。 OUT:VD,ID,QD,MD,SMD,AC,*VD,*AC,SD。 ·在梯形图中, 　　　　　　IN+1=OUT;　IN-1=OUT ·在指令表中,IN 的操作数与 OUT 同,且 　　　　　　IN+1=IN 　　　　　　IN-1=IN ·在梯形图中,可以设定 OUT 和 IN 指向同一内存单元,这样可节省内存。 ·执行结果对特殊标志位的影响: SM1.0(0),SM1.1(溢出),SM1.2(负)

【例 10-9】　运算指令应用示例如图 10-54 所示。

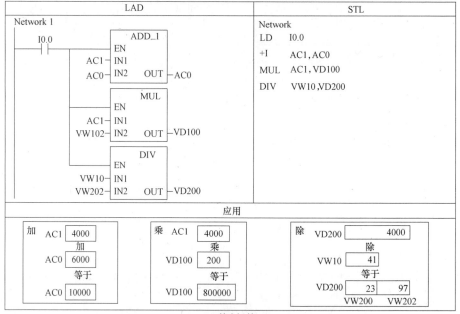

a) 算术运算

图 10-54　【例 10-9】运算指令应用示例

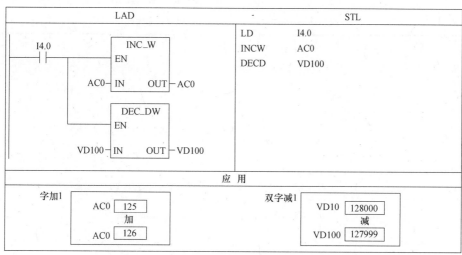

b) 加1/减1

图 10-54　【例 10-9】运算指令应用示例（续）

（2）逻辑运算指令

1）字节的与、或、异或及取反指令见表 10-42。

表 10-42　字节的与、或、异或及取反指令

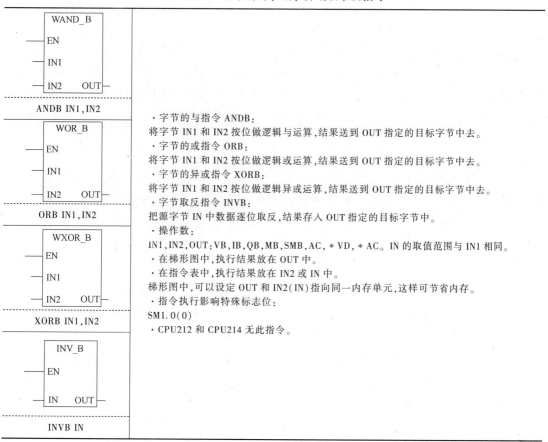

ANDB IN1, IN2	·字节的与指令 ANDB： 将字节 IN1 和 IN2 按位做逻辑与运算，结果送到 OUT 指定的目标字节中去。 ·字节的或指令 ORB： 将字节 IN1 和 IN2 按位做逻辑或运算，结果送到 OUT 指定的目标字节中去。
ORB IN1, IN2	·字节的异或指令 XORB： 将字节 IN1 和 IN2 按位做逻辑异或运算，结果送到 OUT 指定的目标字节中去。 ·字节取反指令 INVB： 把源字节 IN 中数据逐位取反，结果存入 OUT 指定的目标字节中。 ·操作数： IN1, IN2, OUT：VB, IB, QB, MB, SMB, AC, * VD, * AC。IN 的取值范围与 IN1 相同。
XORB IN1, IN2	·在梯形图中，执行结果放在 OUT 中。 ·在指令表中，执行结果放在 IN2 或 IN 中。 梯形图中，可以设定 OUT 和 IN2(IN) 指向同一内存单元，这样可节省内存。 ·指令执行影响特殊标志位： SM1.0(0) ·CPU212 和 CPU214 无此指令。
INVB IN	

2）字的与、或、异或及取反指令的格式和使用说明见表10-43。

表 10-43　字的与、或、异或及取反指令

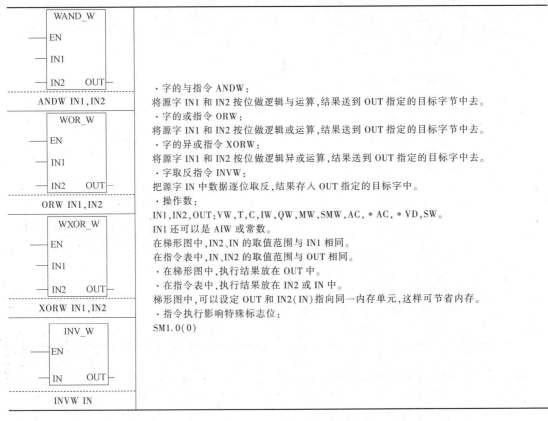

· 字的与指令 ANDW：
将源字 IN1 和 IN2 按位做逻辑与运算,结果送到 OUT 指定的目标字节中去。
· 字的或指令 ORW：
将源字 IN1 和 IN2 按位做逻辑或运算,结果送到 OUT 指定的目标字节中去。
· 字的异或指令 XORW：
将源字 IN1 和 IN2 按位做逻辑异或运算,结果送到 OUT 指定的目标字中去。
· 字取反指令 INVW：
把源字 IN 中数据逐位取反,结果存入 OUT 指定的目标字中。
· 操作数：
IN1,IN2,OUT:VW,T,C,IW,QW,MW,SMW,AC,＊AC,＊VD,SW。
IN1 还可以是 AIW 或常数。
在梯形图中,IN2、IN 的取值范围与 IN1 相同。
在指令表中,IN、IN2 的取值范围与 OUT 相同。
· 在梯形图中,执行结果放在 OUT 中。
· 在指令表中,执行结果放在 IN2 或 IN 中。
梯形图中,可以设定 OUT 和 IN2(IN)指向同一内存单元,这样可节省内存。
· 指令执行影响特殊标志位：
SM1.0(0)

3）双字的与、或、异或及取反指令的格式和使用说明见表10-44。

表 10-44　双字的与、或、异或及取反指令

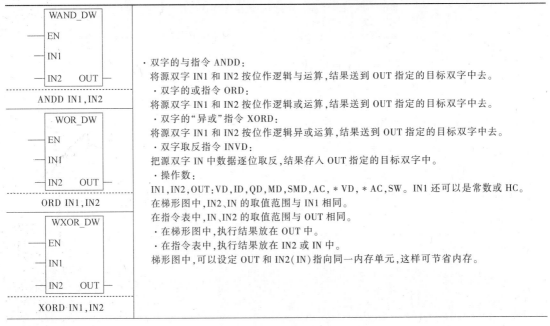

· 双字的与指令 ANDD：
将源双字 IN1 和 IN2 按位作逻辑与运算,结果送到 OUT 指定的目标双字中去。
· 双字的或指令 ORD：
将源双字 IN1 和 IN2 按位作逻辑或运算,结果送到 OUT 指定的目标双字中去。
· 双字的"异或"指令 XORD：
将源双字 IN1 和 IN2 按位作逻辑异或运算,结果送到 OUT 指定的目标双字中去。
· 双字取反指令 INVD：
把源双字 IN 中数据逐位取反,结果存入 OUT 指定的目标双字中。
· 操作数：
IN1,IN2,OUT:VD,ID,QD,MD,SMD,AC,＊VD,＊AC,SW。IN1 还可以是常数或 HC。
在梯形图中,IN2、IN 的取值范围与 IN1 相同。
在指令表中,IN、IN2 的取值范围与 OUT 相同。
· 在梯形图中,执行结果放在 OUT 中。
· 在指令表中,执行结果放在 IN2 或 IN 中。
梯形图中,可以设定 OUT 和 IN2(IN)指向同一内存单元,这样可节省内存。

（续）

（3）浮点数函数运算指令 该类指令见表10-45，输入（IN）与输出（OUT）均为实数（即浮点数）。这类指令影响SM1.0（零）、SM1.1（溢出）、SM1.2（负）。SM1.1用于表示溢出错误和非法数值。如果SM1.1被置1，则SM1.0和SM1.2状态无效，原始输入操作数不变。如果SM1.1未被置1，则说明数学操作已成功完成，结果有效，而且SM1.0和SM1.2的状态有效。

表10-45 浮点数函数运算指令

助 记 符	语 句 表		功 能
SIN	SIN	IN1,OUT	正弦
COS	COS	IN1,OUT	余弦
TAN	TAN	IN1,OUT	正切
SQRT	SQRT	IN,OUT	平方根
LN	LN	IN1,OUT	自然对数
EXP	EXP	IN1,OUT	指数

1）三角函数指令。正弦（SIN）、余弦（COS）和正切指令（TAN）计算角度输入值（IN）的三角函数，结果存放在OUT中，输入以弧度为单位（求函数前应先将角度值乘以$\pi/180$（1.745329E-2）转换为弧度值）。

2）自然对数和自然指数指令。自然对数指令（Natural Logarithm，LN）计算输入值IN的自然对数，并将结果存放在OUT，即LN（IN）=OUT。求以10为底的对数时，需将自然对数值除以2.302585（10的自然对数值）。

自然指数指令（Natural Exponential，EXP）计算输入值IN的以e为底的指数，结果存于OUT。该指令与自然对数指令配合，可以实现以任意实数为底，任意实数为指数（包括分数指数）的运算。系统手册中用"＊"作为乘号。

求5的立方：5^3＝EXP（3＊LN（5））＝125

求5的3/2次方：$5^{3/2}$＝EXP（（3/2＊LN（5））＝11.18034…

3）求二次方根指令的格式和使用说明见表10-46。

表10-46 求二次方根指令

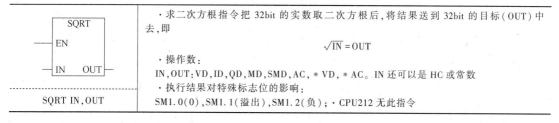

4. 中断指令

中断指令使系统暂时中断正在执行的程序，而转到中断服务程序去处理那些急需处理的事件，处理后再返回原程序执行。中断指令对特定的内部和外部事件做快速响应。

（1）全局中断允许、全局中断禁止指令

全局中断允许（ENI）指令：全局地允许所有被连接的中断事件。

全局中断禁止（DISI）指令：全局地禁止处理所有中断事件。执行 DISI 指令后，出现的中断事件就进入中断队伍排队等候，直到 ENI 指令重新允许中断。

CPU 进入 RUN 模式时自动禁止了中断。在 RUN 模式执行 ENI 指令后，允许所有中断。

（2）中断连接指令、中断分离指令　中断连接（ATCH）指令用来建立某个中断事件（EVNT）和某个中断程序（INT）之间的联系，并允许这个中断事件。中断分离（DTCH）指令用来解除某个中断事件（EVNT）和某个中断程序之间的联系，并禁止该中断事件。指令操作数 INT、EVNT 的数据类型均为 BYTE。可以用 DTCH 指令截断某中断事件和中断程序之间的联系，以单独禁止某中断事件。DTCH 指令使中断回到不激活或无效状态。

在调用一个中断程序前，必须用中断连接指令，建立某中断事件与中断程序的连接。当把某个中断事件和中断程序建立连接后，该中断事件发生时会自动开中断。多个中断事件可调用同一个中断程序，但一个中断事件不能同时与多个中断程序建立连接。否则，在中断允许且某个中断事件发生时，系统默认执行与该事件建立连接的最后一个中断程序。

（3）中断返回指令　中断程序由位于中断程序标号和无条件中断返回指令间的所有指令组成，可用中断程序入口点处的中断程序标号来识别每个中断程序。中断程序在响应与之关联的内部或外部中断事件时执行，可用无条件中断返回（RETI）指令或有条件中断返回（CRETI）指令退出中断程序，将控制权交还给主程序。

中断处理提供了对特殊的内部或外部事件的快速响应。中断程序应简洁，应尽可能减少中断程序的执行时间，且在执行完任务后立即返回主程序（否则有可能引起主程序控制设备的异常操作）。

所有的中断程序必须放在主程序的无条件结束指令之后。在中断程序中不能使用 DISI、ENI、HDEF、LSCR 和 END 指令。

中断前后，系统保存和恢复逻辑堆栈、累加寄存器、特殊存储器标志位（SM）。从而避免了中断程序返回后对主程序执行现场所造成的破坏。

（4）中断的分类（通信口、I/O、时基）

1）通信口中断。PLC 的串行通信口可由用户程序来控制。此种操作模式称为自由端口模式，可由用户程序定义波特率、每个字符位数、奇偶校验和通信协议。利用接收和发送中断可简化程序对通信的控制。

2）I/O 中断。包含上升沿或下降沿中断、高速计数器中断和脉冲串输出（PTO）中断。

3）时基中断。包括定时中断和定时器 T32/T96 中断。

（5）中断优先级（中断按以下固定的次序来决定优先级）

1）通信（最高优先级）。

2）I/O 中断（中等优先级）。

3）时基中断（最低优先级）。

优先级排列的中断事件及其事件号请参考相关数据手册。在各个优先级范围内，CPU

按先来先服务的原则处理中断。新出现的中断事件需排队等待，在中断队列排满后，有时还可能出现中断事件，这时由队列溢出存储器位表明丢失的中断事件的类型。

5. PID 回路指令

在闭环控制系统中，为使系统达到稳定状态，PID 控制（即比例-积分-微分控制）调节回路输出，让偏差 e 趋于零。

PID 回路指令运用回路表中的输入信息和组态信息进行 PID 运算，编程极其简便。该指令有两个操作数：TBL 和 LOOP（见表 10-47）。其中 TBL 是回路表的起始地址，操作数限用 VB 区域（BYTE 型）；LOOP 是回路号，可以是 0~7 的整数（BYTE 型）。进行 PID 运算的前提条件是逻辑堆栈栈顶值必须为 1。在程序中最多可以用 8 条 PID 指令。PID 回路指令不可重复使用同一个回路号（即使这些指令的回路表不同），否则会产生不可预料的结果。

回路表包含 9 个参数，用来控制和监视 PID 运算。这些参数分别是过程变量当前值 PV_n、过程变量前值 PV_{n-1}、给定值 SP_n、输出值 M_n、增益 K_C、采样时间 T_S、积分时间 T_L、微分时间 T_D 和积分项前值 MX。36 个字节的回路表格式见表 10-47。

若要以一定的采样频率进行 PID 运算，采样时间必须输入到回路表中。且 PID 指令必须编入定时发生的中断程序中，或者在主程序中由定时器控制 PID 指令的执行频率。

表 10-47　回路表格式

偏移地址	变量名	数据类型	变量类型	说明	回路指令
0	过程变量(PV_n)	实数	输入	必须在 0.0~1.0 之间	
4	给定值(SP_n)	实数	输入	必须在 0.0~1.0 之间	
8	输出值(M_n)	实数	输入/输出	必须在 0.0~1.0 之间	PID
12	增益(K_C)	实数	输入	比例常数,可正可负	EN　ENO
16	采样时间(T_S)	实数	输入	单位为 s,必须是正数	TBL
20	积分时间(T_I)	实数	输入	单位为 min,必须是正数	LOOP
24	微分时间(T_D)	实数	输入	单位为 min,必须是正数	
28	积分项前值(MX)	实数	输入/输出	必须在 0.0~1.0 之间	
32	过程变量前值(PV_{n-1})	实数	输入/输出	最近一次 PID 运算的过程变量值,必须在 0.0~1.0 之间	

（1）控制方式　S7-200 SMART PLC 执行 PID 指令时为"自动"运行方式。不执行 PID 指令时为"手动"方式。PID 指令有一个允许输入端（EN），当该输入端检测到一个正跳变（从 0 到 1）信号时，PID 回路就从手动方式无扰动地切换到自动方式。

无扰动切换时，系统把手动方式的当前输出值填入回路表中的 M_n 栏，用来初始化输出值 M_n，且进行一系列的操作，对回路表中的值进行组态：

置给定值 SP_n = 过程变量 PV_n

置过程变量前值 PV_{n-1} = 过程变量当前值 PV_n

置积分项前值 MX = 输出值 M_n

梯形图中，若 PID 指令的允许输入端（EN）直接接至左母线，在启动 CPU 或 CPU 从 STOP 方式转换到 RUN 方式时，PID 使能位的默认值是 1，可以执行 PID 指令，但无正跳变信号，因而不能实现无扰动的切换。

（2）回路输入输出变量的数值转换

1）回路输入变量的转换和标准化。每个 PID 回路有两个输入变量，给定值 SP 和过程变量 PV。给定值通常是一个固定的值（如水箱水位的给定值），过程变量与 PID 回路输出有关，并反映了控制的效果（在水箱控制系统中，过程变量就是水位的测量值）。

给定值和过程变量都是实际工程物理量，其数值大小、范围和测量单位都可能不一样。执行 PID 指令前必须把它们转换成标准的浮点型实数。

回路输入变量数据转换（把 A/D 单元输出的整数值转换成浮点型实数值）程序如下：

XORD	AC0,AC0	清空累加器
MOVW	AIW0,AC0,	把待变换的模拟量存入累加器
LDW>=	AC0,0	如果模拟量为正
JMP	0	则直接转成实数
NOT		否则
ORD	16#FFFF0000,AC0	先对 AC0 中的值进行符号扩展
LBL	0	
ITD	AC0,AC0	把双字整数转换成双字整数
DTR	AC0,AC0	把双字整数转成实数

实数值的标准化（实数值进一步标准化为 0.0~1.0 之间的实数）公式如下：

$$R_{norm} = (R_{raw}/S_{pan} + Off_{set}) \qquad (10\text{-}1)$$

式中，R_{norm} 为标准化的实数值；R_{raw} 为未标准化的实数值；Off_{set} 为补偿值或偏置，单极性为 0.0，双极性为 0.5；S_{pan} 为值域大小，为最大允许值减去最小允许值，单极性为 32000（典型值）双极性为 64000（典型值）。

双极性实数标准化的程序如下：

/R	64000.0,AC0	累加器中的实数值除以 64000.0
+R	0.5,AC0	加上偏置,使其落在 0.0~1.0 之间
MOVR	AC0,VD100	标准化的实数值存入回路表

2）回路输出变量的数据转换。PID 运算的输出值是 0.0~1.0 之间的标准化了的实数值，回路输出变量是用来控制外部设备的（例如，控制水泵的速度），在输出变量传送给 D/A 模拟量单元之前，必须把回路输出变量转换成相应的整数。

回路输出变量的刻度化（把回路输出的标准化实数转换成实数）公式如下：

$$R_{scal} = (M_n - Off_{set}) S_{pan} \qquad (10\text{-}2)$$

式中，R_{scal} 为回路输出刻度实数值；M_n 为回路输出标准化实数值，刻度化程序如下：

MOVR	VD108,AC0	把回路输出变量移入累加器
-R	0.5,AC0	双极性输出值,Offset 为 0.5
*R	64000.0,AC0	得到回路输出变量的刻度值

将实数转换为整数（INT）（把回路输出变量的刻度值转换成整数（INT））的程序如下：

ROUND	AC0 AC0	把实数转换为双字整数
DTI	AC0,AC0	把双字整数转换为整数
MOVW	AC0,AQW0	把整数写入模拟量输出寄存器

（3）变量和范围　过程变量和给定值是 PID 运算的输入变量，因此，在回路表中这些变量只能被回路指令读取而不能改写。输出变量是由 PID 运算产生的，在每一次 PID 运算完成之后，需要把新的输出值写入到回路表，以供下一次 PID 运算。输出值被限定为 0.0~1.0 之间的实数。

如果使用积分控制，积分项前值 MX 要根据 PID 运算结果更新。每次 PID 运算后更新了的积分项前值要写入回路表，用作下一次 PID 运算的输入。当输出值超过范围（大于 1.0 或小于 0.0），那么积分项前值必须根据下列公式进行调整：

$$MX = 1.0 - (MP_n + MD_n) \quad 当计算输出值 M_n > 1.0 \tag{10-3}$$

$$MX = -(MP_n + MD_n) \quad 当计算输出值 M_n < 0.0 \tag{10-4}$$

式中，MX 是经过调整了的积分项前值；MP_n 是第 n 次采样时刻的比例项；MD_n 是第 n 次采样时刻的微分项。

修改回路表中积分项前值时，应保证 MX 的值在 0.0~1.0 之间。调整积分项前值后使输出值回到 0.0~1.0 范围，可以提高系统的响应性能。

（4）选择回路控制类型　对于比例、积分、微分回路的控制，有些控制系统只需要其中的一种或两种回路控制类型。通过设置相关参数可选择所需的回路控制类型。

如果只需要比例、微分回路控制，可以把积分时间常数设为无穷大。此时积分项为初值 MX。如果只需要比例、积分回路控制，可以把微分时间常数置为零。

（5）出错条件　PID 指令不检查回路表中的值是否在范围之内，必须确保过程变量、给定值、输出值、积分项前值、过程变量前值在 0.0~1.0 之间。如果指令操作数超出范围，CPU 将会产生编译错误，致使编译失败。

如果 PID 运算发生错误，那么特殊存储器标志位 SM1.1（溢出或非法值）会被置 1，并且中止 PID 指令的执行。要想消除这种错误，单靠改变回路表中的输出值是不够的，正确的方法是在执行 PID 运算之前，改变引起运算错误的输入值，而不是更新输出值。

【例 10-10】　PID 指令编程举例

控制要求：某水箱需要维持一定水位，该水箱里的水以变化的速度流出，这就需要有一个水泵以变化的速度给水箱供水以维持水位（满水位的 75%）不变，这样才能使水箱水位平衡。

控制分析：本系统的给定值是水箱满水位的 75% 时的水位，过程变量由水位测量仪提供。输出值是水泵的速度，可以从允许最大值的 0% 变到 100%。给定值可以预先设定后直接输入到回路表中，过程变量值是来自水位测量仪的单极性模拟量，回路输出值也是一个单极性模拟量，用来控制水泵速度。

本系统中选择比例和积分控制，其回路增益和时间常数可以通过工程计算初步确定（初步确定的回路增益和时间常数为：$K_C = 0.25$，$T_S = 0.1s$，$T_I = 30min$，$T_D = 0$）。

系统起动时关闭出水口，用手动方式控制水泵速度使水位达到满水位的 75%，然后打开出水口，同时水泵控制从手动方式切换到自动方式。这种切换可由一个手动开关（编址 I0.0）控制。I0.0 位控制手动与自动的切换，0 代表手动；1 代表自动。无扰动切换时系统把手动方式下的当前输出值 M_n，即水泵速度（0.0~1.0 之间的实数）填入回路表中的 M_n 栏（VD108）。

水箱水位 PID 控制的程序如图 10-55 所示。

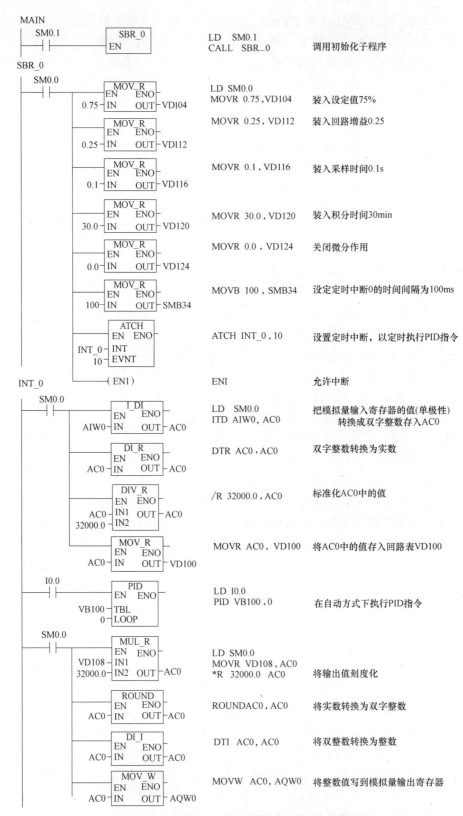

图 10-55　【例 10-10】水箱水位 PID 控制梯形图

PID 指令的编程方法总结如下：

采用主程序、子程序、中断程序的结构形式，可优化程序结构，减少周期扫描时间。

在子程序中，先进行组态编程的初始化工作，将 5 个固定值的参数（SP_n、K_C、T_S、T_I、T_D）填入回路表。然后再设置定时中断，以便周期地执行 PID 指令。

在中断程序中要做三件事。①将由模拟量输入模块提供的过程变量 PV_n 转换成标准化的实数（$0.0 \sim 1.0$ 之间的实数）并填入回路表。②设置 PID 指令的无扰动切换的条件（例 I0.0），并执行 PID 指令。使系统由手动方式无扰动地切换到自动方式，将参数 M_n、SP_n、PV_{n-1}、MX 先后填入回路表，完成回路表的组态编程。从而实现周期地执行 PID 指令。③将 PID 运算输出的标准化实数值 M_n 先刻度化，然后再转换成有符号整数（INT），最后送至模拟量输出模块，以实现对外围设备的控制。

6. 高速计数器指令

普通计数器要受 CPU 扫描速度的影响，对高速脉冲信号的计数会发生脉冲丢失的现象。高速计数器脱离主机的扫描周期而独立计数，它可对脉宽小于主机扫描周期的高速脉冲准确计数（常用于电动机转速检测等场合）。

高速计数器指令包含定义高速计数器（HDEF）指令和高速计数器（HSC）指令（见图 10-56），高速计数器的时钟输入速率可达 $10 \sim 30 \text{kHz}$。

定义高速计数器（HDEF）指令为指定的高速计数器（HSCx）选定一种工作模式（有 12 种不同的工作模式），建立起高速计数器（HSCx）和工作模式之间的联系。操作数 HSC 是高速计数器编号（$0 \sim 5$），MODE 是工作模式（$0 \sim 11$），在使用高速计数器之前必须使用 HDEF 指令来选定一种工作模式（对每一个高速计数器只能使用一次 HDEF 指令）。

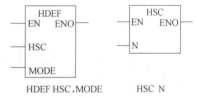

图 10-56　高速计数器的两条指令

高速计数器（HSC）指令根据有关特殊标志位来组态和控制高速计数器的工作。操作数 N 指定了高速计数器号（$0 \sim 5$）。

高速计数器装入预置值后，当前计数值小于当前预置值时计数器处于工作状态，当前计数值等于预置值或外部复位信号有效时，可使计数器产生中断（除模式 $0 \sim 2$ 外，计数方向的改变可也产生中断），可利用这些中断事件完成预定的操作（每当中断事件出现时，采用中断的方法在中断程序中装入一个新的预置值，从而使高速计数器进入新一轮的工作）。

由于中断事件产生的速率远低于高速计数器的计数速率，用高速计数器可以实现精确的高速控制，而不会延长 PLC 的扫描周期。

（1）高速计数器输入端　高速计数器的输入端不可任意选择，必须按系统指定的输入点输入信号。表 10-48 和表 10-49 是高速计数器的外部输入信号（脉冲、方向、复位、启动等）及工作模式。

表 10-48 HSC0、HSC3~HSC5 的外部输入信号及工作模式

模式＼输入端	HSC0			HSC3	HSC4			HSC5
	I0.0	I0.1	I0.2	I0.1	I0.3	I0.4	I0.5	I0.4
0	计数			计数	计数			计数
1	计数		复位		计数		复位	
3	计数	方向			计数	方向		
4	计数	方向	复位		计数	方向	复位	
6	增计数	减计数			增计数	减计数		
7	增计数	减计数	复位		增计数	减计数	复位	
9	A 相计数	B 相计数			A 相计数	B 相计数		
10	A 相计数	B 相计数	复位		A 相计数	B 相计数	复位	

边沿中断输入点指定为 I0.0~I0.3，与高速计数器指定的某些输入点是重叠的。使用时，同一输入端不能同时用于两个不同的功能。例如，HSC0 没有使用输入端 I0.1，那么该输入端（I0.1）可以用作 HSC3 的输入端或边沿中断输入端，而当 HSC0、HSC4 分别使用输入点 I0.1、I0.3，那么输入点 I0.0、I0.3 不能作它用。

表 10-49 HSC1 和 HSC2 的外部输入信号及工作模式

模式＼输入端	HSC1				HSC2			
	I0.6	I0.7	I1.0	I1.1	I1.2	I1.3	I1.4	I1.5
0	计数				计数			
1	计数		复位		计数		复位	
2	计数		复位	启动	计数		复位	启动
3	计数	方向			计数	方向		
4	计数	方向	复位		计数	方向	复位	
5	计数	方向	复位	启动	计数	方向	复位	启动
6	增计数	减计数			增计数	减计数		
7	增计数	减计数	复位		增计数	减计数	复位	
8	增计数	减计数	复位	启动	增计数	减计数	复位	启动
9	A 相计数	B 相计数			A 相计数	B 相计数		
10	A 相计数	B 相计数	复位		A 相计数	B 相计数	复位	
11	A 相计数	B 相计数	复位	启动	A 相计数	B 相计数	复位	启动

（2）高速计数器的工作模式 高速计数器有 12 种不同工作模式，可分为 4 大类，相同模式下的计数器具有相同功能。内部方向控制的单向增/减计数器（模式 0~2），它没有外部控制方向的输入信号，由内部控制计数方向，只能作单向增或减计数，有一个计数输入端。

外部方向控制的单向增/减计数器（模式 3~5），它由外部输入信号控制计数方向，只

能作单向增或减计数，有一个计数输入端。

有增和减计数脉冲输入的双向计数器（模式6~8），它有两个计数输入端，增计数输入端和减计数输入端。

A/B相正交计数器（模式9~11），它有两个计数脉冲输入端：A相计数脉冲输入端和B相计数脉冲输入端。A、B计数脉冲相位差互为90°。当A相计数脉冲超前B相计数脉冲时，计数器进行增计数；反之，进行减计数。在正交模式下，可选择1倍（1×）或4倍（4×）模式。

（3）高速计数器与特殊标志位存储器（SM）　特殊标志位存储器（SM）是用户程序与系统程序之间的界面，它为用户提供一些特殊控制功能和系统信息，用户的特殊要求也可通过它通知系统。高速计数器指令使用中，利用相关的特殊存储器位可对高速计数器实施状态监视、组态动态参数、设置预置值和当前值等操作。

1）高速计数器的状态字节。每个高速计数器都有一个状态字节，其中某些位指出了当前计数方向，当前值是否等于预置值，当前值是否大于预置值（状态位的定义见表10-50）。

表10-50　高速计数器的状态字节

HSC0	HSC1	HSC2	HSC3	HSC4	HSC5	功能
SM36.0 ~ SM36.4	SM46.0 ~ SM46.4	SM56.0 ~ SM56.4	SM136.0 ~ SM136.4	SM146.0 ~ SM146.4	SM156.0 ~ SM156.4	不用
SM36.5	SM46.5	SM56.5	SM136.5	SM146.5	SM156.5	当前计数方向状态位：0=减计数；1=增计数
SM36.6	SM46.6	SM56.6	SM136.6	SM146.6	SM156.6	当前值等于预置值状态位：0=不等于；1=等于
SM36.7	SM46.7	SM56.7	SM136.7	SM146.7	SM156.7	当前值大于预置值状态位：0=小于、等于；1=大于

2）高速计数器的控制字节（只有定义了计数器和计数器模式，才能对动态参数编程）。每个高速计数器都有一个控制字节（见表10-51）。控制字节控制计数器的工作：设置复位与启动输入的有效状态、选择1×或4×计数倍率（只用于正交计数器）、初始化计数方向、允许更新计数方向（除模式0、1、2外）、装入计数器预置值和当前值、允许或禁止计数。在执行HDEF指令前，必须设置好控制位。否则，计数器对计数模式的选择取默认设置。默认的设置为：复位输入和启动输入高电平有效、正交计数倍率是4×（4倍输入时钟频率）。一旦HDEF指令被执行，就不能再更改计数器的设置，除非先进入STOP方式。执行HSC指令时，CPU检验控制字节及调用当前值、预置值。

表10-51　高速计数器的控制字节

HSC0	HSC1	HSC2	HSC3	HSC4	HSC5	功能
SM37.0	SM47.0	SM57.0		SM147.0		复位有效电平控制位：0=高电平有效；1=低电平有效
—	SM47.1	SM57.1		—		启动有效电平控制位：0=高电平有效；1=低电平有效
SM37.2	SM47.2	SM57.2		SM147.2		正交计数器计数速率选择：0=4×速率；1=1×速率
SM37.3	SM47.3	SM57.3	SM137.3	SM147.3	SM157.3	计数方向控制位：0=减计数；1=增计数
SM37.4	SM47.4	SM57.4	SM137.4	SM147.4	SM157.4	允许更新计数方向：0=不更新；1=更新计数方向
SM37.5	SM47.5	SM57.5	SM137.5	SM147.5	SM157.5	向HSC中写入预置值：0=不更新；1=更新预置值
SM37.6	SM47.6	SM57.6	SM137.6	SM147.6	SM157.6	向HSC中写入新的当前值：0=不更新；1=更新当前值
SM37.7	SM47.7	SM57.7	SM137.7	SM147.7	SM157.7	HSC允许：0=禁止　HSC；1=允许　HSC

3）预置值和当前值的设置。每个计数器都有一个预置值和一个当前值，都是有符号双字整数。为了向高速计数器装入新的预置值和当前值，必须先设置控制字节，并把预置值和当前值存入特殊存储器中（见表10-52），然后执行 HSC 指令，才能将新的值传送给高速计数器。用双字直接寻址可访问读出高速计数器的当前值，而写操作只能用 HSC 指令来实现。

表 10-52　HSC 的当前值和预置值

要装入的值	HSC0	HSC1	HSC2	HSC3	HSC4	HSC5
新当前值	SMD38	SMD48	SMD58	SMD138	SMD148	SMD158
新预置值	SMD42	SMD52	SMD62	SMD142	SMD152	SMD162

【例 10-11】　高速计数器编程

题解如图 10-57 所示，图中子程序（SBR_ 0）是 HSC1（模式 11）的初始化子程序。

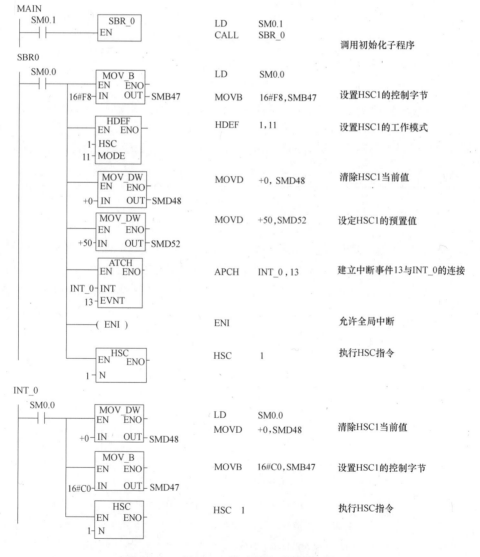

图 10-57　【例 10-11】HSC1 的初始化程序

7. 高速脉冲输出指令

高速脉冲输出（PLS）指令如图 10-58 所示，检测为脉冲输出（Q0.0 或 Q0.1）设置的特殊存储器位，然后激活由特殊存储器定义的脉冲输出指令。指令操作数 Q 为 0 或 1。

图 10-58　高速脉冲输出

S7-200 SMART CPU 有两个 PTO/PWM 发生器，分别产生高速脉冲串和脉冲宽度可调的波形。PTO 提供 50% 占空比的方波输出，用户可控制脉冲周期和脉冲数；PWM 发生器提供占空比可调脉冲输出，用户可控制脉冲周期和脉冲宽度。

PTO/PWM 发生器的输出和数字量输出共同使用输出映像寄存器 Q0.0 和 Q0.1。当 Q0.0 或 Q0.1 设置为 PTO 或 PWM 功能时，PTO/PWM 发生器控制输出，输出点禁止使用数字量输出的通用功能（输出波形不受输出映像寄存器的状态、输出强置指令或立即输出指令的影响，建议在允许 PTO 或 PWM 操作前把 Q0.0 和 Q0.1 的输出映像寄存器设定为 0）。当不使用 PTO/PWM 发生器功能时，输出点 Q0.0、Q0.1 使用通用功能，输出由输出映像寄存器控制。

PTO/PWM 发生器有一个控制字节寄存器（8bit）、一个无符号的周期值寄存器（16bit），PWM 还有一个无符号的脉宽值寄存器（16bit），PTO 还有一个无符号的脉冲计数值寄存器（32bit）。这些值全部存储在指定的特殊存储器（SM）中（默认值都是 0），设置完毕，即可执行脉冲（PLS）指令。PLS 指令使 CPU 读取特殊存储器中的位，并对相应的 PTO/PWM 发生器进行编程。修改特殊存储器（SM）区（包括控制字节），并执行 PLS 指令，可以改变 PTO 或 PWM 特性。当 PTO/PWM 控制字节的允许位（SM67.7 或 SM77.7）置为 0，则禁止 PTO 或 PWM 的功能。

（1）PTO/PWM 控制寄存器　PLS 指令从 PTO/PWM 控制寄存器中读取数据，使程序按控制寄存器中的值控制 PTO/PWM 发生器。因此执行 PLS 指令前，必须设置好控制寄存器。控制寄存器各位的功能见表 10-53。SMB67 控制 PTO/PWM Q0.0，SMB77 控制 PTO/PWM Q0.1；SMW68/SMW78、SMW70/SMW80、SMD72/SMD82 分别存放周期值、脉冲宽度值、脉冲数值。在多段脉冲串操作中，执行 PLS 指令前应在 SMW166/SMW176 中填入管线的总段数、在 SMW168/SMW178 中装入包络表的起始偏移地址，并填好包络表的值。状态字节用于监视 PTO 发生器的工作。

（2）PWM 操作　PWM 功能提供占空比可调的脉冲输出。周期和脉宽的增量单位为微秒（μs）或毫秒（ms）。周期变化范围分别为 50~65535μs 或 2~65635ms。脉宽变化范围分别为 0~65535μs 或 0~65535ms。当脉宽大于等于周期时，占空比为 100%，即输出连续接通。当脉宽为 0 时，占空比为 0%，即输出断开。如果周期小于最小值，那么周期时间被默认为最小值。

有两个方法可改变 PWM 波形的特性：同步更新和异步更新。

1）同步更新。PWM 的典型操作是当周期时间保持常数时变化脉冲宽度。所以，不需要改变时间基准。不改变时间基准，就可以进行同步更新。同步更新时，波形特性的变化发生在周期边沿，可提供平滑过渡。

2）异步更新。如果需要改变 PWM 发生器的时间基准，就要使用异步更新。异步更新会造成 PWM 功能被瞬时禁止，与 PWM 输出波形不同步。这会引起被控设备的振动。因此，

表 10-53　PTO/PWM 控制寄存器

	Q0.0	Q0.1	说　明
状态字节	SM66.4	SM76.4	PTO 包络由于增量计算错误而终止　0=无错误;1=有错误
	SM66.5	SM76.5	PTO 包络由于用户命令而终止　0=不终止;1=终止
	SM66.6	SM76.6	PTO 管线溢出　0=无溢出;1=有溢出
	SM66.7	SM76.7	PTO 空闲　　0=执行中;1=PTO 空闲
控制字节	SM67.0	SM77.0	PTO/PWM 更新周期值　0=不更新;1=更新周期值
	SM67.1	SM77.1	PWM 更新脉冲宽度值　0=不更新;1=更新脉冲宽度值
	SM67.2	SM77.2	PTO 更新脉冲数　　0=不更新;1=更新脉冲数
	SM67.3	SM77.3	PTO/PWM 时间基准选择　0=1μs;1=1ms
	SM67.4	SM77.4	PWM 更新方法:　　0=异步更新;1=同步更新
	SM67.5	SM77.5	PTO 操作:　　0=单段操作;1=多段操作
	SM67.6	SM77.6	PTO/PWM 模式选择　　0=选择 PTO;1=选择 PWM
	SM67.7	SM77.7	PTO/PWM 允许　　0=禁止 PTO/PWM;1=允许 PTO/PWM
其他寄存器	SMW68	SMW78	PTO/PWM 周期值(范围:2~65535)
	SMW70	SMW80	PWM 脉冲宽度值(范围:0~65535)
	SMD72	SMD82	PTO 脉冲计数值(范围:1~4294967295)
	SMW166	SMW176	操作中的段数(仅用在多段 PTO 操作中)
	SMW168	SMW178	包络表的起始位置,用从 V0 开始的字节偏移量表示(仅用在多段 PTO 操作中)

建议选择一个适合于所有周期时间的时间基准来采用 PWM 同步更新。

控制字节中的 PWM 更新方法状态位（SM67.4 或 SM77.4）用来指定更新类型。执行 PLS 指令激活这些改变。

（3）PTO 操作　PTO 功能提供指定脉冲数和周期的方波（50%占空比）脉冲串发生功能。周期以微秒或毫秒为单位。周期的范围是 50~65535μs，或 2~65535ms。如果设定的周期是奇数，则会引起占空比的一些失真。脉冲数的范围是：1~4294967295。如果周期时间小于最小值，就把周期默认为最小值。如果指定脉冲数为 0，就把脉冲数默认为 1 个脉冲。

状态字节中的 PTO 空闲位（SM66.7 或 SM76.7）为 1 时，则指示脉冲串输出完成。可根据脉冲串输出的完成调用中断程序。

若要输出多个脉冲串，PTO 功能允许脉冲串的排队，形成管线。当激活的脉冲串输出完成后，立即开始输出新的脉冲串。这保证了脉冲串顺序输出的连续性。

PTO 发生器有单段管线和多段管线两种模式。

1）单段管线模式。单段管线中只能存放一个脉冲串的控制参数。一旦启动了 PTO 起始段，就必须立即为下一个脉冲串更新控制寄存器，并再次执行 PLS 指令。第二个脉冲串的属性在管线一直保持到第一个脉冲串发送完成。第一个脉冲串发送完成，紧接着就输出第二个脉冲串。重复上述过程可输出多个脉冲串。单段管线编程较复杂。

2）多段管线模式。多段管线中 CPU 在变量（V）存储区建立一个包络表，包络表中存储了各个脉冲串的控制参数。多段管线用 PLS 指令启动时，CPU 自动从包络表中按顺序读出每个脉冲串的控制参数，并实施脉冲串输出（当执行 PLS 指令时，包络表内容不可改变）。

包络表由包络段数和各段参数构成，格式见表 10-54，同一个包络表中的所有周期值必须使用同一个时间基准，可以选择微秒或毫秒。

包络表每段的长度是8个字节，由周期值（16bit）、周期增量值（16bit）和脉冲计数值（32bit）组成。8个字节的参数表征了脉冲串的特性，多段PTO操作的特点是按照每个脉冲的个数自动增减周期。周期增量区的值为正时增加周期，为负时减少周期，0值则周期不变。除周期增量为0外，每个输出脉冲的周期值都发生着变化。

表10-54　多段PTO操作的包络表格式

从包络表开始的字节偏移	包络段数	说　明
0		段数(1~255)；数0产生一个非致命性错误，将不产生PTO输出
1	#1	初始周期(2~65535 时间基准单位)
3		每个脉冲的周期增量(有符号数)(−32768~32767 时间基准单位)
5		脉冲数(1~429496295)
9	#2	初始周期(2~65535 时间基准单位)
11		每个脉冲的周期增量(有符号数)(−32768~32767 时间基准单位)
13		脉冲数(1~4294967295)
⋮	⋮	⋮

如果在输出若干个脉冲后指定的周期增量值导致非法周期值，则会产生溢出错误，SM66.6或SM76.6被置为1，同时停止PTO功能，PLC的输出变为通用功能。另外，状态字节中的增量计算错误位（SM66.4或SM76.4）被置为1。如果要人为地终止一个正进行中的PTO包络，只需要把状态字节中的用户终止位（SM66.5或SM76.5）置为1。

【例10-12】　包络表参数的计算

控制要求：PTO发生器的多段管线功能在实际应用中非常有用，图10-59描述了步进电动机起动加速、恒速运行、减速停止过程中脉冲频率-时间关系。

步进电动机的运动控制分成3段（起动、运行、减速）共需要4000个脉冲。起动和结束时的频率是2kHz，最大脉冲频率是10kHz。由于包络表中的值是用周期表示的，而不是用频率，需要把给定的频率值

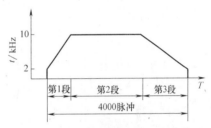

图10-59　脉冲频率-时间关系图

转换成周期值。起动和结束时的周期是500μs，最大频率对应的周期是100μs。要求加速部分在200个脉冲内达到最大脉冲频率（10kHz），减速部分在400个脉冲内完成。

PTO发生器用来调整给定段脉冲周期的周期增量为

$$周期增量 = (ECT-ICT)/Q \qquad (10-5)$$

式中，ECT为该段结束周期；ICT为该段初始周期；Q为该段脉冲数。

计算得出：加速部分（第1段）的周期增量是-2。减速部分（第3段）的周期增量是1。第2段是恒速控制，该段的周期增量是0。假定包络表存放在从VB500开始的V存储器区，相应的包络表参数见表10-55。依据表10-55设计的步进电动机控制程序如图10-60所示。

表10-55　包络表值

V 存储器地址	参数值	V 存储器地址	参数值
VB500	3(总段数)	VW511	0(2 段周期增量)
VW501	500(1 段初始周期)	VD513	3400(2 段脉冲数)
VW503	−2(1 段周期增量)	VW517	100(3 段初始周期)
VD505	200(1 段脉冲数)	VW519	1(3 段周期增量)
VW509	100(2 段初始周期)	VD521	400(3 段脉冲数)

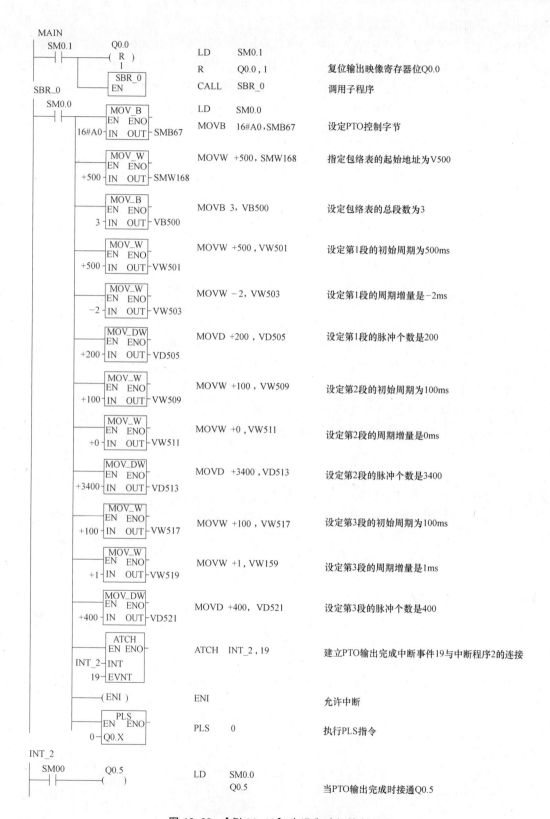

LD	SM0.1	
R	Q0.0，1	复位输出映像寄存器位Q0.0
CALL	SBR_0	调用子程序
LD	SM0.0	
MOVB	16#A0，SMB67	设定PTO控制字节
MOVW	+500，SMW168	指定包络表的起始地址为V500
MOVB	3，VB500	设定包络表的总段数为3
MOVW	+500，VW501	设定第1段的初始周期为500ms
MOVW	−2，VW503	设定第1段的周期增量是−2ms
MOVD	+200，VD505	设定第1段的脉冲个数是200
MOVW	+100，VW509	设定第2段的初始周期为100ms
MOVW	+0，VW511	设定第2段的周期增量是0ms
MOVD	+3400，VD513	设定第2段的脉冲个数是3400
MOVW	+100，VW517	设定第3段的初始周期为100ms
MOVW	+1，VW159	设定第3段的周期增量是1ms
MOVD	+400，VD521	设定第3段的脉冲个数是400
ATCH	INT_2，19	建立PTO输出完成中断事件19与中断程序2的连接
ENI		允许中断
PLS	0	执行PLS指令
LD	SM0.0	
	Q0.5	当PTO输出完成时接通Q0.5

图 10-60 【例 10-12】步进电动机控制程序

282

习题及思考题

10-1　定时器有几种类型？各有何特点？与定时器相关的变量有哪些？梯形图中如何表示这些变量？

10-2　计数器有几种类型，各有何特点？与计数器相关的变量有哪些？梯形图中如何表示这些变量？

10-3　写出图 10-61 所示梯形图的语句表。

10-4　写出图 10-62 所示梯形图的语句表。

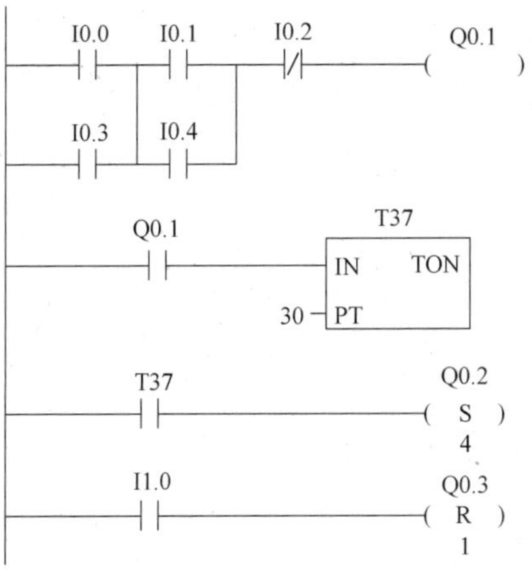

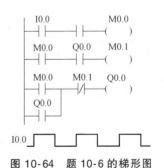

图 10-61　题 10-3 的梯形图 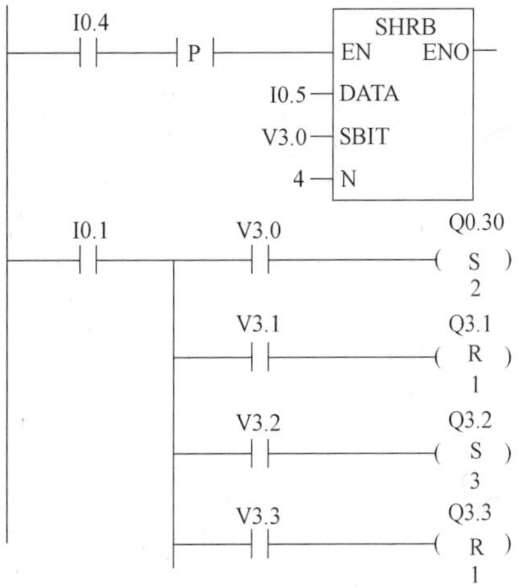　　　　图 10-62　题 10-4 的梯形图

10-5　写出图 10-63 所示梯形图的语句表。

10-6　画出图 10-64 中 M0.0 的波形图。

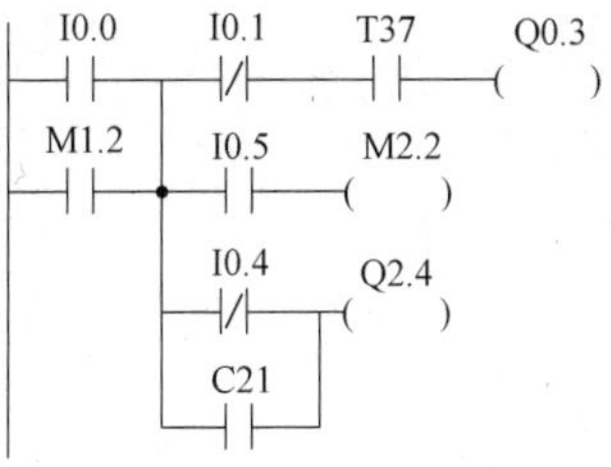

图 10-63　题 10-5 的梯形图　　　　图 10-64　题 10-6 的梯形图

10-7　指出图 10-65 中的错误。

10-8　已知语句表（见图 10-66），试画出对应的梯形图。

10-9　设计一个计数范围为 50000 的计数器。

10-10　用置位、复位（S、R）指令设计一台电动机的起、停控制程序。

10-11　用顺序控制继电器（SCR）指令设计一个居室通风系统控制程序，使三个居室的通风机自动轮流地打开和关闭。轮换时间间隔为 1h。

10-12　指出图 10-67 所示的梯形图中的语法错误，并改正。

10-13　用移位寄存器指令（SHRB）设计一个路灯照明系统的控制程序，三路灯按 H1
→H2→H3 的顺序依次点亮。各路灯之间点亮的间隔时间为 10s。

10-14　用循环移位指令设计一个彩灯控制程序，8 路彩灯串按 H1→H2→H3…→H8 的
顺序依次点亮，且不断重复循环。各路彩灯之间的时间间隔为 0.1s。

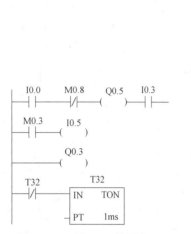

图 10-65　题 10-7 的梯形图

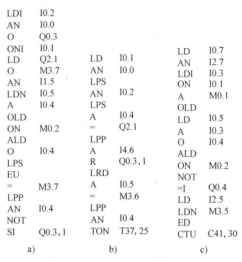

图 10-66　题 10-8 的语句表

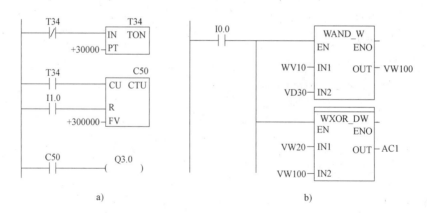

图 10-67　题 10-12 的梯形图

10-15　用整数除法指令将 VW100 中的（240）除以 8 后存放到 AC0 中。

10-16　如果 MW4 中的数小于等于 IW2 中的数，令 M0.1 为 1 并保持，反之将 M0.1 复
位为 0。设计语句表程序。

10-17　当 I0.1 为 ON 时，定时器 T32 开始定时，产生每秒一次的周期脉冲。T32 每次
定时时间到时调用一个子程序，在子程序中将模拟量输入 AIW0 的值送 VW10，设计主程序
和子程序。

10-18　第一次扫描时将 VB0 清零，用定时中断 0，每 100ms 将 VB0 加 1，VB0 = 100 时
关闭定时中断，并将 Q0.0 立即置 1。设计主程序和中断子程序。

第十一章

STEP7-Micro/WIN SMART编程软件

第一节 编程软件的功能简介

一、基本功能

STEP7-Micro/WIN SMART 编程软件是基于 Windows 的应用软件，是协助用户完成应用软件的开发（创建用户程序，修改和编辑原有的用户程序）。利用该软件可设置 PLC 的工作方式和参数，上传和下载用户程序，进行程序的运行监控。该软件具有简单语法的检查、对用户程序的文档管理和加密等功能，并提供在线帮助。

上传和下载用户程序指的是用 STEP7-Micro/WIN SMART 32 编程软件进行编程时，PLC 主机和计算机之间的程序、数据和参数的传送。

程序编辑中的语法检查功能可以避免一些语法和数据类型方面的错误。梯形图错误检查结果见图 11-1，在梯形图中错误处下方自动加红色曲线提示。

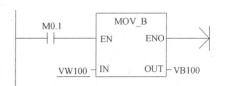

图 11-1 梯形图（自动语法错误检查）

软件功能的实现可以在联机工作方式（在线方式）下进行，此时可实现该软件的大部分基本功能；编辑、编译及系统组态等部分功能的实现也可以在离线工作方式下进行。

二、主界面各部分功能

启动 STEP7-Micro/WIN SMART 32 编程软件，其主界面外观如图 11-2 所示。

每个编辑窗口均可按所选择的方式停放或浮动以及排列在屏幕上，可单独显示每个窗口，也可合并多个窗口以及从单独选项卡访问各窗口。

1. 菜单

（1）文件（File） 文件操作可完成如新建、打开、关闭、保存文件，上传和下载程序，文件的打印预览、打印设置和操作等。

（2）编辑（Edit） 编辑菜单能完成选择、复制、剪切、粘贴程序块或数据块，同时提供查找、替换、插入、删除、快速光标定位等功能。

（3）检视（View） 可以设置软件开发环境的风格，如决定其他辅助窗口（引导条窗口、指令树窗口、工具条按钮区）的打开与关闭；执行引导条窗口的任何项；选择不同语言的编程器（包括 LAD、STL、FBD 三种）；设置 3 种程序编辑器的风格，如字体、指令盒大小等。

（4）可编程序控制器（PLC）　可建立与 PLC 联机时的相关操作，如改变 PLC 的工作方式、在线编译、查看 PLC 的信息、清除程序和数据、时钟、存储器卡操作、程序比较、PLC 类型选择及通信设置等。还可提供离线编译的功能。

（5）排错（调试，Debug）　主要用于联机调试。在离线方式下，该菜单的下拉菜单呈现灰色，表示此下拉菜单不具备执行条件。

（6）工具（Tools）　可以调用复杂指令向导（包括 PID 指令、NETR/NETW 指令和 HSC 指令），使复杂指令的编程工作大大简化；安装 TD200 本文显示器；改变界面风格（如设置按钮及按钮样式，并可添加菜单项）；用"选项"子菜单也可以设置 3 种程序编辑器的风格，如语言模式、颜色、字体、指令盒的大小等。

（7）视窗（Window）　可以打开一个或多个窗口，并可进行窗口之间的切换，可以设置窗口的排放形式，如层叠、水平、垂直等。

（8）帮助（Help）　通过帮助菜单上的目录和索引项可以检阅几乎所有相关的使用帮助信息，帮助菜单还提供网上查询功能。而且在软件操作过程中的任何步或任何位置都可以按 F1 键来显示在线帮助，大大方便了用户的使用。

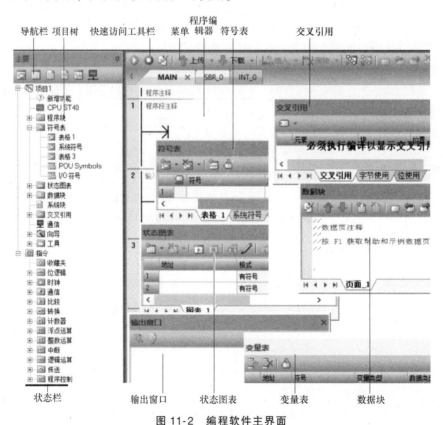

图 11-2　编程软件主界面

2. 项目树

项目树显示所有的项目对象和创建控制程序需要的指令。可以将单个指令从树中拖放到程序中，也可以双击指令，将其插入项目编辑器中的当前光标位置。

项目树的组织结构有：

右键单击项目，设置项目密码或项目选项。

右键单击"程序块"（Program Block）文件夹插入新的子例程和中断例程。

打开"程序块"（Program Block）文件夹，然后右键单击 POU 可打开 POU、编辑其属性、用密码对其进行保护或重命名。

右键单击"状态图"（Status Chart）或"符号表"（Symbol Table）文件夹，插入新图或新表。

打开"状态图"（Status Chart）或"符号表"（Symbol Table）文件夹，在指令树中右键单击相应图标，或双击相应的 POU 选项卡对其执行打开、重命名或删除操作。

3. 导航栏

导航栏显示在项目树上方，可快速访问项目树上的对象。单击一个导航栏按钮相当于展开项目树并单击同一选择内容。导航栏具有几组图标，用于访问 STEP 7-Micro/WIN SMART 的不同编程功能。

4. 菜单功能区

STEP 7-Micro/WIN SMART 显示每个菜单的菜单功能区。可通过右键单击菜单功能区并选择"最小化功能区"（Minimize the Ribbon）的方式最小化菜单功能区，以节省空间。

5. 输出窗口

用来显示程序编译的结果信息。如程序的各块（主程序、子程序的数量及子程序号、中断程序的数量及中断程序号）及各块的大小、编译结果有无错误及错误编码和位置等。

6. 状态栏

状态栏位于主窗口底部，显示在 STEP 7-Micro/WIN SMART 中执行的操作的编辑模式或在线状态的相关信息。

7. 程序编辑器

可用梯形图、语句表或功能图表编辑器编写用户程序，或在联机状态下从 PLC 上传用户程序进行程序的编辑或修改。

8. 局部变量表

每个程序块都对应一个局部变量表，在带参数的子程序调用中，参数的传递就是通过局部变量表进行的。

三、系统组态

系统组态主要包括：通信组态、设置数字量或模拟量输入滤波、设置脉冲捕捉、输出表配置、定义存储器保持范围、设置密码和后台通信时间等内容，系统组态设置主要在引导条中的"系统块"中进行。

1. 数字量输入滤波

S7-200 SMART 允许为部分或全部本机数字量输入点设置输入滤波，合理定义延迟时间可以有效地抑制甚至滤除输入噪声干扰。选择"检视"菜单的"系统块"项（或在引导条"检视"窗口单击"系统块"按钮），选中"输入过滤器"项，可以用 4 个 1 组的模式，对各个数字量输入点进行延迟时间的设置。

2. 模拟量输入滤波

在模拟量输入信号变化缓慢的场合，可以对不同的模拟量输入选择软件滤波。设置模拟量滤波的方法同数字量输入滤波相似，只是在"系统块"中选择"模拟输入过滤器"选项卡，可选择需要进行滤波的模拟量输入点、设置采样次数（样本数目）和静区值。滤波后的值是预选采样次数的各次模拟量输入的平均值。系统默认参数为：模拟量输入点全部滤波、采样次数为64、静区值为320。

当输入量有较大的变化时，滤波值可迅速地反映出来。当前的输入值与平均值之差超过设定值时，滤波器相对上一次模拟量输入值产生一个阶跃变化。这一设定值称为静区，并用模拟量输入的数字值来表示。

模拟量滤波功能不能用于用模拟量字传递数字量信息或报警信息的模块（AS-i主站模块、热电偶模块及 RTD 模块要求 CPU 禁止模拟量输入滤波）。

3. 设置脉冲捕捉

在处理数字量输入时，PLC 采用周期扫描方式进行输入和输出映像寄存器的读取和刷新。如果数字量输入点有一个持续时间小于扫描周期的脉冲，则 CPU 不能捕捉到此脉冲，PLC 将不能按预定的程序正确运行。

S7-200 SMART 为每个主机数字量输入点提供脉冲捕捉功能，用来捕捉持续时间很短的高电平脉冲或低电平脉冲。如果已经为数字量输入设置了输入滤波，则可以使主机能够捕捉小于一个扫描周期的短脉冲，并将其保持到主机读到这个信号。但如果一个扫描周期内有多个输入脉冲，则只能检测出第一个脉冲。

设置脉冲捕捉功能时，首先要正确设置输入滤波器的时间，使之不能将脉冲滤掉，然后在"系统块"对话框中选择"脉冲截取位"选项卡，对输入要求脉冲捕捉的数字量输入点进行选择。系统默认为所有数字量输入点都不用脉冲捕捉。

4. 输出表的设置

在"系统块"选项中选择"输出表"选项卡，可设置 CPU 由 RUN 方式转变为 STOP 方式后，各数字量输出点的状态。

若选择"冻结输出"方式，则 CPU 由 RUN 方式转变为 STOP 方式后，所有数字量输出点将冻结在 CPU 进入 STOP 方式之前的状态；若未选择"冻结输出"，则 CPU 由 RUN 方式转变为 STOP 方式后，各数字量输出点的状态用输出表来设置，即把填写好的输出表复制到相应的输出点。如果希望某一输出位为 1（ON），则在输出表相应位置选中该位，输出表的默认值是未选"冻结"方式，且 CPU 从 RUN 方式转变为 STOP 方式时，所有输出点的状态被置为 0（OFF）。

必须注意：输出表只用于数字量输出，CPU 由 RUN 方式转变为 STOP 方式时，模拟输出量保持不变。这是因为模拟量输出只有用户程序才能刷新，CPU 没有更新模拟量输出的功能。

5. PLC 断电后的数据保存方式

PLC 可用 EEPROM 保存用户程序、程序数据及 CPU 组态数据；可用大容量的超级电容器，在掉电时保存整个 RAM 中的信息（根据 CPU 的类型，该电容可保存 RAM 中数据达几天之久）。

可选用存储器卡（EEPROM）存储用户程序（程序块、数据块、系统块）和强制值。

CPU 模块在 STOP 方式下，单击菜单"PLC"中的"程序存储器卡"项就可将用户程序、CPU 组态信息以及 V、M、T、C 的当前值复制到存储器卡中。

单击"系统块"的"保存范围"选项卡，可选择 PLC 断电时希望保持的内存区域（最多 6 个），设置保存的存储区有 V、M、C 和 T。对于定时器，只能保存定时器 TONR，而且只能保持定时器和计数器的当前值，定时器位和计数器位不能保持，上电时定时器位和计数器位均被清零。对 M 存储区的前 14 个字节，系统默认设置为不保持。

6. CPU 密码的设置

S7-200 SMART 的密码保护功能提供 4 种限制存取 CPU 存储器功能的等级，见表 11-1。各等级均有不需密码即可使用的某些功能。只要输入正确的密码，用户即可使用所有的 CPU 功能（默认等级是 1 级，对存取没有限制，相当于关闭了密码功能）。

表 11-1 CPU 的存取限制

操作说明	完全权限（1 级）	读取权限（2 级）	最低权限（3 级）	不允许上传（4 级）
读取和写入用户数据	允许	允许	允许	允许
CPU 的启动、停止和上电复位	允许	有限制	有限制	有限制
读取日时钟	允许	允许	允许	允许
写入日时钟	允许	有限制	有限制	有限制
上传用户程序、数据和 CPU 组态	允许	允许	有限制	不允许
下载程序块、数据块和系统块	允许	有限制	有限制	有限制 注:如果存在用户程序块,不允许对系统块进行操作
复位为出厂默认设置	允许	有限制	有限制	有限制
删除程序块、数据块或系统块	允许	有限制	有限制	有限制 注:如果存在用户程序块,不允许对系统块进行操作
将程序块、数据块或系统数据块复制到存储卡	允许	有限制	有限制	有限制
强制状态图中的数据	允许	有限制	有限制	有限制
执行单次或多次扫描操作	允许	有限制	有限制	有限制
在 STOP 模式下写入输出	允许	有限制	有限制	有限制
复位 PLC 信息中的扫描速率	允许	有限制	有限制	有限制
程序状态	允许	允许	有限制	不允许
项目比较	允许	允许	有限制	不允许

用编程软件给 CPU 创建密码时，在"系统块"窗口中单击"密码"选项卡。首先选择适当的限制级别（如 2、3 级），需输入密码（密码不区分大小写）并确认密码。

如果忘记了密码，则必须清除存储器，重新下载程序。清除存储器会使 CPU 进入 STOP 方式，并将它设置为厂家设定的默认状态（CPU 地址、波特率和时钟除外）。具体操作是：

选择"PLC"菜单中的"清除"命令，显示出清除对话框后，选中"所有"项，并单击"确认"。如果配置了密码，就会显示密码配置对话框，输入清除密码"clearplc"（不分大小写），可以继续清除全部（Clear All）操作。注意，清除 CPU 的存储器卡将关闭所有数字量输出，模拟量输出将处于某一固定值。如果 PLC 与其他设备相连，应注意输出变化是否会影响设备和人身安全。

其他方面的系统组态操作，如模拟量电位器设置、高速计数器、高速脉冲输出等方面的配置也可用相似方法操作。系统组态完成后，下载程序时，组态数据会连同编译好的用户程序一起装入与编程软件相连的 PLC 的存储器中。

第二节　编程软件的使用说明

一、项目生成

项目（Project）文件来源有 3 个：新建项目、打开已有的项目和从 PLC 上传已有项目。

1. 新建项目

PLC 控制系统编程时，首先应创建一个项目文件，单击菜单"文件"中的"新建"项或工具条中的"新建"按钮，在主窗口将显示新建的项目文件主程序区。图 11-3 所示为一个新建程序文件的指令树，系统默认初始设置如下：

新建的项目文件以"项目1"（CPU ST40）命名，括号内为系统默认 PLC 的 CPU 型号。

程序块中包含一个主程序（MAIN）、一个可选的子程序 SBR_0 和一个中断程序 INT_0。一般小型开关量控制系统只有主程序，当系统规模较大、功能复杂时，除了主程序外，可能还有子程序、中断程序和数据块。

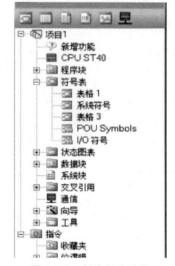

图 11-3　新建程序结构

主程序在每个扫描周期被顺序执行一次。子程序的指令存放在独立程序块中，仅在被别的程序调用时才执行。中断程序的指令也存放在独立的程序块中，用来处理预先规定的中断事件。中断程序不能由主程序调用，在中断事件发生时由操作系统调用。

用户可以根据实际编程需要做以下操作：

（1）确定 PLC 的 CPU 型号　右击项目"Project 1"（CPU ST40）图标，在弹出的按钮中单击"类型"，就可在对话框中选择所用的 PLC 型号。也可用"PLC"菜单中"类型"项来选择 PLC 型号。

（2）项目文件更名　如果新建了一个项目文件，单击菜单"文件"中"另存为"项，然后在弹出的对话框中键入希望的名称。项目文件以 .mwp 为扩展名。

对子程序和中断程序也可更名，方法是在指令树窗口中，右击要更名的子程序或中断程序名称，在弹出的选择按钮中单击"重命名"，然后键入名称。

（3）添加一个子程序　添加一个子程序的方法有 3 种：①在指令树窗口中，右击"程序块"图标,在弹出的选择按钮中单击"插入子程序"项;②单击"编辑"菜单中的"插入"项下的"子程序"项实现;③在编辑窗口右击编辑区,在弹出菜单选项中选择"插入"下的"子程序"。新生成的子程序根据已有子程序数目,默认名称为SBR_n,用户可以自行更名。

(4)添加一个中断程序 添加一个中断程序方法同添加一个子程序的方法相似,也有3种方法。新生成的中断程序根据已有中断程序的数目,默认名称为INT_n,用户可以更名。

(5)编辑程序 编辑程序块中任何一个程序,只要在指令树窗口中双击该程序图标即可。

2. 打开已有项目文件

打开一个磁盘中已有的项目文件,可单击菜单"文件"中的"打开"项,在弹出的对话框中选择打开已有的项目文件;也可用工具条中的"打开"按钮来完成。

3. 上传项目文件

在已经与PLC建立通信的前提下,如果要上传一个PLC存储器的项目文件(包括程序块、系统块、数据块),可用"文件"菜单中的"上传"项,也可单击工具条中的"上传"按钮来完成。上传时,S7-200 SMART从RAM中上传系统块,从EEPROM中上传程序块和数据块。

二、程序的编辑和传送

利用STEP7-Micro/WIN SMART 32编程软件编辑和修改控制程序是程序员要做的最基本的工作,图11-4所示为梯形图程序的编辑过程(语句表和功能块图编辑器的操作类似)。

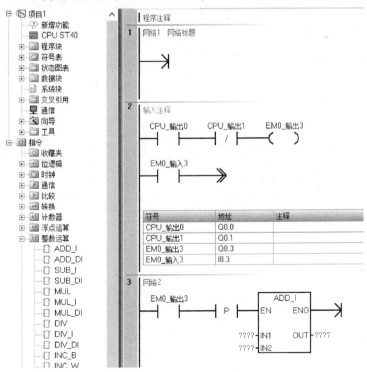

图 11-4 梯形图程序示例

1. 输入编程元件

梯形图的编程元件（元素）主要有线圈、触点、指令盒、标号及连接线。输入方法有两种：

第一种：用指令树窗口中所列的一系列指令，双击要输入的指令，就可在矩形光标处放置一个编程元件，如图11-4所示。

图 11-5　编程按钮

第二种：用工具条上的一组编程按钮，按钮如图11-5所示。单击触点、线圈或指令盒按钮，从弹出的窗口下拉菜单所列出的指令中选择要输入指令，单击即可。

（1）顺序输入　在一个梯级/网络中，如果只有编程元件的串联连接，输入和输出都无分叉，则视作顺序输入。输入时只需从网络的开始依次输入各编程元件（每输入一个元件，矩形光标自动移动到下一列，见图11-6）。

图11-6中，已经连续在一行上输入了两个触点，若想再输入一个线圈，则可以直接在指令树中双击点亮的线圈图标。图中的方框为大光标，编程元件就是在矩形光标处被输入。图中网络2中的 →表示一个梯级的开始，→表示可在此继续输入元件。

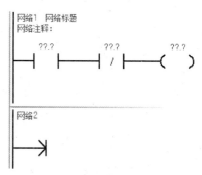

图 11-6　顺序输入元件

图11-6中的"??.?"表示此处必须有操作数。此处的操作数为两个触点和一个线圈名称。可单击"??.?"，然后键入合适的操作数。

（2）任意添加输入　如在任意位置要添加一个编程元件，只需单击这一位置，将光标移到此处，然后输入编程元件。

用工具条中的指令按钮可编辑复杂结构的梯形图，如图11-4所示。单击网络1中第一行下方的编程区域，则在开始处显示小图标，然后输入触点新生成一行。

将光标移到要合并的触点处，单击上行线按钮 ↑ 即可。如果要在一行的某个元件后向下分支，方法是将光标移到该元件，单击 ↓ 按钮。然后输入元件。

2. 插入和删除

编辑中经常用到插入和删除一行、一列、一个梯级（网络）、一个子程序或中断程序等。方法有两种：在编辑区右击要进行操作的位置，弹出图11-7所示的

图 11-7　插入或删除网络

下拉菜单，选择"插入"或"删除"选项，弹出子菜单，单击要插入或删除的项，然后进行编辑。也可用"编辑"菜单中相应的"插入"或"编辑"中的"删除"项完成相同的操作。

图 11-7 是编辑区已有网络的情况下右击时的结果，此时"剪切"和"复制"项处于有效状态，可以对元件进行剪切或复制。

3. 符号表

使用符号表可将梯形图中的直接地址编号用具有实际含义的符号代替，使程序更直观、易懂。使用符号表有两种方法：

1）在编程时使用直接地址（如 I0.0），然后打开符号表，编写与直接地址对应的符号（如与 I0.0 对应的符号为 start），编译后由软件自动转换名称。

2）在编程时直接使用符号名称，然后打开符号表，编写与符号对应的直接地址，编译后得到相同的结果。

要进入符号表，可单击"检视"菜单中的"符号表"项或引导条窗口中的"符号表"按钮，出现符号表窗口。单击单元格可进行符号名、对应直接地址的录入，也可加注释说明。右击单元格，可进行修改、插入、删除等操作。可同时打开梯形图窗口或符号表窗口，要想在梯形图中显示符号，可选中"检视"菜单下"符号寻址"项（见图 11-8）。反之，要在梯形图中显示直接地址，则单击取消"符号寻址"项。

图 11-8 用符号表编程

4. 局部变量表

（1）局部变量与全局变量 程序中的每个程序组织单元（Program Organizational Unit, POU）都有 64KB（字节）L 存储器组成的局部变量表。用它们来定义有范围限制的变量，局部变量只在它被创建的 POU 中有效。而全局变量在各 POU 中均有效，只能在符号表（全局变量表）中定义。当全局变量与局部变量名称相同时，在定义局部变量的 POU 中，该局部变量的定义优先，而全局变量则在其他 POU 中使用。在子程序中使用局部变量，可使子程序方便地移植到其他项目中去。

（2）局部变量的设置 将光标移到编辑器的程序编辑区的上边缘，向下拖动上边缘，则自动出现局部变量表，此时可为子程序和中断服务程序设置局部变量。图 11-9 为一个子程序调用指令和它的局部变量表，在表中可设置局部变量的参数名称、变量类型、数据类型及注释，局部变量的地址由程序编辑器自动地在 L 存储区中分配，不必人为指定。在子程序中对局部变量表赋值时，变量类型有输入

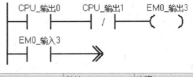

符号	地址	注释
CPU_输出0	Q0.0	
CPU_输出1	Q0.1	
EM0_输出3	Q8.3	
EM0_输入3	I8.3	

图 11-9 子程序调用指令及其局部变量表

（IN）子程序参数、输出（OUT）子程序参数、输入-输出（IN-OUT）及暂时（TEMP）变量 4 种，根据不同的参数类型可选择相应的数据类型（如 BOOL、BYTE、INT、WORD 等）。

局部变量作为参数向子程序传送时，在子程序的局部变量表中指定的数据类型必须与调用 POU 中的数据类型值相匹配。例如，在主程序 OB1 调用子程序 SBR-1，使用名为 IN1 的

全局符号作为子程序的输入参数。在 SBR-1 的局部变量表中，已经定义了一个名为 LEN 的局部变量作为该输入参数。当 OB1 调用 SBR-1 时，IN1 的数值被传入 LEN，IN1 和 LEN 的数据类型必须匹配。

要加入一个参数到局部变量表中，可右击变量类型区，得到一个选择菜单，选择"插入"，在选择"行"或"行下"即可。当在局部变量表中加入一个参数时，系统自动给各参数分配局部变量存储空间。

5. 注释

梯形图编辑器中的 Network n 表示每个网络或梯级，同时又是标题栏，可在此为每个网络或梯级加标题或必要的注释说明，使程序清晰易读。双击 Network n 区域，弹出如图 11-10 所示的对话框，此时可以在"网络题目"文本框中键入相关标题，在"网络注释"文本框中键入注释。

图 11-10　标题和注释对话框

6. 语言转换

STEP7-Micro/WIN SMART 32 软件可实现语句表、梯形图和功能块图 3 种编程语言（编辑器）之间的任意切换。具体方法是：选择菜单"检视"项，然后单击 STL（语句表）、LAD（梯形图）或 FBD（功能块图）便可进入对应的编程环境。如采用 LAD 编程器编程时，经编译没有错误后，可查看相应的 STL 程序和 FBD 程序。如果编译有错误时，则无法改变程序模式。

7. 编译用户程序

程序编辑完成，可用菜单"PLC"中的"编译"项进行离线编译。编译结束后在输出窗口显示程序中的语法错误的数量、各条错误的原因和错误在程序中的位置。双击输出窗口中的某一条错误，程序编辑器中的矩形光标将会移到程序中该错误所在的位置。必须改正程序中的所有错误，编译成功后才能下载程序。

8. 程序的下载和清除

在计算机与 PLC 建立起通信连接且用户程序编译成功后，可以将程序下载到 PLC 中去。

下载之前，PLC 应处于 STOP 方式。单击工具条中的"停止"按钮，或选择"PLC"菜单命令中的"停止"项，可以进入 STOP 方式。如果不在 STOP 方式，可将 CPU 模块上的方式开关扳到 STOP 位置。

单击工具条中的"下载"按钮，或选择"文件"菜单下的"下载"项，将会出现下载对话框。用户可以分别选择是否下载程序块、数据块和系统块。单击"确认"按钮，开始下载信息。下载成功后，确认框显示"下载成功"。

为了使下载的程序能正确执行，下载前必须将 PLC 存储器中的原程序清除。清除的方法是：单击菜单"PLC"中的"清除"项，会出现清除对话框，选择"清除全部"即可。

第三节　程序的监控和调试

STEP7-Micro/WIN SMART 32 编程软件支持用户直接在软件环境下调试并监视用户程序

的执行。

一、选择扫描次数

STEP7-Micro/WIN SMART 32 可选择单次或多次扫描来监视用户程序，可以指定主机以有限的扫描次数执行用户程序。通过选择主机扫描次数，当过程变量改变时，可监视用户程序的执行。

设置多次扫描时，应使 PLC 置于 STOP 方式，使用菜单命令"排错"中的"多次扫描"来指定执行的扫描次数，然后单击"确认"按钮。

二、用状态表监控程序

STEP7-Micro/WIN SMART 32 编程软件可使用状态表来监视用户程序，在程序运行时，可以用状态表来读、写监视和强制 PLC 的内部变量。并可以用强制操作修改用户程序，如图 11-11 所示。这一方法的使用，大大方便了程序的调试。

图 11-11　用状态表监视、调试程序

1. 打开和编辑已有的状态表

要打开状态表，可单击目录树中的状态表图标，或单击"检视"菜单中的"状态表"选项，这两种方法均可打开已有的状态表，并对它进行编辑。如果项目中有多个状态表，可用状态表底部的标签切换。

未启动状态表时，可在状态表中输入要监视的变量的地址和数据类型，定时器和计数器可按位或按字监视。如果按位监视，显示的是它们的输出位的 0/1 状态；如果按字监视，显示的是它们的当前值。

用"编辑"菜单中的"插入"选项或右击状态表中的单元，可在状态表中当前光标位置的上部插入新的行，也可以将光标置于最后一行中的任意单元后，按向下的箭头键，将新的行插在状态表的底部。在符合表中选择变量并将其复制在状态表中，可以加快创建状态表的速度。

2. 创建新的状态表

如果要监视的元件很多，可将要监视的元件分组，把它们放在几个状态表中，因此要分别创建状态表。用鼠标右键单击目录树中的状态表图标，在弹出的窗口中选择"插入状态表"选项，即就创建新的状态表。新的状态表标签名为 CHTn。

3. 启动和关闭状态表

STEP7-Micro/WIN SMART 32 与 PLC 的通信成功后，打开状态表，用"排错"菜单中的"图状态"选项或单击工具条上的"状态表"图标，可启动状态表，再操作一次可关闭状态表。状态表被启动后，编程软件可监视程序运行时的状态信息，并对表中的数据更新。这时还可以强制修改状态表中的变量。

4. 单次读取状态信息

状态表被关闭时，用"排错"菜单命令中的"单次读取"或单击工具条上的"单项读取"按钮（一副眼镜图标），可以获得 PLC 的当前数据，并在状态表中将当前数值显示出来，执行用户程序时并不进行数据的更新。要连续收集状态表信息，应启动状态表。

5. 用状态表强制改变数值

在 RUN 方式且对控制过程影响较小的情况下，可对程序中的某些变量强制性地赋值。S7-200 SMART 允许强制性地给所有 I/O 点赋值，此外最多还可改变 16 个内部存储器数据（V 或 M）或模拟量 I/O（AI 或 AQ）。V 或 M 可按字节、字或双字来改变，模拟量只能从偶字节开始以字为单位（如 AIW6）来改变。强制数据将永久性地存储在 S7-200 SMART CPU 模块 EEPROM 中。

在输入读取阶段，强制值被当作输入读入；在程序执行阶段，强制数据用于立即读和立即写指令指定的 I/O 点；在通信处理阶段，强制值用于通信的读/写请求；在修改输出阶段，强制数据被当作输出写入输出电路。进入 STOP 方式时，输出将为强制值，而不是系统块中设置的值。

通过强制 V、M、T 或 C，可用来模拟逻辑条件；通过强制 I/O 点，模拟物理条件的这一功能对调试程序非常方便。但同时强制可能导致系统出现无法预料的情况，甚至引起人员伤亡或设备损坏，所以进行强制操作要多加小心。

显示状态表后，可用"排错"菜单中的选项或工具条中与调试有关的按钮执行下列操作：单次读取、全部写入、强制、取消强制、取消全部强制、读取全部强制。

图 11-12 用状态表监视与调试程序工具条

其工具条如图 11-12 所示。用鼠标右键单击状态表中的操作数，从弹出窗口中可选择对该操作数强制或取消强制。

（1）全部写入 完成了对状态表中变量的改变后，可用全部写入功能将所有的改动传送到 PLC。执行程序时，修改的数值可能被改写成新数值。物理输入点不能用此功能改动。

（2）强制 在状态表的地址列中选中一个操作数，在"新数值"列中写入希望的数据，然后按工具条中的"强制"按钮。一旦使用了强制功能，每次扫描都会将修改的数值用于该操作数，直到取消对它的强制。被强制的数值旁边将显示锁定图标。

（3）对单个操作数取消强制 选择被强制的操作数，取消强制操作，锁定图标将会消失。

（4）读取全部强制 执行读取全部强制功能时，状态表中被强制的地址的当前值列将在曾被显式强制（Explicitly）、隐式强制（Implicitly）或部分隐式强制的地址处显示一个图标。

灰色的锁定图标表示该地址被隐式强制，对它取消强制之前不能改变此地址的值。例如，如果 VW100 被显示强制，则 VB100 与 VB101 将被隐式强制，因为它们被包含在 VW100 中。被隐式强制的数值本身不能取消强制，在改变 VB100 中的数值之前，必须取消对 VW100 的强制。

半块锁定图标表示该地址的一部分被强制。例如，如果 VW100 被显式强制，因为 VW101 的第一字节是 VW100 的第二字节，VW101 的一部分也被强制。不能对部分强制的数值本身取消强制，要改变该地址数值，必须先取消使它被部分强制的地址的强制。

三、在 RUN 方式下编辑程序

在 RUN 方式下，可对用户程序做少量的修改，修改后的程序下载时，将立即影响系统的控制运行，所以使用时应特别注意。具体操作时可选择"排错"菜单中的"在运行状态下编辑程序"项进行。编辑前应退出程序状态监视，修改程序后，需将改动的程序下载到 PLC。但下载之前需认真考虑可能会产生的后果。在 RUN 方式下，只能下载项目文件中的程序块，PLC 需要一定的时间对修改的程序进行背景编译。

在 RUN 方式下，编辑程序并下载后应退出此模式，可用"排错"菜单中的"在运行状态下编辑程序"，然后单击"确认"选项。

四、梯形图程序的状态监视

利用梯形图编辑器可以监视在线程序运行状态（图 11-11 中被点亮的元件表示处于接触状态，未点亮的元件表示处于非接触状态）。梯形图中显示的所有操作数的值及部件状态都是 PLC 在扫描周期完成时的结果。

打开监视梯形图的方法有两种：一种方法是打开"工具"菜单中的"选项"对话框，选择"LAD 状态"选项，然后选择一种梯形图的样式（梯形图可选择的样式有 3 种：指令内部显示地址，外部显示值；指令外部显示地址和值；只显示状态值）。另一种直接打开梯形图窗口，在图 11-12 所示工具条中单击"程序状态"按钮。

五、出错处理

使用"PLC"菜单命令中的"信息"项，可查看程序的错误信息，主要有以下两类：

1. 致命错误

致命错误会导致 PLC 停止执行程序，根据错误的严重程度，致命错误可以使 PLC 无法执行某一功能或全部功能。CPU 检测到致命错误时，自动进入 STOP 方式，点亮系统错误 LED（发光二极管）和"STOP"LED 指示灯，并关闭输出（OFF）。在消除致命错误之前，CPU 一直保持这种状态。消除了致命错误后，必须用下面的方法重新启动 CPU。

1）将 PLC 断电后再通电。

2）将方式开关从 TERM 或 RUN 扳至 STOP 位置。

如果发现其他致命错误条件，CPU 将会重新点亮系统错误 LED 指示灯。有些错误可能会使 PLC 无法进行通信，此时在计算机上看不到 CPU 的错误代码。这表示硬件出错，CPU 模块需要修理，修改程序或清除 PLC 的存储器不能消除这种错误。

2. 非致命错误

非致命错误会影响 CPU 的某些性能，但不会使用户程序无法执行。非致命错误主要有：

（1）程序编译错误　程序经编译成功后才能下载到 PLC，如果编译时检测到语法错误，则不会下载，并在输出窗口生成错误代码。CPU 的 EEPROM 中原有的程序依然存在，不会丢失。

（2）程序执行错误　程序运行时，用户程序可能会产生错误。例如，一个编译时正确的间接地址指针，因在程序执行过程中被修改，可能指向超出范围的地址。可用"PLC"菜单命令中的"信息"项来判断错误的类型，只有通过修改用户程序才能改正运行时的编程错误。

习题及思考题

11-1　使用 STEP7-Micro/WIN SMART 软件，如何进行语言转换和程序下载？

11-2　使用 STEP7-Micro/WIN SMART 软件，如何进入监视梯形图功能？

附　录

附录A　FX系列PLC实验指导

附录B　S7-200 SMART系列PLC实验指导

附录C　FX_{3U}系列PLC的特殊软元件

说明：用［］括起来的［M］、［D］软元件以及未使用的软元件或没有记载的未定义的软元件，请不要在程序上运行或写入。

① RUN→STOP时清除。② STOP→RUN时清除。③ 电池后备。④ END指令结束时处理。⑤ 适用于ASC、RS、HEX、CCD。

PLC状态

编号	名　　称	备　　注	编号	名　　称	备　　注
[M]8000	RUN监控　a接点	RUN时为ON	D 8000	监视定时器	初始值200ms
[M]8001	RUN监控　b接点	RUN时为OFF	[D]8001	PLC型号和版本	BCD前2位：型号
[M]8002	初始脉冲　a接点	RUN后第1个扫描周期为ON	[D]8002	存储器容量	[M]8102同样 2K/4K/8K/…
[M]8003	初始脉冲　b接点	RUN后第1个扫描周期为OFF	[D]8003	存储器种类	保存内置RAM、存储盒的种类及存储盒保护开关的ON/OFF状态
[M]8004	出错编号	M8060~M8067检测为ON时接通(62,63除外)	[D]8004	出错特M地址	M8060~M8068
[M]805	电池电压降低	电池异常低时接通	[D]8005	电池电压	0.1V单位
[M]8006	电池电压降低锁存	检出低电压后,锁存其值	[D]8006	电池电压降低后的电压,上电时读入	3.0V（0.1V单位）
[M]8007	瞬停检测		[D]8007	瞬停次数	电源关闭清除
[M]8008	停电检测		D 8008	停电检测时间	初始值:10ms
[M]8009	DC24V降低	检测24V电源掉电接通	[D]8009	下降单元编号	失电单元起始编号

时钟

编号	名　　称	备　　注
[M]8010		
[M]8011	10ms 时钟	10ms 周期振荡
[M]8012	100ms 时钟	100ms 周期振荡
[M]8013	1s 时钟	1s 周期振荡
[M]8014	1min 时钟	1min 周期振荡
M8015	计时停止/预置	
M8016	时间显示停止	
M8017	±30s 修正（时钟用）	
[M]8018	内装 RTC 检测	常时 ON
[M]8019	内装 RTC 出错	

编号	名　　称	备　　注
[D]8010	扫描当前值	0.1ms 单位包括常数扫描等待时间
[D]8011	最小扫描时间	
[D]8012	最大扫描时间	
D8013	秒 0~59 预置值或当前值	
D8014	分 0~59 预置值或当前值	
D8015	时 0~23 预置值或当前值	
D8016	日 1~31 预置值或当前值	
D8017	月 1~12 预置值或当前值	
D8018	公历 4 位预置值或当前值	
D8019	星期 0（一）~6（日）预置值或当前值	

标记

编号	名　　称	备　　注
[M]8020	零标记	应用指令运算标记
[M]8021	借位标记	
M8022	进位标记	
[M]8023		
M8024	BMOV 方向指定	FNC15
M8025	HSC 方式	FNC53-55
M8026	RAMP 方式	FNC67
M8027	PR 方式	FNC77
M8028	执行 FROM/TO 指令时允许中断	FNC78,79
[M]8029	执行指令结束标记	应用命令用

编号	名　　称	备　　注
[D]8020	调整输入滤波器	初始值 10ms
[D]8021		
[D]8022		
[D]8023		
[D]8024		
[D]8025		
[D]8026		
[D]8027		
[D]8028	Z0（Z）寄存器内容	寻址寄存器 Z 的内容
[D]8029	V0（Z）寄存器内容	寻址寄存器 V 的内容

PLC 方式

编号	名　　称	备　　注
M8030	电池 LED 关灯指令	关闭面板灯④
M8031	非保持存储清除	消除元件的 ON/OFF 和当前值④
M8032	保持存储清除	
M8033	存储保持停止	由 RUN 到 STOP 时，图像及数据存储区保持
M8034	全输出禁止	外部输出均为 OFF④
M8035	强制 RUN 方式	
M8036	强制 RUN 指令	①
M8037	强制 STOP 指令	
[M]8038	参数设定	
M8039	恒定扫描方式	定周期运作

编号	名　　称	备　　注
[D]8030		
[D]8031		
[D]8032		
[D]8033		
[D]8034		
[D]8035		
[D]8036		
[D]8037		
[D]8038		
[D]8039	常值扫描时间	初始值 0（1ms 单位）

步进梯形图

编号	名　　称	备　　注
M8040	禁止转移	状态间禁止转移
M8041	开始转移①	
M8042	启动脉冲	FNC60（IST）命令用途
M8043	复原完毕①	
M8044	原点条件①	
M8045	禁止全输出复位	
[M]8046	STL 状态工作④	S0~999 工作检测
M8047	STL 监视有效④	D8040~8047 有效
[M]8048	报警工作④	S900~999 工作检测
M8049	报警有效④	D8049 有效

编号	名　　称	备　　注
[D]8040	ON 状态编号 1	状态 S0~S999 中正在动作的状态的最小编号，存在 D8040 中，其他动作的状态由小到大依次存在 D8041~D8047 中（最多 8 个）
[D]8041	ON 状态编号 2	
[D]8042	ON 状态编号 3	
[D]8043	ON 状态编号 4	
[D]8044	ON 状态编号 5	
[D]8045	ON 状态编号 6	
[D]8046	ON 状态编号 7	
[D]8047	ON 状态编号 8	
[D]8048		
[D]8049	ON 状态最小编号	报警器 S900~999 中 ON 的最小编码

中断禁止

编号	名 称	备 注
M8050	I00□禁止	
M8051	I10□禁止	
M8052	I20□禁止	输入中断禁止
M8053	I30□禁止	
M8054	I40□禁止	
M8055	I50□禁止	
M8056	I60□禁止	定时中断禁止
M8057	I70□禁止	
M8058	I80□禁止	
M8059	I010~I060 全禁止	计数器中断禁止

编号	名 称	备 注
[D]8050		
[D]8051		
[D]8052		
[D]8053		
[D]8054		未使用
[D]8055		
[D]8056		
[D]8057		
[D]8058		
[D]8059		

出错检测

编号	名 称	备 注
[M]8060	I/O 配置出错	PLC RUN 运行继续
[M]8061	PLC 硬件出错	PLC RUN 运行停止
[M]8062	串行通信错误 0 PLC/PP 通信出错	PLC RUN 运行继续 [通道 0]
[M]8063	串行通信错误 1	PLC RUN 运行继续② [通道 1]
[M]8064	参数出错	PLC RUN 运行停止
[M]8065	语法出错	PLC RUN 运行停止
[M]8066	电路出错	PLC RUN 运行停止
[M]8067	运算出错	PLC RUN 运行继续
[M]8068	运算出错锁存	M8067 保持
[M]8069	I/O 总线检查	总线检查开始

编号	名 称	备 注
[D]8060	出错的 I/O 起始号	
[D]8061	PLC 硬件出错代码	
[D]8062	PLC/PP 通信出错代码	
[D]8063	连接通信出错代码	
[D]8064	参数出错代码	出错代码 参见数据手册
[D]8065	语法出错代码	
[D]8066	电路出错代码	
[D]8067	运算出错代码②	
[D]8068	运算出错产生的步编号保持	
[D]8069	M8065~7 出错产生步号	②

采样跟踪

编号	名 称	备 注
[M]8074		
M8075	准备开始指令	
M8076	执行开始指令	采样跟踪功能
[M]8077	执行中监测	
[M]8078	执行结束监测	
[M]8079	跟踪 512 次以上	

编号	名 称	备 注
[D]8090	位元件号 No10	
[D]8091	位元件号 No11	
[D]8092	位元件号 No12	
[D]8093	位元件号 No13	
[D]8094	位元件号 No14	跟踪采样功能用
[D]8095	位元件号 No15	
[D]8096	位元件号 No0	
[D]8097	位元件号 No1	
[D]8098	位元件号 No2	

编号	名 称	备 注
[D]8074	采样剩余次数	
[D]8075	采样次数设定(1~512)	
D8076	采样周期	
D8077	指定触发器	
D8078	触发器条件元件号	采样跟踪功能
[D]8079	取样数据指针	
D8080	位元件号 No0	
D8081	位元件号 No1	
D8082	位元件号 No2	
D8083	位元件号 No3	
D8084	位元件号 No4	详细请见 编程手册
D8085	位元件号 No5	
D8086	位元件号 No6	
D8087	位元件号 No7	
D8088	位元件号 No8	
D8089	位元件号 No9	

通信链接

编号	名　称	备　注
M8070	联机运行作为主站标志	主站时为 ON②
M8071	联机运行作为从站标志	从站时为 ON②
[M]8072	联机运行标志	运行中为 ON
[M]8073	主站/从站设置不良标志	M8070,8071 设定不为 ON

编号	名　称	备　注
[D]8070	联机运行出错判定时间	初始值 500ms
[D]8071		
[D]8072		
[D]8073		

通信接口 （232、485）

编号	名　称	备　注
[M]8120		
[M]8121	RS 232C 发送等待中②	
[M]8122	RS 232C 发送标记②	RS-232C
[M]8123	RS 232C 发送完标记②	通信用
[M]8124	RS 232C 载波接收中	
[M]8125		
[M]8126	全信号	
[M]8127	请求手动信号	RS-485
M8128	请求出错标记	通信用
M8129	请求字/位切换（或超时标志）	

编号	名　称	备　注
D8120	通信格式③	
D8121	站号设定③	
[D]8122	RS 发送数据剩余数②	
[D]8123	RS 接收数据数②	
D8124	RS 指令报头（STX）	详细请见各通信适配器使用手册
D8125	RS 指令报尾（ETX）	
[D]8126		
D8127	指定请求用起始地址	
D8128	请求数据量的指定	
D8129	判定时间输出时间	

高速列表

编号	名　称	备　注
M8130	HSZ 表格比较方式	FNC55
[M]8131	同上执行完成标志	
M8132	HSZ ,PLSY 速度模型模式	
[M]8133	同上执行完成标志	
[M]8134		
[M]8135		
[M]8136		
M8137		
[M]8138	指令执行结束标志	HSCT(FNC280)
[M]8139	高速计数器比较指令执行中	HSCS、HSCR、HSZ、HSCT
[M]8140	CLR 信号输出功能有效	ZRN
[M]8141		
[M]8142		
[M]8143		
M8145	Y0 脉冲输出停止指令	
M8146	Y1 脉冲输出停止指令	
[M]8147	Y0 脉冲输出中监控	BUSY/READY
[M]8148	Y1 脉冲输出中监控	BUSY/READY

编号	名　称		备　注
[D]8130	HSZ 列表计数器		
[D]8131	HSZ、PLSY 列表计数器		
[D]8132	HSZ,PLSY 指令速度模型频率	低位	
[D]8133		高位	
[D]8134	HSZ、PLSY 指令速度模型目标脉冲数	低位	
[D]8135		高位	
[D]8136	PLSY、PLSR 向 Y0、Y1 输出脉冲合计的累计值	低位	
[D]8137		高位	
[D]8138	FNC280 指令表格计数器		
[D]8139	HSCS、HSCR、HSZ、HSCT 执行中的指令数		详细请见编程手册
[D]8140	PLSY、PLSR 指令输出给 Y000 的脉冲数	低位	
[D]8141		高位	
[D]8142	PLSY、PLSR 指令输出给 Y001 的脉冲数	低位	
[D]8143		高位	
[D]8145	ZRN、DRVI、DRVA 偏差速度		
[D]8146	ZRN、DRVI、DRVA 最高速度	低位	
[D]8147		高位	
[D]8148	ZRN、DRVI、DRVA 减速时间		初:100

变频器通信功能

编号	名称	备注
[M]8150		
[M]8151	变频器通信中［通道1］	
[M]8152	变频器通信出错［通道1］	
[M]8153	变频器通信出错锁定［通道1］	
[M]8154	IVBWR指令出错［通道1］	
[M]8155		
[M]8156	变频器通信中［通道2］	
[M]8157	变频器通信出错［通道2］	
[M]8158	变频器通信出错锁定［通道2］	
[M]8159	IVBWR指令出错［通道2］	

编号	名称	备注
D8150	通信相应等待时间［1］	
[D]8151	通信中的步编号［1］	
[D]8152	通信的错误代码［1］	
[D]8153	通信的错误步锁存［1］	
[D]8154	出错的参数编号［1］或EXTR指令的等待时间	
D8155	通信相应等待时间［2］	
[D]8156	通信中的步编号［2］	
[D]8157	通信的错误代码［2］	
[D]8158	通信的错误步锁存［2］	
[D]8159	出错的参数编号［2］	

扩展功能

编号	名称	备注
M8160	XCH的SWAP功能	同一元件内交换
M8161	8位单位切换	16/8位切换⑤
M8162	高速并联链接模式	
[M]8163		
[M]8164		
M8165	降序排列	SORT2指令
[M]8166		
M8167	处理HEX数据的功能	HKY指令
M8168		SMOV指令
[M8169]		

脉冲捕捉

编号	名称	备注
M8170	输入X000脉冲捕捉	
M8171	输入X001脉冲捕捉	
M8172	输入X002脉冲捕捉	
M8173	输入X003脉冲捕捉	详细请见编程手册
M8174	输入X004脉冲捕捉	
M8175	输入X005脉冲捕捉	
M8176	输入X006脉冲捕捉	
M8177	输入X007脉冲捕捉	
[M]8178	并联链接、通道切换	
[M]8179	简易PLC链接、通道切换	

变址寄存器

编号	名称	备注
[D]8182	Z1寄存器的数据	
[D]8183	V1寄存器的数据	
[D]8184	Z2寄存器的数据	
[D]8185	V2寄存器的数据	寻址寄存器当前值
[D]8186	Z3寄存器的数据	
[D]8187	V3寄存器的数据	
[D]8188	Z4寄存器的数据	
[D]8189	V4寄存器的数据	

编号	名称	备注
D8190	Z5寄存器的数据	
D8191	V5寄存器的数据	
[D]8192	Z6寄存器的数据	
[D]8193	V6寄存器的数据	寻址寄存器当前值
[D]8194	Z7寄存器的数据	
[D]8195	V7寄存器的数据	
[D]8196		
[D]8197		

高速环形计数器

编号	名称	备注
M8099	高速环形计数器工作	允许计数器工作

编号	名称	备注
D8099	0.1ms环形计数器	0~32767增序

输出更换

编号	名称	备注
[M]8109	输出刷新错误生成	状态间禁止转移

编号	名称	备注
[D]8109	输出刷新错误编号	0、10、20…被存储

内部增降序计数器

编 号	名 称	备 注
M8201 M8202 ⋮ ⋮ M8233 M8234	驱动 M8□□□时 C□□□降序计数 M8□□□在不驱动时 C□□□增序计数 （□□□为 200～234）	详细请见编程手册

高速计数器

编号	名 称	备 注
M8235 ⋮ ⋮ ⋮ ⋮ ⋮ M8245	M8□□□被驱动时，1 相高速计数器 C□□□为降序方式，不驱动时为增序方式。（□□□为 235～245）	详细请见编程手册

编号	名 称	备 注
[M]8246 [M]8247 [M]8248 [M]8249 [M]8250	根据 1 相 2 输入计数器□□□的增、降序，M8□□□为 ON/OFF（□□□为 246～250）	详细请见各通信适配器使用手册
[M]8251 [M]8252 [M]8253 [M]8254 [M]8255	由于 2 相计数器□□□的增、降序，M8 □□□ 为 ON/OFF（□□□为251～255）	

附录 D　FX 系列 PLC 功能指令汇总表

分类	FNC No.	指令助记符	功能	页数	对应可编程序控制器			
					FX$_{1N}$	FX$_{2N}$	FX$_{2NC}$	FX$_{3U}$
程序流程	00	CJ	条件跳转	69	√	√	√	√
	01	CALL	子程序调用	69	√	√	√	√
	02	SRET	子程序返回	69	√	√	√	√
	03	IRET	中断返回	70	√	√	√	√
	04	EI	中断许可	70	√	√	√	√
	05	DI	中断禁止	70	√	√	√	√
	06	FEND	主程序结束	69	√	√	√	√
	07	WDT	监控定时器	71	√	√	√	√
	08	FOR	循环区开始	71	√	√	√	√
	09	NEXT	循环区终了	71	√	√	√	√
传送与比较	10	CMP	比较	72	√	√	√	√
	11	ZCP	区域比较	73	√	√	√	√
	12	MOV	传送	73	√	√	√	√
	13	SMOV	位移动	73	—	√	√	√
	14	CML	取反传送	74	—	√	√	√
	15	BMOV	成批传送	74	√	√	√	√
	16	FMOV	多点传送	74	—	√	√	√
	17	XCH	交换	75	—	√	√	√
	18	BCD	BCD 转换	75	√	√	√	√
	19	BIN	二进制转换	75	√	√	√	√

（续）

分类	FNC No.	指令 助记符	功　　能	页数	对应可编程序控制器			
					FX_{1N}	FX_{2N}	FX_{2NC}	FX_{3U}
四则逻辑运算	20	ADD	二进制加法	77	√	√	√	√
	21	SUB	二进制减法	77	√	√	√	√
	22	MUL	二进制乘法	77	√	√	√	√
	23	DIV	二进制除法	77	√	√	√	√
	24	INC	二进制加一	77	√	√	√	√
	25	DEC	二进制减一	77	√	√	√	√
	26	WAND	逻辑与	78	√	√	√	√
	27	WOR	逻辑或	78	√	√	√	√
	28	WXOR	逻辑异或	78	√	√	√	√
	29	NEG	补码	78	—	√	√	√
循环移位	30	ROR	循环右移	80	—	√	√	√
	31	ROL	循环左移	80	—	√	√	√
	32	RCR	带进位右移	81	—	√	√	√
	33	RCL	带进位左移	81	—	√	√	√
	34	SFTR	位右移	81	√	√	√	√
	35	SFTL	位左移	81	√	√	√	√
	36	WSFR	字右移	82	—	√	√	√
	37	WSFL	字左移	82	—	√	√	√
	38	SFWR	移位写入	82	√	√	√	√
	39	SFRD	移位读出	82	√	√	√	√
数据处理	40	ZRST	成批复位	84	√	√	√	√
	41	DECO	解码	84	√	√	√	√
	42	ENCO	编码	85	√	√	√	√
	43	SUM	ON 位数	86	—	√	√	√
	44	BON	ON 位判定	86	—	√	√	√
	45	MEAN	平均值	87	√	√	√	√
	46	ANS	信号报警器置位	87	√	√	√	√
	47	ANR	信号报警器复位	82	√	√	√	√
	48	SQR	二进制开方	88	—	√	√	√
	49	FLT	二进制整数→二进制浮点数转换	88	—	√	√	√
高速处理	50	REF	输入输出刷新	89	√	√	√	√
	51	REFF	滤波调整	90	—	√	√	√
	52	MTR	矩阵输入	90	√	√	√	√
	53	HSCS	比较置位(高速计数器)	90	√	√	√	√
	54	HSCR	比较复位(高速计数器)	91	√	√	√	√
	55	HSZ	区域比较(高速计数器)	92	—	√	√	√
	56	SPD	脉冲密度	92	√	√	√	√
	57	PLSY	脉冲输出	92	√	√	√	√
	58	PWM	脉宽调制	93	√	√	√	√
	59	PLSR	带加减速的脉冲输出	93	√	√	√	√
方便指令	60	IST	初始化状态	95	√	√	√	√
	61	SER	数据查找	97	—	√	√	√
	62	ABSD	凸轮控制(绝对方式)	97	√	√	√	√
	63	INCD	凸轮控制(增量方式)	98	√	√	√	√
	64	TTMR	示教定时器	99	—	√	√	√
	65	STMR	特殊定时器	99	√	√	√	√
	66	ALT	交替输出	100	√	√	√	√
	67	RAMP	斜坡信号	101	√	√	√	√
	68	ROTC	旋转工作台控制	102	—	√	√	√
	69	SORT	数据排列	103	—	√	√	√

（续）

分类	FNC No.	指令助记符	功　　能	页数	对应可编程序控制器			
					FX$_{1N}$	FX$_{2N}$	FX$_{2NC}$	FX$_{3U}$
外围设备 I/O	70	TKY	10 字键输入	105	—	√	√	√
	71	HKY	16 字键输入	106	—	√	√	√
	72	DSW	数字开关	107	√	√	√	√
	73	SEGD	七段译码	108	—	√	√	√
	74	SEGL	七段码时分显示	109	√	√	√	√
	75	ARWS	方向开关	110	—	√	√	√
	76	ASC	ASCII 码转换	111	—	√	√	√
	77	PR	ASCII 码打印输出	111	—	√	√	√
	78	FROM	BFM 读取	111	√	√	√	√
	79	TO	BFM 写入	111	√	√	√	√
外围设备 SER	80	RS	串行数据传送	112	√	√	√	√
	81	PRUN	八进制位传送	114	√	√	√	√
	82	ASCI	HEX→ASCII 转换	114	√	√	√	√
	83	HEX	ASCII→HEX 转换	115	√	√	√	√
	84	CCD	校验码	116	√	√	√	√
	85	VRRD	电位器读取	117	√	√	√	√
	86	VRSC	电位器刻度	117	√	√	√	√
	87	RS2	串行数据传送 2	118	—	—	—	√
	88	PID	PID 运算	119	√	√	√	√
	89							
浮点数	110	ECMP	二进制浮点比较	125	—	√	√	√
	111	EZCP	二进制浮点区域比较	125	—	√	√	√
	118	EBCD	二进制浮点→十进制浮点转换	126	—	√	√	√
	119	EBIN	十进制浮点→二进制浮点转换	126	—	√	√	√
	120	EADD	二进制浮点加法	126	—	√	√	√
	121	ESUB	二进制浮点减法	126	—	√	√	√
	122	EMUL	二进制浮点乘法	126	—	√	√	√
	123	EDIV	二进制浮点除法	126	—	√	√	√
	127	ESOR	二进制浮点开方	127	—	√	√	√
	129	INT	二进制浮点→BIN 整数转换	127	—	√	√	√
	130	SIN	浮点 SIN 运算	127	—	√	√	√
	131	COS	浮点 COS 运算	127	—	√	√	√
	132	TAN	浮点 TAN 运算	127	—	√	√	√
	136	RAD	二进制浮点数角度→弧度的转换	128	—	—	—	√
	147	SWAP	上下字节交换	128	—	√	√	√
定位	155	ABS	ABS 现在值读取	129	√	—	—	√
	156	ZRN	原点回归	129	√	—	—	√
	157	PLSV	可变速的脉冲输出	130	√	—	—	√
	158	DRVI	相对位置控制	130	√	—	—	√
	159	DRVA	绝对位置控制	130	√	—	—	√
时钟运算	160	TCMP	时钟数据比较	131	√	√	√	√
	161	TZCP	时钟数据区域比较	131	√	√	√	√
	162	TADD	时钟数据加法	132	√	√	√	√
	163	TSUB	时钟数据减法	132	√	√	√	√
	166	TRD	时钟数据读出	132	√	√	√	√
	167	TWR	时钟数据写入	132	√	√	√	√
	169	HOUR	计时仪	133	√	—	—	√

（续）

分类	FNC No.	指令助记符	功 能	页数	对应可编程序控制器			
					FX$_{1N}$	FX$_{2N}$	FX$_{2NC}$	FX$_{3U}$
外围设备	170	GRY	格雷码变换	134	—	√	√	√
	171	GBIN	格雷码逆变换	135	—	√	√	√
	176	RD3A	模拟块读出	135	√	—	—	√
	177	WR3A	模拟块写入	135	√	—	—	√
接点比较	224	LD=	(S1)=(S2)	136	√	√	√	√
	225	LD>	(S1)>(S2)	136	√	√	√	√
	226	LD<	(S1)<(S2)	136	√	√	√	√
	228	LD<>	(S1)≠(S2)	136	√	√	√	√
	229	LD≤	(S1)≤(S2)	136	√	√	√	√
	230	LD≥	(S1)≥(S2)	136	√	√	√	√
	232	AND=	(S1)=(S2)	137	√	√	√	√
	233	AND>	(S1)>(S2)	137	√	√	√	√
	234	AND<	(S1)<(S2)	137	√	√	√	√
	236	AND<>	(S1)≠(S2)	137	√	√	√	√
	237	AND≤	(S1)≤(S2)	137	√	√	√	√
	238	AND≥	(S1)≥(S2)	137	√	√	√	√
	240	OR=	(S1)=(S2)	137	√		√	√
	241	OR>	(S1)>(S2)	137	√	√	√	√
	242	OR<	(S1)<(S2)	137	√	√	√	√
	244	OR<>	(S1)≠(S2)	137	√	√	√	√
	245	OR≤	(S1)≤(S2)	137	√	√	√	√
	246	OR≥	(S1)≥(S2)	137	√	√	√	√

参 考 文 献

[1]　王兆义. 小型可编程序控制器实用技术 [M]. 2 版. 北京：机械工业出版社，2006.

[2]　王兆义. 可编程序控制器教程 [M]. 2 版. 北京：机械工业出版社，2005.

[3]　王兆义. 逻辑与可编程序控制系统 [M]. 上海：上海大学出版社，2003.

[4]　王兆义. 等. 可编程序控制器技术发展的几个特点 [J]. 电气自动化，2004 (6)：7-9.

[5]　廖常初. FX 系列 PLC 编程及应用 [M]. 北京：机械工业出版社，2005.

[6]　三菱电机公司. IQ-F 系列产品手册 [Z]. MITSUBISHI ELECTRIC CORPORATION，2017.

[7]　三菱电机公司. CC-LINK IE 对应产品 [Z]. MITSUBISHI ELECTRIC CORPORATION，2017.

[8]　三菱电机公司. GX Works3 操作手册 [Z]. <SH-081271CHN>. MITSUBISHI ELECTRIC CORPORATION，2017.

[9]　三菱电机公司. e-Manual-viewer 手册软件 [Z]. MITSUBISHI ELECTRIC CORPORATION，2013.

[10]　三菱电机公司. e-Book 手册软件 [Z]. MITSUBISHI ELECTRIC CORPORATION，2016.

[11]　三菱电机公司. FX3 系列编程手册 (基本/应用指令说明书) [Z]. <JY997D19401>，2014.

[12]　三菱电机公司. FX3U 用户手册 (硬件篇) [Z]. < JY997D50401>，2016.

[13]　三菱电机公司. FX3U-2HC 用户手册 [Z]. < JY997D67201>，2016.

[14]　三菱电机公司. FX3U-20SSC-H 用户手册 [Z]. < JY997D21301>，2012.

[15]　三菱电机公司. MELSEC iQ-F FX5 用户手册 (应用篇) [Z]. <JY997D58701>，2015.

[16]　三菱电机公司. MELSEC iQ-F FX5 用户手册 (定位篇) [Z]. <JY997D59401>，2015.

[17]　三菱电机公司. MELSEC iQ-F FX5 用户手册 (入门篇) [Z]. <JY997D59501>. 2015.

[18]　三菱电机公司. MELSEC iQ-F FX5U 用户手册 (硬件篇) [Z]. <JY997D58601>，2015.

[19]　三菱电机公司. MELSEC iQ-F FX5 编程手册 (程序设计篇) [Z]. <JY997D58801>，2015.

[20]　三菱电机公司. MELSEC iQ-F FX5 编程手册 (指令/通用 FUN/FB 篇) [Z]. <JY997D58901>，2015.

[21]　三菱电机公司. FX 系列特殊功能模块用户手册 [Z]. 2004.

[22]　王兆义. 可编程序控制器通信与网络 [J]. 电世界，2002 (10).

[23]　王兆义. 现场总线展望 [J]. 电气自动化，2000 (1).

[24]　程志华. 多式切割技术及其关键 [J]. 工具技术，2010 (6).

[25]　吴中俊，黄永红. 可编程序控制器原理及应用 [M]. 2 版. 北京：机械工业出版社，2004.

[26]　SIEMENSAG. SIMATIC S7-200 SMART System Manual. <A5E03822234-AF>，2017.

[27]　SIEMENS AG. SIMATIC S7-200 SMART 产品样本 [Z]. 2017.

[28]　张万忠. 可编程序控制器应用技术 [M]. 2 版. 北京：化学工业出版社，2004.

[29]　吴作明. PLC 开发与应用实例详解 [M]. 北京：北京航空航天大学出版社，2007.

[30]　王曙光. S7-200 SMART PLC 应用基础与实例 [M]. 北京：人民邮电出版社，2007.